U0274367

航天科工出版基金资助出版

太赫兹技术发展与应用

吴 勤 赵 飞 郭凯丽 张丽平 编著

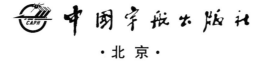
中国宇航出版社

·北京·

图书在版编目(CIP)数据

太赫兹技术发展与应用 / 吴勤等编著 . -- 北京：
中国宇航出版社，2018.8

ISBN 978 - 7 - 5159 - 1502 - 9

Ⅰ. ①太… Ⅱ. ①吴… Ⅲ. ①电磁辐射－研究 Ⅳ.
①O441.4

中国版本图书馆 CIP 数据核字（2018）第 184927 号

责任编辑 赵宏颖　　　**封面设计** 宇星文化

出　版发　行	中国宇航出版社		
社　址	北京市阜成路 8 号 **邮　编** 100830	**版　次**	2018 年 8 月第 1 版
	(010)60286808　　(010)68768548		2018 年 8 月第 1 次印刷
网　址	www.caphbook.com	**规　格**	787×1092
经　销	新华书店	**开　本**	1/16
发行部	(010)60286888　　(010)68371900	**印　张**	14　**彩　插** 2 面
	(010)60286887　　(010)60286804(传真)	**字　数**	341 千字
零售店	读者服务部　　(010)68371105	**书　号**	ISBN 978 - 7 - 5159 - 1502 - 9
承　印	河北画中画印刷科技有限公司	**定　价**	88.00 元

本书如有印装质量问题，可与发行部联系调换

前　言

太赫兹技术起源于 20 世纪 60 年代，是电子技术、光学技术、半导体技术、材料技术等多学科、多技术的交叉领域，也是 2004 年美国麻省理工学院评选的"改变未来世界的十大技术"之一。

太赫兹技术所使用的太赫兹波是对特定波段电磁波的统称，是目前电磁波谱中最后一块被人类利用的区域。太赫兹波在物体成像、环境监测、生命科学、医疗诊断、射电天文、宽带无线通信、卫星通信和军用雷达等方面具有重大应用价值和广阔的前景。

太赫兹技术领域的研究主要围绕太赫兹波的产生与探测和太赫兹应用展开。太赫兹波的产生与探测技术是太赫兹各种应用的基础，也是目前限制太赫兹技术应用的瓶颈。太赫兹应用技术主要包括太赫兹光谱技术、太赫兹成像技术、太赫兹通信技术和太赫兹雷达技术。太赫兹光谱和成像技术在安检、生物、医药健康等领域有巨大应用前景，例如太赫兹光谱技术可以检测药品有效成分含量从而对药品质量进行检测，可以检测食品原材料品质从而快速对原材料分级；太赫兹成像技术可以探测包裹中的危险品、筛查癌症、对人体进行安检。太赫兹光谱技术和太赫兹成像技术是目前已经开始商用化的太赫兹应用技术。相比光谱技术和成像技术，太赫兹通信技术和太赫兹雷达技术距离实用化尚有一定距离。尽管目前这两种技术受到太赫兹源、探测器以及环境因素的限制，无法短时间内实用化，但是这两项技术的潜在军事应用价值巨大，吸引了军事强国的关注，如美国喷气推进实验室就研制了多台太赫兹雷达。

由于太赫兹技术有广泛的应用领域和巨大的应用价值，因此太赫兹技术发展备受美国、欧盟、日本等科技强国和组织的关注。自 20 世纪 90 年代中期，美国国家基金会、国家航空航天局、国防部和国家卫生学会等政府和军事部门就对太赫兹项目提供了持续的较大规模的资金支持，太赫兹技术在美国得到了快速发展。随后，欧盟、澳大利亚、日本等国家和组织的企业、大学和研究机构纷纷投入到太赫兹技术的研发之中，欧盟和日本竞相提出各自的太赫兹技术发展规划。

经过 20 多年的发展，目前太赫兹技术正处于一个方兴未艾的时期，太赫兹技术正在从实验室走向商业，从学术走向应用，并已出现了部分商用产品。2014 年 5 月 8 日，在"第九届中国国际国防电子展览会"上，中国电子科技集团公司举办发布会，展示国内研制的首台商用太赫兹安检仪"博微太赫兹人体安检仪"。这台商用太赫兹安检仪的发布表明，太赫兹技术在中国经过二十几年的发展，已经开始走向商用化。

近年来，太赫兹波以其独特的性能和广泛的应用越来越受到世界各国的关注，已被国际科学界公认为是高科技领域的必争之地，其研究和应用对于未来作战与国家安全具有重大的战略意义。

本书系统地介绍了太赫兹技术的基本概念、特性与基础技术，重点介绍了太赫兹时域光谱、太赫兹成像、太赫兹雷达及太赫兹通信关键技术，全面总结了国内外相关领域技术的最新进展情况，分析了其应用情况及未来应用前景，并对美国国防高级研究计划局太赫兹相关项目进行了梳理。

本书由北京航天情报与信息研究所组织编写，是集体劳动的结晶。在本书的编写过程中，得到了中国航天科工集团有限公司刘石泉、陈国瑛、黄培康、寇志华、刘陈等领导和专家的指导。中国航天科工防御技术研究院、北京航天情报与信息研究所相关领导和专家为本书编写提供了充分的支持和帮助，航天科工图书出版基金为本书提供了资助，在此一并表示感谢。此外，本书参考和引用的一些相关教材、论著等，均列入每章后的参考文献中，但文中未能一一标注，在此谨向有关作者表示衷心的感谢。

尽管编写人员在本书编写过程中，查阅了大量的文献资料，并进行了认真整理、核对、分析、提炼和加工，但由于资料来源不同，加之研究时间、水平与条件所限，本书难免存在错误之处，敬请广大读者批评指正。

编者

2017 年 10 月

目　录

第1章 太赫兹的概念与特性

太赫兹波由 Fleming J. W 于 1974 年首次提出[1]，其定义为频率在 $10^{11} \sim 10^{13}$ Hz（$0.1 \sim 10$ THz）范围内的电磁波。太赫兹波的辐射能量介于光子与电子之间，其范围是由电子学向光子学过渡的区域。太赫兹是电磁波谱最后的一块空白之地，具有独特的优越性及极广阔的应用前景。近年来，太赫兹波以其独特的性能和广泛的应用越来越受到世界各国的关注，已被国际科学界公认为是高科技领域的必争之地，其研究和应用对于未来作战与国家安全具有重大的战略意义。

1.1 太赫兹的概念

1.1.1 电磁波

电磁波有 3 个基本参数，波长、频率和传播速度。电磁波的波长、频率和传播速度之间存在固定关系

$$电磁波的频率＝电磁波的传播速度/电磁波的波长$$

在电磁波的 3 个基本参数中，频率是电磁波的固有特性，不会因为电磁波在不同的介质（如真空、空气、水等）中传输而发生变化，但是电磁波的波长和传播速度在不同介质中会改变。在真空中，电磁波的传播速度就是光速；一旦电磁波进入空气、水、玻璃等介质中，电磁波的波长就会变短、传播速度降低，但是频率保持不变（由于电磁波进入空气中波长变化非常微小，通常忽略电磁波在空气与真空中的波长和波速差别）。

鉴于电磁波的频率属于电磁波的固有属性，一般不发生变化，因此人们常按频率的不同划分电磁波的种类。目前，人类所能接触到的电磁波频率从几赫兹到 10^{22} Hz（γ 射线），覆盖了非常大的范围，大约有二十几个数量级（每增大 10 倍为一个数量级）。

我们日常所接触的可见光，是频率范围在 $10^{14} \sim 10^{15}$ Hz 的电磁波；胸透和安检使用的 X 射线，其频率范围在 $10^{16} \sim 10^{19}$ Hz；医用消毒和防晒霜防护的紫外线，频率范围在 $10^{15} \sim 10^{16}$ Hz；遥控器上的红外线和武器装备探测的红外线，频率在 $10^{12} \sim 10^{14}$ Hz；军事领域常用的毫米波雷达，指的是波长在毫米范围的电磁波，频率在 $10^{10} \sim 10^{11}$ Hz；通信中常用的微波和厨房微波炉发射的微波，频率在 $10^{8} \sim 10^{11}$ Hz，微波还可以细分为分米波、厘米波、毫米波和亚毫米波；常用的射频无线电，频率在 $10^{5} \sim 10^{11}$ Hz，可以细分为低频、中频、高频、超高频、甚高频等。图 1-1 将电磁波按频率、波长、用途等制作成一张电磁波谱图。

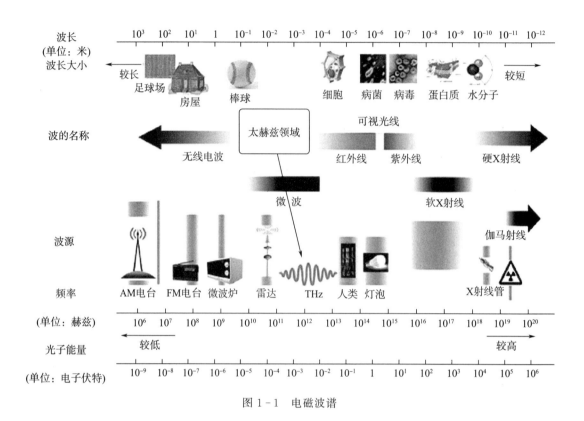

图 1-1　电磁波谱

在太赫兹波段的长波方向是传统电磁学的领域，而它的短波方向则是光学的研究范围。在这两个领域中，电磁波波源的工作方式、操作电磁波所应用的元器件及描述其与物质相互作用的物理表述等都有很大的不同，如表 1-1 所示。

表 1-1　电磁波和光波研究的比较

	电磁学	光学
称谓	电磁波	光波
遵循定律	麦克斯韦方程	薛定谔方程
发射	电荷的经典运动	电子的量子跃迁
检测物理量	电场强度	光强(功率)
应用元器件	电路、天线、波导	透镜、反射镜、光纤
近似方法	均匀电磁场	均匀介质

低频电磁波的发射来源于电荷的宏观运动。当电磁场的振荡频率达到太赫兹波段时，一些在低频可以忽略的效应的影响越来越显著。因此，一些经典的电磁波源和电子元器件

无法适用于太赫兹波段，必须开发更快速和尺度更小的电子元器件来满足该波段的需要。对于低频的电磁波，由于电磁波的波长一般远大于操作该电磁场的元器件的尺寸，因此在处理电磁场与元器件相互作用时，可以把电磁场看作是均匀的。

　　光波来源于电子的量子跃迁，相当于太赫兹辐射光子能量的两个能级之差只有豪电子伏。这一能级差甚至小于大多数晶体光学声子的能量，因此受到热弛豫效应的严重影响。要获得这一波段高效率的光源，必须有效地避免热弛豫效应的影响，比如采用稀薄气体或低温冷冻的固体等作为激光媒质。由于光学元器件的尺寸远大于光的波长，所以在研究光学问题时，不再假设光场是均匀的，而是认为介质在光学波长范围内是均匀的。

1.1.2　太赫兹波

　　太赫兹波的频率范围是 $10^{11} \sim 10^{13}$ Hz，为了便于记录，人们将 10^{12} Hz 定义为太赫兹（英文缩写 THz），其他定义包括：10^3 Hz＝千赫兹（kHz）、10^6 Hz＝兆赫兹（MHz）、10^9 Hz＝吉赫兹（GHz）。太赫兹波的频率范围在 0.1～10 THz，波长大概在 0.03～3 mm。根据定义，太赫兹波的频率范围可以写成 0.1～10 THz，太赫兹波就是以频率的太赫兹单位命名的电磁波。自然界广泛存在太赫兹射线，如周围的大多物体的热辐射都有太赫兹辐射，宇宙背景辐射的频谱也大部分都在太赫兹频段。

　　太赫兹波或称为太赫兹射线，是 20 世纪 80 年代中后期才被正式命名的。在此以前太赫兹在不同的领域有不同的名称，在光学领域被称为远红外，而在电子学领域，则称其为亚毫米波、超微波等。太赫兹波位于红外和微波之间，处于宏观电子学向微观光子学的过渡阶段。由于处于交叉过渡区，太赫兹波既不完全适合用光学理论来处理，也不完全适合用电子学的理论来研究。所以仅仅利用电子学或光学的技术和器件都不能完全满足太赫兹波的需要。只有结合两方面的知识，开发全新的技术和元器件，以适应太赫兹波独特的性质，才能对该波段的电磁波进行深入研究和开发利用。

　　过去很长一段时间，太赫兹波段两侧的红外和微波技术发展相对比较成熟，但是人们对太赫兹波段的认识仍然非常有限，是人类目前尚未完全开发的电磁波谱"空白"区。这主要是由于缺乏太赫兹波段的高效率的发射源和灵敏的探测器。与之相对的在电磁波谱中位于太赫兹波两侧的微波和红外辐射则早已经被广泛地应用在通信、探测、光谱、成像等众多领域。随着科学技术的不断进步，尤其是超快光电子技术和低尺度半导体技术的发展，与太赫兹波相关的技术、产品快速发展，"太赫兹空白"的说法逐渐消失[2]。图 1 - 2 所示为不同频率电磁波的应用示例[3]。

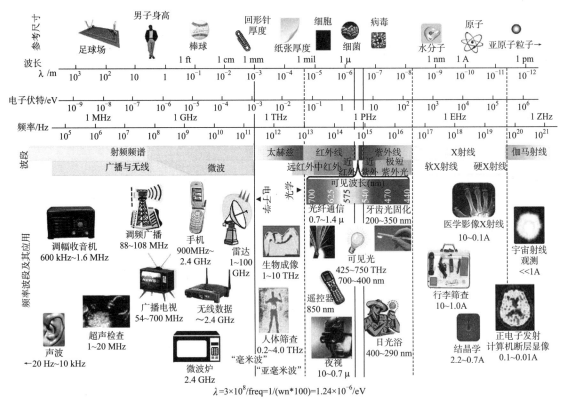

图 1-2　不同频率电磁波的应用

1.2　太赫兹波的特性

太赫兹波性能独特，蕴含巨大的应用潜力，应用前景广阔。太赫兹技术之所以引起科学界广泛的关注，是由于太赫兹波位于宏观电子学与微观光子学的过渡区，具有很多独特的性质。太赫兹频率上要高于微波，低于红外线；能量大小则在电子和光子之间，与其他频率的电磁波相比，具有很多独特的性质。

太赫兹波在电磁波谱中所处的特殊位置，使其具有一系列特殊性质[4]，引起了人们广泛的关注。太赫兹波在频域上处于电子学向光子学的过渡领域，兼有宏观经典理论和微观量子理论的双重特性：太赫兹波的光子能量很低，不会对物质产生破坏作用；这一波谱区域的频谱极宽，覆盖了包括凝聚态物质和生物大分子在内的转动和集体振动频率。太赫兹波的这些独特性质使它具有重要的应用前景，未来有可能在探测、通信等领域取得重大突破。太赫兹波的主要特性包括指纹谱、低光子能量、高穿透性、水分子吸收、高带宽和短波长等[5-9]。表 1-2 所示为太赫兹波的主要特性及其应用领域。

表 1 - 2 太赫兹波的特性、优势及应用

特性	优势	应用
指纹谱	许多有机大分子在太赫兹波段有独特的吸收谱	分子鉴别、物质成分检测、化学成分测量等
低光子能量	避免破坏分子键	生物活体样品无损检测
高穿透性	陶瓷、塑料等包装材料对太赫兹波吸收较少,金属、爆炸物等物品对太赫兹波吸收较强	穿透包装材料检测危险品
水分子吸收	太赫兹波易被水分子等极性分子吸收	检测样品水含量和水分布
高带宽	太赫兹波带宽大,可以划分出许多高带宽的信道	高速率数据无线通信
短波长	太赫兹波波长短,极限分辨率高	高分辨率成像
瞬态性	有效抑制背景辐射噪声干扰,得到高信噪比的太赫兹时域谱	及时观察极快的物理和化学过程
相干性	直接测量出电场的振幅和相位	方便地提取样品的折射率,吸收系数

指纹谱特性。类似人类的指纹,化学分子也有其独特的光谱特征,称为指纹谱。人们可以通过指纹锁定罪犯,是因为指纹具有唯一性(特殊情况除外);同样,化学分子的光谱特征也具有唯一性。利用太赫兹波照射待测样品,获得样品的吸收谱,并与已知的化学分子的太赫兹吸收谱进行比对,可以确定样品中包含的化学物质成分。太赫兹时域光谱仪就是一种可以测量样品太赫兹吸收谱的设备,非常适合进行材料鉴别工作。根据样品的太赫兹吸收谱,研究人员不仅可以确定样品的化学成分,还可以分辨分子形貌、研究分子构型等,为缉毒、反恐、排爆等应用提供相关的探测技术。图 1 - 3 所示为两种结构不同的丙氨酸分子的太赫兹吸收谱,从吸收谱上可以明显区分两者。

平行 β 片构造

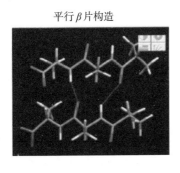

逆平行 β 片构造

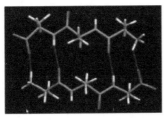

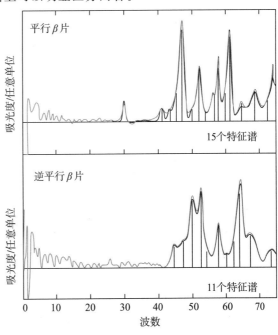

图 1 - 3 两种结构不同的丙氨酸分子的太赫兹吸收谱

低光子能量特性。太赫兹波是电磁波，具有波粒二象性，根据爱因斯坦提出的光子能量公式，频率 1 THz 的太赫兹波光子能量为 4.1 meV，这个能量仅为 X 射线光子能量的 $1/10^8 \sim 1/10^7$，低于许多分子中化学键的键能。因此利用太赫兹波照射这些材料时，不会导致分子化学键吸收太赫兹光子的能量而断裂，损坏检测物质，非常适用于无损检测。相反，由于 X 射线的光子能量很高，可以打断分子键甚至导致原子电离，可能永久损坏被测物品，因此 X 射线不适合用于需要进行无损检测的场合。在医疗领域中，胸透、计算机辅助层析成像扫描设备都使用了 X 射线源，如果人体长期接受这些设备检查，会导致体内细胞中的分子，比如脱氧核糖核酸（DNA）分子，吸收 X 射线光子发生变异，导致如癌症之类的疾病。同样，在核裂变过程中，原子会释放多种高能光子，如 γ 射线、α 射线等，这些高能光子同 X 射线光子一样，都会破坏人体中重要分子的结构，导致变异生病，著名物理学家居里夫人就是长期接触高能放射线从而罹患癌症去逝的。由于太赫兹波的光子能量较低，到目前为止还没有发现低剂量太赫兹辐射对人体有任何副作用，因此可以用于安全检查。表 1－3 所示为部分物理化学现象所需要的光子能量，可以看出太赫兹波的光子能量低于大多数理化现象。

表 1－3　部分物理化学现象所需能量

理化现象	需要能量/eV	电磁波频率/Hz	产生源
原子电离	≈10	>10^{15}	γ 射线，X 射线，紫外线
电子激发	1.5～10	10^{15}	Γ 射线
共价键断裂	5	10^{15}	可见光
构像变化	0.4	10^{14}	γ 射线
氢键	0.08～2	$10^{13} \sim 10^{15}$	太赫兹，可见光
热激发	0.026	5×10^{15}	太赫兹，微波

高穿透性。太赫兹波对许多介电材料和非极性物质具有良好的穿透性，例如陶瓷、硬纸板、塑料制品、泡沫等，这些材料对太赫兹波的吸收非常弱。太赫兹波在照射到由这些材料构成的物体时，可穿透这些物体。相反，太赫兹波对一些金属材料构成的物品不具有穿透性，太赫兹波照射到这些金属物品时会发生反射或吸收。利用这种特性制成的太赫兹成像设备，可以对隐藏在包装材料中的物品进行透视成像，例如行李、包裹等，从而发现隐藏在行李、包裹中的金属制品，如刀、枪等。太赫兹波的这种特性在安检、反恐领域有重要的应用价值。目前，国际上已经开始利用太赫兹的这一特性，检查邮件和识别毒品以及对航天飞机的无损探伤。另外，太赫兹在浓烟、沙尘环境中传输损耗很少，是火灾救护、沙漠救援、战场寻敌等复杂环境中成像的理想光源。

水分子吸收特性。太赫兹波对极性分子穿透性较差，特别是水分子，待测样品中的水分子对太赫兹波有强烈的吸收作用。图 1－4 所示为水分子的极性示意图。在水分子中，由于氧原子的原子核（由 8 个质子和 8 个中子构成）较大，对电子的引力较强，因此氢原子（由 1 个质子构成）的外层电子受氧原子引力作用，偏向氧原子，因此氧原子获得较多电子而呈现负电荷，氢原子失去电子呈现正电荷（质子带正电），整个水分子对外呈现出电极性。利用太赫兹波不易穿透含水物体的特性，可以通过太赫兹成像仪观察生物组织的水含量分布，分辨生物组织的不同状态，比如生物组织中脂肪和肌肉的分布。在太赫兹成像中，因为不同组织含水量不同，太赫兹波的穿透程度不同，在最终的图像上呈现出颜色差别，可以据此区分不同的组织。图 1-5 所示为猪的 3 种不同组织的太赫兹吸收谱，图 1-5（a）从左到右分别是猪的脂肪组织、肌肉组织和表皮组织；图 1-5（b）是无样品时的太赫兹光谱（作为标准谱与组织的吸收谱对比）和 3 种不同组织的太赫兹吸收谱。与标准太赫兹光谱相比，脂肪组织的含水量少，其太赫兹吸收谱与标准谱相比差别较小，而肌肉和表皮组织因为含水量多，对太赫兹波吸收比较严重，所以其吸收谱与标准谱相差较大。利用这种技术，医生可以诊断人体烧伤部位的损伤程度（烧伤越严重，组织失水就越严重，太赫兹穿透效果明显）；植物学家可以掌握植物叶片组织的水分含量分布等。

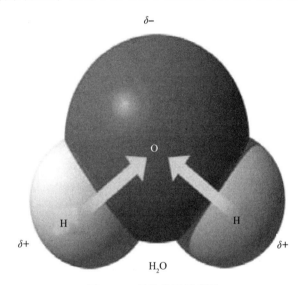

图 1-4　极性分子示意图

高带宽特性。与低频电磁波相比，太赫兹波段频率资源丰富，频率范围从 10^{11} ～ 10^{13} Hz，足有近 10 THz 宽。现有高速无线数据网络的载频在几个吉赫兹内，频带宽度仅为兆赫兹级，因此在太赫兹通信技术中，10 THz 的带宽可以划分出最多 10 000 GHz 的载波频点，即一个太赫兹通信系统的基站可以同时支持近 10 000 GHz 通信终端进行高速数据通信（如视频通话）。

短波长特性（高分辨率特性）。与毫米波相比，太赫兹波的波长更短，因此利用太赫兹波对目标进行成像时，成像分辨率更高，能够更清晰地分辨目标物体。图 1-6 所示为成像分辨率与照射波长关系的简单示意图，篮球代表波长较大的光子（如毫米波、微波、无线电波），用篮球穿过字母 E（篮球被字母 E 挡住），结果就是一片空白。随着波长不断减小（从网球、糖豆减小到珠子），穿过字母 E 的光子波长越来越短（如可见光、紫外线、X 射线），而被字母 E 阻挡的光子越来越少，字母 E 的成像越来越清晰。图 1-7 为使用太赫兹成像与常规成像的效果比较。

(a) 猪的脂肪、肌肉、表皮组织

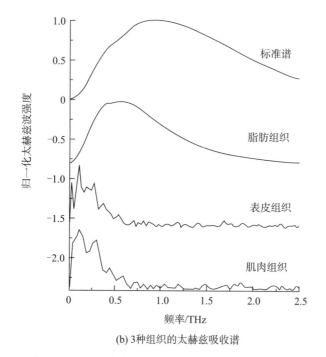

(b) 3种组织的太赫兹吸收谱

图 1-5　猪的脂肪、肌肉、表皮组织太赫兹吸收谱

瞬态性。太赫兹脉冲的典型脉宽在皮秒量级，可以很好地满足时间分辨的研究条件，并且能够有效抑制背景辐射噪声干扰，得到高信噪比的太赫兹时域谱。很多物理和化学过程，如能量传递和荧光寿命以及电子在水中溶剂化等，仅需 10^{-8} s 就能完成，只有在皮秒脉冲实现后才有可能及时地观察这些极快的过程。

相干性。太赫兹的相干性源于其产生机制。它是由相干电流驱动的偶极子振荡产生，或是由相干的激光脉冲通过非线性光学效应（差频）产生。太赫兹相干测量技术能够直接测量出电场的振幅和相位，可以方便地提取样品的折射率、吸收系数，与利用 Kramers - Kronig（K - K）关系来提取材料光学常数的方法相比，大大简化了运算过程，提高了可靠性和精度。

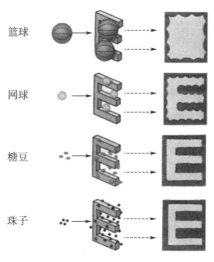

图 1-6　成像分辨率与波长关系

图 1-7　太赫兹成像与常规成像效果比较

1.3　太赫兹技术概况

　　现代太赫兹科学与技术的发展始于 20 世纪 80 年代中期，主要沿着光学太赫兹技术、电子学太赫兹技术与超快光子学技术等方向发展。1989 年第一套太赫兹时域光谱系统研制成功[10]；1995 年得到第一张太赫兹二维扫描图像[11]；2003 年太赫兹扫描成像成功地检测到航天飞机隔热瓦内部预埋的缺陷[12]；2013 年太赫兹高速无线通信的速率突破 100 Gbit/s[13]。但是，太赫兹技术的发展仍然受到太赫兹辐射源、太赫兹探测器以及许多太赫兹功能器件的制约，太赫兹技术还没有进入到实际应用阶段。太赫兹技术应用所需要的许多关键器件还是十分有限，很多技术尚待开发，甚至一些基础理论研究也是亟需发展的。

1.3.1　太赫兹技术

太赫兹科学技术综合了电子学与光子学的特色，涉及物理学、化学、光学工程、材料科学、半导体科学技术、真空电子学、电磁场与微波技术、微波毫米波电子学等学科，是一个典型的交叉前沿科技领域。目前太赫兹领域科学研究的重点聚集在太赫兹辐射源、探测器和关键功能器件的研制以及这些核心器件组成的太赫兹光谱、通信、成像等应用系统上[14-16]。

太赫兹技术就是研究如何产生、探测和应用太赫兹波的一门技术，主要包括基础技术和应用技术。太赫兹波的产生与探测技术是太赫兹波应用的基础，主要研究如何产生满足应用需求的太赫兹波，以及如何有效、准确地探测太赫兹波的振幅、相位和强度等信息。只有太赫兹波源的性能满足要求，探测器探测的结果准确，太赫兹波才有应用的可能。目前，产生和探测太赫兹波的技术是太赫兹研究领域的热点与重点，太赫兹源的功率问题也是限制太赫兹应用技术走向实用化的主要障碍。

太赫兹应用技术主要包括光谱技术、成像技术、通信技术、雷达技术，主要研究如何使用太赫兹波进行光谱测量、成像、通信和探测等。

1.3.2　研究历程

早在 100 多年前，就有科学工作者涉足过该波段的研究，1896 年，Rubens 和 Nichols 就曾经对该波段进行过先期的探索。之后的百年间，太赫兹技术得到了初步的发展，一些重要理论和初期的太赫兹器件相继问世。而"THz（Terahertz）"这个词语正式在文章中出现是在 1974 年前后，Fleming 使用它来描述迈克尔逊干涉仪所覆盖的一段频段的谱线。现代太赫兹科学与技术的发展始于 20 世纪 80 年代中期，随着科学技术的发展，特别是超快技术的发展，使获得宽带稳定的脉冲太赫兹源成为一种成熟技术，太赫兹技术也得以迅速发展。太赫兹研究主要沿着三个方向：一是光学技术，它的代表为太赫兹激光器，这一技术从高频向低频发展；二是电子学技术，这一技术由低频向高频拓展微波元件（如微波管、固体微波源）的频率范围；三是超快光电子学技术，这一技术由 1 THz 左右出发向两侧展宽。

（1）光学太赫兹技术研究

在早期的太赫兹光源中，人工的太赫兹光源是热辐射的白炽灯等非相干光源。红外傅里叶变换光谱可以用来研究红外波段，包括远红外波段的光谱性质。Fellgett（1951 年）报道了傅里叶变换光谱仪的形式，成为在中远红外波段非常成熟的光谱技术。Madey（1971 年）利用周期磁场产生了电子受激的辐射，从此自由电子激光器得到迅速发展。美国 Jefferson 实验室利用近红外自由电子激光器中的自由电子同步辐射，可以发射平均功率达 20 W 的太赫兹激光。

就小型化和高效率而言，半导体激光是实验室和实际应用中的理想光源。Ivanov 和 Vasiley（1983 年）在 p 型锗中实现朗道能级之间的激光发射。Gousev 等（1999 年）利用应力代替磁场在锗中产生了能级分裂，并由此实现了连续和可调的太赫兹激光输出。1994年，Faist 等报道了量子级联激光器这种高效率的长波激光器。1999 年，Xu 等在砷化镓-铝砷化镓的多量子阱材料中实现了电致太赫兹发射。2002 年，Kohler 等在液氮工作温度下实现了太赫兹波段的量子级联激光输出。

（2）电子学太赫兹技术研究

20 世纪中后期，人们开始将研究重心从电子学转向太赫兹波段。1963 年，Convert 在行波管等真空管微波源的基础上发展了反波管，可以发射单一频率的太赫兹辐射（毫米波或亚毫米波），其功率可以达到毫瓦以上。半导体毫米波源的发展与反波管的发展大约是同步的。1963 年，Gunn 发现砷化镓样品的负电阻区域会发生高频的电流震荡，这一震荡后来被称为耿氏震荡。20 世纪 80 年代随着场效应管和半导体异质结构技术的发展，出现了一种毫米波光源，这类光源体积小、质量轻、易操作。1989 年，Marsland 等报道了一种全电子形式的太赫兹发射系统。他们将单片电路中的非线性传输线作为超快电压阶梯发生器，利用这一装置发射具有皮秒脉宽的电磁脉冲对脉冲进行取样探测。1993 年，Dyakonov 和 Shur 通过理论分析指出在弹道场效应管中的二维电子气能够发射和探测太赫兹辐射，这一理论在以后的实验中得到了证实。

（3）超快光电子学技术研究

超快光电子学的发展开始于 Auston 和 Lee 在 20 世纪 70 年代初期的工作，他们利用锁模的钕玻璃激光分别在高阻硅和半绝缘的砷化镓样品上实现了光电导开关的过程。1981年，Mourou 等在砷化镓上加高电压并用超快激光脉冲触发这一光电开关。他们使用微波探测器观测到脉宽在皮秒数量级的微波脉冲。1984 年，Auston 等利用光电导开关发射了具有皮秒脉冲宽度的电磁脉冲。在该脉冲传播一段距离后，又利用一个与发射源对称的装置检测了该脉冲。该实验采用的太赫兹波产生和探测方式与当前所使用的技术已经基本一致，它标志着太赫兹光电子学的诞生。

在此之后，又有众多的努力发展光电导天线形式的太赫兹脉冲的发射和探测技术。与此同时，飞秒激光技术和材料技术的发展，尤其是钛宝石激光器的发展以及低温生长的砷化镓和蓝宝石衬底生长硅薄膜等材料的获得，为脉冲太赫兹技术的发展提供了极大的技术支持。

1989 年，Exter 等优化了光电导开关和天线的形式，使得太赫兹辐射的产生模式和传播模式相互匹配。1990 年，Darrow 等使用大间距的光电导天线发射太赫兹脉冲。1990年，张希成等报道了由飞秒激光脉冲激发的光生载流子被半导体表面电场加速而产生的太赫兹辐射。利用这种方法可以在砷化铟表面产生较强的太赫兹辐射。其他多种材料如超导体、铁磁体甚至化学溶液和空气等在超短的激光脉冲激发下都会产生太赫兹辐射。

除了利用瞬态光电流产生太赫兹脉冲外，另一种常用的太赫兹脉冲产生方式是利用光的非线性效应，实现频率下转换产生太赫兹辐射。1970—1971 年，Yajima 等以及 Yang等分别报道了利用皮秒激光脉冲的光整流效应在非线性晶体中发射远红外辐射。1988 年，Auston 等通过光电的切伦科夫辐射产生了亚皮秒脉冲宽度的电磁脉冲辐射，并在同一晶体中利用光电效应探测到该脉冲的波形。1995 年，Wu 等报道了利用 LiTO₃ 探测太赫兹辐射的自由空间光电检测方式。自由空间的光电检测和光电导开关一起成为脉冲太赫兹波的两种最主要探测方式。经过对多种光电材料发射和探测太赫兹脉冲的比较，碲化锌晶体被认为最适用于被钛宝石激光激发而产生和检测太赫兹脉冲。

1995 年，Brown 等利用两束激光在低温生长的砷化镓光电导天线上混频，产生了连续的太赫兹辐射。1999 年，Ito 等利用光栅耦合的方式解决了差频产生的太赫兹辐射由铌酸锂晶体中输出的困难。周期极化的铌酸锂晶体被用来补偿光整流过程的相位失配并由此发展了垂直输出的窄带太赫兹光源。硒化镓晶体具有较高的二阶非线性系数和比较强的双折射，而且在很宽的波段中具有比较低的吸收率，是中远红外波段非常优良的非线性晶体，它可以使得光学差频过程在太赫兹产生中实现相位匹配并产生较强的太赫兹辐射。近年来硒化镓晶体被用在光整流和光电效应中用以产生和检测宽频的太赫兹辐射，其频谱可以覆盖直到 100 THz 的范围。

1.3.3　发展现状

近年来，随着对太赫兹价值认识的不断深入，各国纷纷加快了针对这唯一没有获得充分研究波段的探索，掀起一股研究太赫兹的热潮。太赫兹被美国麻省理工学院评为"改变未来世界的十大技术"之一，被日本列为"国家支柱十大重点战略目标"之一。自 20 世纪 90 年代起，美国国防部、NASA、美国国防高级研究计划局等部门对太赫兹项目提供了持续的大规模资金支持；随后，欧盟、日本、澳大利亚等国家和组织也纷纷加大了对太赫兹研究的投入，在多个领域取得了重要突破。

与此同时，太赫兹技术在诸多应用领域也取得了快速发展。例如在无线通信方面，太赫兹频段提供了超高的带宽；在物质检测方面，很多物质在太赫兹频段具有特征峰，通过比对特征峰，太赫兹光谱系统可以对被测物质进行快速识别；在成像方面，太赫兹成像安检仪可以有效弥补现有机场安检系统的不足，太赫兹波对人体安全，并且可以穿透衣物、塑料等不透明的物体，实现对隐匿物体的成像。太赫兹技术在国家安全、信息技术、生物医学、无损检测、食品和农业产品的质量控制、全球性环境检测等领域都具有重要的应用。

（1）美国

太赫兹技术在美国得到了重视和发展，美国国家基金会（NSF）、国防部、NASA、能源部、国防高级研究计划局和国立卫生研究院（NIH）等从 20 世纪 90 年代中期开始对太赫兹研究进行大规模的投入。2004 年该技术被麻省理工学院《技术评论》杂志列为改变未来世界的十大技术之一，在 2006 年被列为美国国防重点科学。

美国在太赫兹方面所做的研究主要有：太赫兹波的发射和探测、太赫兹波光谱和成像、太赫兹波三维成像技术等；太赫兹技术以及光无线网络；利用电磁波代替电流信号研发出能在太赫兹下工作的新型信号调制器；利用自由电子激光器产生的高频电磁波来控制调制器；研制纳米调速管，频率达 0.3～3 THz，当工作电压 500 V 时，连续波输出功率可达 50 mW。

美国已启动了多个太赫兹项目，比较典型的有以下 4 个项目：

1）"高频真空集成电子学"项目，主要目标是利用微机电技术制造全集成"芯片级"微型真空功率器件，并与固态放大器集成在一起，使功率带宽大幅提升。

2）"亚毫米波成像焦平面技术"项目，主要目标是开发亚毫米波传感器阵列（340 GHz）用于受衍射限制的视频速率成像技术，目前该项目已经演示了世界上最快的使用 35 nm 磷化铟-高电子迁移率晶体管的亚毫米波单片微波集成电路，三级功放在 330 GHz 时达到 50 mW/mm 的功率和 2.5% 的效率，三级低噪声放大器在 270 GHz 时达到 11.5 dB 的增益和 7.5 dB 的噪声系数。

3）"太赫兹成像焦平面技术"项目，主要目标是构建小型化太赫兹（频率大于 0.557 THz）系统，能够进行受衍射限制的视频速率成像，高频率大功率放大器将用于保密和高速通信、高分辨率雷达成像等军事应用。

4）"太赫兹作战延伸后方"（THOR）项目，研究太赫兹通信技术的实用性，研发通过移动自由空间光路径将宽带通信延伸到战区。

目前已有数十所大学和数十家企业在太赫兹波研究和相关产品开发方面取得进展。例如，美国劳伦斯伯克利国家实验室开展了先进光源、先进太赫兹光源、新型半导体材料以及基于新型半导体材料的太赫兹器件的研究等；美国斯坦福国家加速器实验室开展了分别基于加速器和基于激光等离子体相互作用的超短高峰值功率的太赫兹脉冲光源；美国加州理工学院喷气推进实验室已经在太赫兹远距离成像、太赫兹光谱成像生物医学应用等方面做了突出工作。美国喷气推进实验室 2006 年研制出第一部 0.6 THz 的高分辨率雷达探测成像系统，2008 年成功研制出 0.58 THz 的三维成像探测系统，获得亚厘米级的分辨率，方位分辨率可达到 1 cm。美国 IBM、Intel 等公司的实验室以太赫兹波在电子学、天文学、航空科学和空间科学的应用为背景进行研究，特别是太赫兹波在星际间通信、无线电通信、雷达成像等方面的应用进行研究。

（2）欧洲

在欧洲，政府和企业围绕太赫兹技术的广泛应用，加强产、学、研合作的研发日益活跃，一些国家也相继建立了太赫兹科学研究机构，取得了较大的进展。欧洲在第五、第六研究开发框架计划下的研究主题也有太赫兹辐射成像、分子生物学研究、太赫兹空间天文学、太赫兹遥感等，其标志性成果是研制出太赫兹远距离检测系统（2006 年重大项目）。欧洲制定的研究主题包括太赫兹辐射成像（2004—2008 年），分子生物学研究（2004—2009 年），太赫兹空间天文学（2005—2009 年），太赫兹遥感（2005—2012 年），光子带隙材料（2004—2009 年），微机械探测器（2006—2015 年）等。近年来，欧洲国家通过"欧盟第七框架计划"开展了多个太赫兹项目，如 2009—2012 年开展的"碳材料纳米结构在太赫兹的应用"、2010—2013 年开展的"未来欧洲宇航任务用太赫兹超外差接收机器件"、2013—2017 年开展的"高功率太赫兹电路支撑技术"和"创新型太赫兹器件"等。

英国的卢瑟福国家实验室以及剑桥大学、利兹大学等十几所大学都在开展太赫兹技术相关研究；英国开展了 TERAVISION 项目，开发应用高功率、小型近红外短脉冲激光的小型医用太赫兹脉冲成像装置，并通过风险企业 TeraView 取得了产业化进展，研制了太赫兹摄像机并且已用于机场安检；英国开发了 1～10 THz 的广域半导体振动器和检波器，研讨 Tbit/s 级广域网的可能性；英国利兹大学开发出了世界上功率最大的太赫兹激光器芯片，其量子级联太赫兹激光器的输出功率超过 1 W；阿伯丁大学和格拉斯哥大学研究的太赫兹扫描器原型机，能够显示出高分辨率皮肤癌症图像，确切反映癌细胞活动和扩散情况。

德国在电子学太赫兹领域中占有重要地位，在太赫兹成像和通信领域研发了多套系统，部分研究成果也已经走出实验室形成产品。德国的卡尔斯鲁厄理工大学、汉堡大学等，都在积极开展太赫兹研究工作。如德国应用科学研究所实验室研制了一部工作频率为 0.22 THz 的太赫兹成像雷达，在高分辨率雷达图像中能够清晰地分辨人体是否携带了隐蔽武器；德国布伦瑞克技术大学高频段技术研究所的通信实验室在太赫兹传输方面进行了大量的研究，这些研究包括太赫兹自由空间信道特性研究、太赫兹天线设计、60 GHz 的无线传输系统演示平台设计、300 GHz 的无线传输系统演示平台设计、太赫兹通信所需的半导体器件设计等。

法国在 2001—2004 年实施 NANO - TERA 项目，研究太赫兹波段信号处理装置。2005 年 12 月，法国空客集团联合 7 家研究机构，在欧盟"太赫兹顶尖"计划的资助下，开发出一款新型芯片集成相机（0.5～1.5 THz），使未来太赫兹照相机和成像系统的大批量生产成为可能，将太赫兹成像技术的商业应用向前推进了一大步。2015 年 6 月，法国大型实验室电子、微电子和纳米技术研究院联合泰克公司在全球演示了工作频率达到 0.4 THz 的无线系统。

瑞典在 2002—2004 年开展了 SUPER - ADC 项目的研究，旨在实现高温超导体和半导体混合的超高速模数转换器；在奥地利，太赫兹量子级联激光器功率达到 1 W，成为世界上大功率太赫兹量子级联激光器的代表。

（3）俄罗斯

俄罗斯科学院专门设立了一个太赫兹研究计划，俄罗斯水文气象大学、全球化问题研究院及一些大学也都在积极开展太赫兹的研究工作。俄罗斯科学院应用物理研究所正在研制 1 THz 的回旋管，脉冲磁场 40 T，脉冲宽度 100 μs，电压 30 kV，电流 5 A，输出功率有望达到 10 kW。俄罗斯 Scontel 公司开发的低温超导太赫兹检测器是市场上灵敏度最高、响应时间短（50 ps）、检测频率范围超宽（0.1～100 THz）的太赫兹检测系统，已被射电天文观测、太赫兹光谱学、激光辐射探测等研究领域的国内外尖端实验室普遍采用。

（4）其他国家

在亚洲，日本政府在 2005 年 1 月把太赫兹技术确立为今后十年内重点开发的"国家支柱技术十大重点战略目标"之首，并列入日本政府从 2006 年开始到 2010 年结束的第三期科学技术基本计划予以支持，宣称将在 2020 年东京奥运会时实现太赫兹高速通信，速度为 100 kbit/s，是目前网络的 1 000 倍。日本东京大学、京都大学、大阪大学以及

SLLSC，NTT Advanced Technology Corporation 等公司都大力开展太赫兹的研究与开发工作。日本在太赫兹通信方面取得了重要进展，研发出 0.12 THz 的无线通信系统和 0.3～0.4 THz 的无线通信系统。2006 年研制出 1.5 km 太赫兹无线通信演示系统，完成世界上首例太赫兹通信演示。日本福井大学已研制出频率达 0.889 THz，输出功率达数万瓦的回旋管。2016 年，日本东京理工大学开发出了可在烟雾环境中确保性能的太赫兹照明器的基本构成技术。

在澳大利亚，太赫兹透镜成为生物学的新工具，具有比目前其他任何超材料透镜高 10 倍的分辨率。韩国汉城大学、浦项科技大学，新加坡大学等也都在积极开展太赫兹的研究工作，并发表了不少有分量的论文。

（5）中国

虽然我国开展太赫兹研究相对来说起步较晚，但科技部、中国科学院、国家自然科学基金委员会对太赫兹电磁波研究给予了高度关注，从 2000 年起一直作为基础研究重大项目、基金会重大项目、"973" 计划实施相关安排。

2005 年，科技部、中国科学院、国家自然科学基金委员会联合召开的以 "太赫兹科学技术" 为主题的第 270 次香山科学会议，成为我国太赫兹研究工作的里程碑。来自科研院所、高等院校等相关领域的 44 名专家学者参加了此次学术讨论会，交流了国内外太赫兹科学技术的研究现状和发展趋势，11 位院士在会上发言，探讨和提出了我国太赫兹科学技术的重要性、拟要解决的关键技术、我国未来发展战略和发展方向。

国家各部委先后部署了包括 "973" 重大基础研究项目在内的各类专项、重大、重点及面上项目，并且支持力度逐年增加。2006 年太赫兹专家委员会成立，同年，中国太赫兹研发网建立运行；2008 年出版发行了国际太赫兹在线杂志《Terahertz Science and Technology》。至今，国内已有 30 多个单位从事太赫兹科学技术研究，我国逐渐在国际太赫兹科学技术研究领域占有一席之地，并成功举办了包括 2006 IRMMW－太赫兹国际会议和深圳国际先进科学技术国际会议在内的多次太赫兹相关国际会议。

2010 年 4 月底，16 位院士相会成都，谋划太赫兹科学技术发展的中国路线图。会后不久，19 位院士联名上书国务院领导，提出了发展我国太赫兹科学技术的若干建议并获批示。2011 年年底，科技部启动的 "毫米波与太赫兹无线通信技术开发" 项目，是我国太赫兹领域第一个过亿元的 "863" 计划主题项目，下设 5 个课题组，汇聚了电子科技大学、南京大学、东南大学、中国科学院等国内十多所高校和研究院所的优势力量。2012 年年底，刘盛纲团队在国际顶级物理学术期刊《Physical Review Letters》发表论文，首次阐述电子激发表面等离子体激元产生太赫兹到紫外辐射的新现象，并原创性地提出利用表面等离子体激元把电子学和光子学结合起来尝试太赫兹辐射的新机理。

我国的政府机构和科研院校还建立起多个太赫兹研究中心（实验室），如中国科学院太赫兹固态技术重点实验室、中国工程物理研究院太赫兹科学技术研究中心、北京市太赫兹与红外工程技术研究中心、北京市太赫兹波谱与成像重点实验室、中国计量学院太赫兹技术与应用研究所等（见表 1－4）。这些单位在太赫兹源、真空电子学、光子学、量子级联激光器的太赫兹辐射源、超导探测、特殊材料、成像及波谱分析等领域取得了大量具有国际先进水平的研究结果，促进了太赫兹技术的研究发展。例如，中国工程物理研究院太赫兹科学技术研究中心于 2005 年研制出我国第一个 2.6 THz 可调谐相干自由电子激光太赫兹源；2010 年研制出我国第一个 0.14 THz/10 Gbit/s 无线通信传输样机系统，并完成 0.5 km 无线传输试验；2011 年进一步研究了 0.14 THz/2 Gbit/s 的 16QAM 无线通信实时硬件解调器，完成了 1.5 km 无线传输试验；同年研制出我国第一个 0.14 THz 高分辨率逆合成孔径雷达成像演示系统，实现了分辨率优于 5 cm 的二维实时成像。

2012 年，电子科技大学联合南京大学、清华大学以及中科院电子所、光电所等国内优势力量，在成都正式成立太赫兹科学协同创新中心。2013 年，中心先后受中国电子学会委托成立太赫兹分会，受国家自然科学基金委员会与中国科学院联合委托成立"太赫兹科学技术前沿发展战略研究基地"，为国家太赫兹科学发展提供战略建议咨询和顶层规划设计。2014 年 3 月，"中国电子学会太赫兹分会成立大会暨第一次学术研讨会"在电子科技大学成功召开，分会依托单位为电子科技大学，太赫兹分会的成立将积极推动太赫兹科学技术的研究与应用，促进我国太赫兹产业的发展。

经过多年的努力，我国在太赫兹源、太赫兹检测、太赫兹成像、太赫兹波谱技术等关键领域都有重大突破，在理论和实验研究方面与国际同行站在了同一起跑线上，并取得了一批拥有自主知识产权的成果和产品。随着科研工作的不断突破，研究内容的不断横向拓展和纵向深入，中国太赫兹科学技术的发展得到了国际同行的充分认可，太赫兹领域的国家话语权也不断增强。表 1-4 为我国部分太赫兹研究实验。

表 1-4   我国部分太赫兹研究实验

序号	研究单位	时间	重点研究方向
1	首都师范大学太赫兹光电子学教育部重点实验室	2001 年	太赫兹波与物质相互作用的基本规律；新型太赫兹光电器件和材料
2	超快光电子与太赫兹技术实验室（上海理工大学）	2001 年	超快光学方法-时域太赫兹波研究；太赫兹物质检测；超高频电磁通信和传输及其器件的开发等
3	山东科技大学太赫兹技术研究中心	2003 年	太赫兹时域光谱技术；太赫兹波与低维物质的相互作用；光泵太赫兹辐射源；太赫兹光子晶体理论与器件等
4	深圳大学太赫兹技术研究中心	2005 年	太赫兹波传输、太赫兹成像、太赫兹探测、太赫兹光谱分析、太赫兹波产生等
5	中国科学院高功率微波源与技术重点实验室	2006 年	微波和毫米波器件关键性、基础性和共性技术；大功率宽带速调管技术及其应用；多注速调管技术及其应用；高功率速调管技术及其应用；带状注器件、扩展互作用器件和太赫兹辐射源等新型器件关键技术
6	北京市太赫兹波谱与成像重点实验室（依托首都师范大学）	2006 年	太赫兹波谱学；太赫兹成像；太赫兹与红外无损检测技术；太赫兹传输及太赫兹与物质相互作用
7	天津大学太赫兹研究中心	2006 年	太赫兹脉冲产生、探测，太赫兹器件开发，太赫兹频谱技术，太赫兹表面等离激元，太赫兹表面人工奇异介质及太赫兹应用等

续表

序号	研究单位	时间	重点研究方向
8	中国计量学院太赫兹技术与应用研究所	2006 年	太赫兹波器件、传输与系统；太赫兹波成像、传感技术及应用；太赫兹波与生物分子相互作用机理及应用；太赫兹波谱材料特性测试及应用
9	中国科学院太赫兹固态技术重点实验室	2010 年	固态太赫兹器件物理与工艺；固态太赫兹器件与模块；太赫兹检测与成像；太赫兹信息传输
10	北京市太赫兹与红外工程技术研究中心	2011 年	太赫兹面阵探测器和研究太赫兹与物质相互作用的基本规律为导向；太赫兹安检、光谱、成像和红外无损检测
11	中国工程物理研究院太赫兹科学技术研究中心	2011 年	太赫兹物理理论、半导体太赫兹技术、电真空太赫兹技术以及太赫兹在通信、雷达、光谱学和成像中的应用等
12	中国科学院重庆绿色智能技术研究院太赫兹技术研究中心	2012 年	太赫兹技术在无损探伤、光电通信、半导体、生物医学成像、基因诊断等领域的重大基础与应用研究等
13	北京市毫米波与太赫兹技术重点实验室(依托北京理工大学)	2012 年	毫米波与太赫兹波天线理论与技术；毫米波与太赫兹波集成技术与集成电路；毫米波与太赫兹波系统集成与应用技术等
14	武汉光电国家实验室激光与太赫兹技术功能实验室	2012 年	太赫兹二维谱技术与装备

参 考 文 献

［1］ MATTHIAS POSPIECH，KAISERSLAUTERN T U. Terahertz Technology：an Overview. University of Sheffield Department of Physics and Astronomy Problem Solving in Physics Germany ［D］. 2003：1－10.

［2］ YAO J Q. Introduction of THz－wave and its applications ［J］. Chongqing University Posts and Telecommunications（Natural Science Edition），2010，22（6）：703－707.

［3］ 郑新，刘超 . 太赫兹技术的发展及在雷达和通讯系统中的应用（I）［J］. 微波学报，2010，26（6）：1－6.

［4］ 牧凯军，张振伟，张存林 . 太赫兹科学与技术 ［J］. 中国电子科学研究院学报，2009，4（3）：221－230.

［5］ 许景周，张希陈 . 太赫兹科学技术和应用 ［M］. 北京：北京大学出版社，2007.

［6］ 张存林 . 太赫兹感测与成像 ［M］. 北京：国防工业出版社，2008.

［7］ 王少宏，许景周，汪力，等 . 太赫兹技术的应用及展望 ［J］. 物理，2001，30（10）：612－615.

［8］ HAN P H，TANI M，et al. A direct comparison between terahertztime－domain spectroscopy and far－infrared Fourier transform spectroscopy ［J］. Appl. Phys. 89，2357，2001.

［9］ 周泽魁，张同军，张光新 . 太赫兹波科学与技术 ［J］. 自动化仪表，2006，27（3）：1－6.

［10］ VANDER EXTER M，GRISCHKOWSKY D. Characterization of an optoelectronic terahertz beam system ［J］. IEEE Trans Microwave Theory Tech，1990，38（11）：16841691.

［11］ HU B B，NUSS M C. Imaging with terahertz waves ［J］. Opt. Lett. ，1995，20（16）：1716－1718.

［12］ FERGUSON B，ZHANG X－C. 太赫兹科学与技术回顾 ［J］. 物理，2003，32（5）：286－293.

［13］ KOENIG S，LOPEZ－DIAZ D，ANTESET J，et al. Wireless sub－THz communication system with high data rate ［J］. Nature Photonics，2013，7（12）：977－981.

［14］ 刘盛纲 . 太赫兹科学技术的新发展 ［J］. 中国基础科学，2006，8（1）：7－12.

［15］ 郑新，刘超 . 太赫兹技术的发展及在雷达和通讯系统中的应用（II）［J］. 微波学报，2011，27（1）：1－5.

［16］ 姚建铨 . 太赫兹技术及应用 ［J］. 重庆邮电大学学报：自然科学版，2010，22（6）：703－707.

第 2 章　太赫兹基础技术

太赫兹技术衔接了宏观经典电磁波理论和微观量子理论，主要研究太赫兹辐射的产生、探测、调控技术以及太赫兹辐射和物质的相互作用[1]。缺乏高效的太赫兹波辐射源（简称"太赫兹源"或"太赫兹辐射源"）和灵敏的探测器一直是制约太赫兹技术得到广泛应用的主要瓶颈之一，因此产生和探测太赫兹波的技术是太赫兹技术领域的研究热点。由于太赫兹波的独特特性，如水汽等对太赫兹波有强烈吸收，使太赫兹空间传输应用受限，适用于不同需求的太赫兹波导技术成为太赫兹应用的基础。高性能太赫兹辐射源和探测器是推动太赫兹科学技术发展的首要条件，但太赫兹技术的广泛应用离不开实用化功能器件的支撑。在进一步深化认识太赫兹波段电磁场与物质相互作用机理和特点的基础上，探索新材料和新原理，突破传统功能器件的技术路线，研制能满足实际应用需求的功能器件是太赫兹技术发展所面临的挑战之一。

2.1　太赫兹辐射源

太赫兹波脉冲的产生分为连续波的太赫兹产生和太赫兹脉冲波的产生。主要有光导激发和光整流方法，此外，还有非线性传输线等方法，太赫兹波的主要产生方法见表 2-1[2]。太赫兹波产生的关键技术是太赫兹辐射源。太赫兹辐射源可以大致分为以下几类：非相干的热辐射源、宽频带的太赫兹脉冲源以及窄频带的太赫兹连续波源等。当然也可以有其他的分类方式，如根据其应用范围或产生机理等分类[3]。

表 2-1　太赫兹波产生方法

太赫兹波	产生方法
太赫兹连续波	采用傅里叶远红外光谱仪,使用热辐射源产生
	通过非线性光混频产生
	电子振荡辐射产生
	太赫兹激光器产生
太赫兹脉冲波	光导天线法
	光整流法
	太赫兹参量振荡器法
	空气等离子法

基于太赫兹辐射源产生机理的不同，目前常见的太赫兹辐射源主要分为两大类，光学太赫兹辐射源和电子学太赫兹辐射源。前者主要包括：光电导天线、光学整流、差频、参量振荡、光学切伦科夫辐射等。后者种类繁多，主要包括：相对论电子太赫兹辐射源类，

主要有台式加速器、等离子体前沿激光散射源等；真空电子太赫兹辐射源类，主要包括
（纳米）速调管、行波管、返波管、和频与倍频技术等；半导体太赫兹级联激光器等。此
外还有一些其他产生太赫兹辐射源的方法，包括水蒸气气体激光；相对论多普勒效应；非
线性汤姆逊散射等[4-6]。

　　从太赫兹源技术的整体发展来看，光泵气体太赫兹激光器发展最早也最为成熟，能获
得较大的输出功率（平均功率可达数百毫瓦），但转换效率较低、体积庞大且成本高昂，
只能在少数实验室中应用。基于高能超短脉冲激光器的光整流法、光电导天线、激光等离
子体、光参量振荡太赫兹源得益于激光器的发展，已成为太赫兹波产生技术领域的研究热
点[7]，具有较大的商用化前景。

　　近年来，随着光子学和纳米技术的快速发展，太赫兹辐射源的发展取得了长足进展。
在 20 世纪 90 年代初期，使用脉冲激光激发光电导天线可以有效获得太赫兹辐射；2002
年，太赫兹量子级联激光器的诞生被认为是一个重大进展，高效、轻便且价格合理的太赫
兹辐射源成为可能。

2.1.1　光学太赫兹辐射源

　　光学波段的电磁波主要包括红外光、可见光、紫外光和 X 射线，它们的频率都高于太
赫兹波，对高频电磁波进行频率下转换，可以产生太赫兹波。基于光学技术的太赫兹源的
产生途径可以分为以下 4 种：基于远红外光泵浦产生太赫兹辐射；利用超短激光脉冲产生
太赫兹辐射；利用非线性频率变换产生太赫兹辐射；基于其他光学非线性效应产生太赫
兹波。

　　用光学方法产生太赫兹波的主要设备包括：太赫兹气体激光器、激光等离子体太赫兹
源、光电导天线太赫兹源、光整流太赫兹源、差频太赫兹源和参量振荡太赫兹源[8]。得益
于飞秒激光器等超快脉冲激光器的发展，目前光整流、差频、参量振荡、光电导天线和激
光等离子体太赫兹源发展比较迅速，是太赫兹源技术的研究热点。

　　目前利用光学方法产生太赫兹波需要解决下列关键问题：进一步改善系统整体结构，
提高能量转换效率；提高泵浦激光器的效率和功率，减小泵浦源的体积和质量；寻找具有
更好品质因数和更低太赫兹波段吸收系数的新型晶体；研发太赫兹源专用设计软件、仿真
软件，加快开发进程。总之，光学太赫兹源正在向结构简单、可调谐、高度相干及室温工
作等方向发展。

　　（1）光电导太赫兹源

　　光电导太赫兹源又称光电导天线、光电导开关，其基本结构是在光电半导体基底上镀
上两个金属电极，然后在两电极上施加一定的偏置电压。当激光脉冲辐照在光电导天线的
两电极之间时，会使基底材料中的电子从价带跃迁到导带上，从而产生自由载流子。而在
外加偏置电场的作用下，这些载流子又会在电场方向上运动形成电流，电流密度可以表
示为

$$J(t) = N_e(t)e\mu_e E_b + N_p(t)e\mu_p E_b$$

式中　N_e，N_p——光自由电子、空穴的密度；

　　　　e——电子、空穴的所带电荷量；

　　　　μ_e，μ_p——电子和空穴的迁移率；

　　　　E_b——偏执电场的场强。

由于电子的迁移率一般要远高于空穴的迁移率，因而可以忽略空穴的影响。此时，两电极之间的电流密度可以表示为

$$J(t) = N_e(t)e\mu_e E_b$$

当自由载流子在偏置电场中加速运动时，便会产生电磁辐射。而在激发光脉冲的脉宽为飞秒尺度时，产生的电磁脉冲将是太赫兹脉冲。太赫兹辐射的场强与偏置电场强度成正比例关系，提高外加偏压可以提高太赫兹辐射的功率。与此同时，自由载流子的密度与激发光的强度有关，提高激发光强度可以提高光生载流子密度，从而提高太赫兹辐射的功率。图 2-1 所示为光电导天线产生太赫兹波过程的示意图，使用高能超短脉冲激光照射通电的光电导天线，就可以辐射出太赫兹脉冲波。图 2-2 所示为光电导天线的结构图。

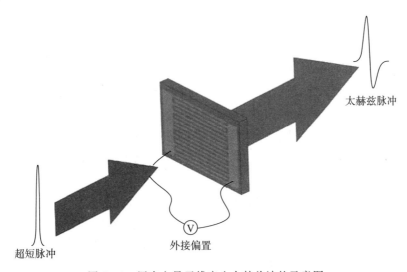

图 2-1　用光电导天线产生太赫兹波的示意图

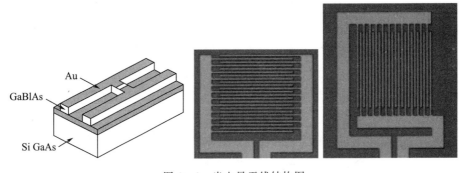

图 2-2　光电导天线结构图

光电导天线是目前常用的太赫兹源之一，可以产生超短脉冲、超宽频带的太赫兹波，用于高分辨率成像、太赫兹频谱分析等方面。光电导天线太赫兹源的主要缺点是产生的太赫兹波的能量和频率较低，其技术发展受到光电材料发展的限制。光电导天线的性能主要取决于光电导体基底材料、天线几何结构和激发光源。

光电导天线基底材料选择的基本要求是要有短的载流子寿命，快的载流子迁移率和高的电阻率。目前，人们已经发现不少半导体材料都可以作为光电导天线的基底材料，主要是一些硼族元素和磷族元素形成的化合物晶体。其中，LT - GaAs 是最常使用的基底材料之一。天线的几何结构（主要是金属电极的几何结构）也是决定光电导天线性能的一个重要因素，具体包括几何形状和几何尺寸两个方面。天线结构通常有赫兹偶极子天线、共振偶极子天线、锥形天线、传输线以及大孔径光导天线等。

20 世纪 70 年代，Grischkowsky 等人首先开始研究如何使用光电导天线产生太赫兹波，但直到 90 年代，半导体材料和高能脉冲激光器有了较大发展，这项技术才获得实质性进展。2004 年，施卫等人采用飞秒激光脉冲触发由砷化镓材料构成的光电导，产生了频率为 0.5 THz、频谱宽度大于 2 THz、脉冲宽度约为 1 ps 的太赫兹波。2010 年，Made 等人实现了 0.73～1.33 THz 的可调谐太赫兹光电导天线。2010 年，A. Schwagmann 等人使用 1.55 μm 的激光照射基底为 ErAs：InGaAs 的光电导天线，产生的太赫兹辐射波最大带宽达到 3.1 THz。目前国外已有众多商业化太赫兹光电导天线产品，如灰鹰光学公司（Greyhawk Optics）出产的光电导系列产品，其光电导天线尺寸约为 2 mm×2 mm，能产生 1～1.5 THz 的太赫兹波[9]。

由于砷化镓超快半导体光电导开关不仅可以在极高的重复频率（亚吉赫兹～太赫兹）下工作，而且具有皮秒量级触发晃动、耐高电压及大的电流承载能力等独特性能，从而成为目前产生太赫兹电磁波的重要方法。因此，用砷化镓超快半导体光电导开关作为太赫兹光电导天线产生高功率太赫兹电磁波成为各国研究人员关注的问题。人们从材料、设计等不同方面不断改进砷化镓光电导天线的性能，特别是辐射功率和信噪比。

经过 20 多年的发展，光电导太赫兹源仍然存在着一些不足，主要是如何进一步提高功率，以及实现实用化、小型化和廉价化的目标。对于如何进一步提高光电导太赫兹源的性能，可从如下几方面进行考虑：基底材料方面，一方面可以通过掺杂、辐照损伤、改变生长温度等方法来进一步优化基底材料性能，另一方面可以探索一些新的物质作为基底材料。几何形状方面，可以对电极做倒圆角等处理来提高其性能，也可以设计一些新的性能更加优良的几何形状；几何尺寸方面，可以从理论和实验两方面做更加深入的分析，以便得到更加合理的设计参数。激发光源方面，1.55 μm 激光的使用在实现实用化、小型化和廉价化的目标方面前进了一大步，今后方向是进一步提高这类光电导天线的带宽和功率。

（2）光整流太赫兹源

光整流太赫兹源是对频率高于太赫兹波的电磁波进行频率转换，将高频电磁波降低到太赫兹频段的一种太赫兹波产生技术。其基本原理是利用宽带超短脉冲激光照射二阶非线性晶体，在晶体中由于非线性光学效应的存在，脉冲激光中的两个频率差在太赫兹波段的分量进行混频，输出差频光，即太赫兹波段的光[10]。

　　光整流效应是一种非线性效应，是光电效应的逆过程，两个光束在非线性介质（铌酸锂、钽酸锂、有机晶体等）中传播时会发生混合，从而产生和频振荡和差频振荡现象。在出射光中，除了和入射光相同的频率的光波外还有新的频率（例如和频）的光波。而且当一束高强度的单色激光在非线性介质中传播时，它会在介质内部通过差频振荡效应激发一个恒定（不随时间变化）的电极化场。恒定的电极化场不辐射电磁波，但在介质内部建立一个直流电场。根据傅里叶变换理论，一个脉冲光束可以分解成一系列单色光束的叠加，其频率决定于该脉冲的中心频率和脉冲宽度。在非线性介质中，这些单色分量不再独立传播，它们之间将发生混合。和频振荡效应产生频率接近于二次谐波的光波，而差频振荡效应则产生一个低频电极化场，这种低频电极化场可以辐射直到太赫兹的低频电磁波[①]。图 2-3 所示为使用光整流法产生太赫兹波的过程，超短脉冲照射非线性晶体，脉冲中频率差为太赫兹频段的两个分量在相位匹配的条件下进行差频混频，输出太赫兹频率的脉冲。

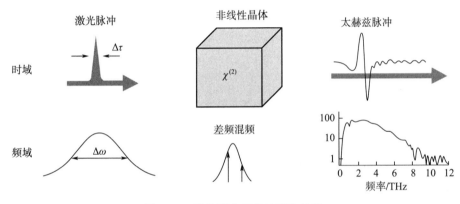

图 2-3　光整流太赫兹波产生过程

　　光整流的物理过程是一个瞬间完成的过程，而产生的太赫兹辐射强度与非线性介质的极化电场强度的低频部分对时间的二阶偏导数成正比。光整流的关键问题是位相匹配，它可以放大激光和太赫兹脉冲在非线性介质中的相互作用，并且能增强光整流的产生效果。常用的非线性介质由铌酸锂、钽酸锂、有机晶体二乙氨基三氟化硫、半导体砷化镓、碲化锌、磷化铟和碲化铟等。选择应用于太赫兹波段的非线性晶体应满足下列几个条件：在所用波段范围内具有较高的透过率、高的损伤阈值、大的非线性系数及优秀的相位匹配能力。

　　光整流方法产生的太赫兹波具有较高的时间分辨率和较宽的频谱范围，不需要外加直流偏置电场，结构简单。太赫兹辐射的最大功率既受超快激光脉冲的影响，又受介质的损伤阈值的制约。太赫兹辐射的产生效率受材料的非线性系数、介质材料对太赫兹辐射的吸收及激光脉冲与太赫兹脉冲之间的相位匹配等因素影响。这种光源的主要缺点是很难获得相位匹配；能量利用率低（因为只利用了脉冲激光中的少量频率成分），不利

　　①　参见邵立，路纲，程东明，《光整流太赫兹及其研究进展》。载于《激光与红外》，2008 年第 9 期。

于高功率应用（大量能量以热能形式释放）；宽带脉冲激光需要利用飞秒激光器产生，价格不菲。

1992 年，S. L. Chuang 等人提出光整流太赫兹源模型[11]。2000 年，R. Huber 等用脉宽为 10 fs 的激光脉冲的相位匹配光整流效应在薄砷化镓晶体中产生了短至 50 fs 的红外脉冲。电磁辐射的中心频率从 41 THz 到远红外波段连续可调。2007 年，K. L. Yeh 等人用掺钛蓝宝石近红外飞秒激光器泵浦氧化镁-铌酸锂晶体，产生了中心频率为 0.5 THz 的太赫兹波，其脉冲能量为 10 μJ，平均功率为 100 μW[12]。2008 年，Stepanov 等人利用飞秒激光器泵浦氧化镁-铌酸锂晶体，获得了能量为 30 μJ 的太赫兹波[13]。2011 年，Negel 等人使用低成本、大功率的半导体激光器泵浦 1 030 nm 的飞秒激光器，再用飞秒激光脉冲泵浦磷化镓晶体，获得了中心频率为 1 THz、带宽为 0.5 THz、功率为 1 μW、重复频率为 44 MHz 的太赫兹波[14]。

光整流与光电导产生的太赫兹脉冲相比，光电导产生的太赫兹脉冲能量通常要比用光整流效应产生的太赫兹脉冲的能量强；光电导产生的太赫兹电磁波频率较低，光整流产生的太赫兹电磁波频率较高；光电导天线产生的太赫兹脉冲频谱宽度较窄，光整流产生的太赫兹脉冲频谱宽度较宽，可以达到 50 THz。

（3）差频太赫兹源

差频法的基本原理是利用两束频率差为太赫兹波段的激光照射非线性晶体，借助晶体的非线性效应，两束激光在晶体中发生差频混频（同样需要满足相位匹配条件），输出太赫兹波[15]。光学差频过程是三波相互作用的参量过程。频率分别为 ω_1 和 ω_2 的泵浦光在非线性晶体内相互作用，产生的参量光的频率是这两束泵浦光频率之差 $\omega_1 - \omega_2$。如果一束泵浦光的频率固定，而另外一束泵浦光的频率可调谐，就可以产生可调谐的辐射。图 2 - 4 所示为利用差频法产生太赫兹波并照射样品的光路图，红色与蓝色分别代表两种不同波长的激光，在输入非线性晶体后发生混频，输出频率差为太赫兹波段的电磁波，并对样品进行照射。

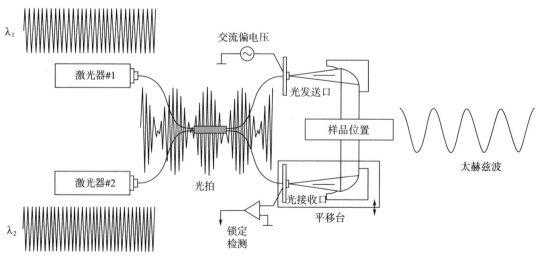

图 2 - 4 差频法产生太赫兹波并照射样品的光路（见彩插）

按照差频互作用的三波波矢是否共线的情况可以分为：共线差频和非共线差频两大类。按照差频过程中相位匹配方式的不同可分为：双折射临界相位匹配技术；各向同性晶体剩余辐射带色散补偿相位匹配技术；准相位匹配技术；基于波导色散补偿的相位匹配差频技术等。

差频产生太赫兹波技术的关键是合适的差频材料，只有适当的差频材料才能实现较高的功率输出，因此差频材料的研究一直是这种技术的研究热点。光学差频太赫兹源的最大优点是输出功率高，峰值功率可达数千瓦，甚至兆瓦量级，基于非线性光学频率变换的方法是目前获得宽调谐太赫兹源的主要途径，在太赫兹波谱分析、成像应用中具有重要作用。但这种太赫兹源的缺点是转换效率低（晶体的非线性效应非常小），而且需要两个泵浦光源，所以结构相对比较复杂，不易于输出光频率的调整。

在差频产生太赫兹波的过程中，非线性差频晶体是关键器件。用于差频产生太赫兹波的非线性晶体应该具有如下特性：较高的二阶非线性系数；较低的太赫兹波段吸收系数；较高的损伤阈值；晶体的相位匹配波段符合可利用的激光波长。目前，在差频太赫兹实验中采用的非线性晶体主要分为无机晶体材料和有机晶体材料

早在 20 世纪 60 年代，Zernike 和 Berman 等人利用谱宽为 $1.059 \sim 1.073~\mu m$ 的铷激光器泵浦石英晶体进行非线性差频实验，得到频率约为 3 THz 的太赫兹波[16]。随后，D. W. Faries 等人利用两台调谐的红宝石激光器在铌酸锂晶体和石英晶体中差频产生可调谐的太赫兹波[17]。1999 年，日本 Kawase 等人利用钛宝石激光器输出的双波长激光，照射到各向异性有机晶体 DAST，差频获得了 1.4 THz 的辐射，峰值功率为 $2.5~\mu W$[18]。2001 年，Kawase 等人用氧化镁-铌酸锂实现了频率为 $0.7 \sim 3$ THz、峰值功率为 100 mW 的太赫兹输出[19]。

为了提高太赫兹辐射的输出能量和峰值功率，具有大尺寸生长、高损伤阈值的硒化镓、磷锗锌、砷化镓、磷化镓、碲化锌等晶体被应用到差频产生太赫兹波的方案中。2003 年，日本 Tanabe 等利用 Nd：YAG 激光器输出 $1.06~\mu m$ 激光与其三倍频 355 nm 激光泵浦的 BBO 光学参量振荡器在磷化镓晶体中差频获得 $0.5 \sim 3$ THz 的输出。2004 年，美国里海大学（Lehigh University）团队在硒化镓晶体差频得到太赫兹波的峰值功率为 209 W（1.53 THz），波长调谐范围为 $58.2 \sim 3~540~\mu m$；该团队于 2005 年在磷化镓晶体中共线差频获得了调谐范围为 $71.1 \sim 2~830~\mu m$，峰值功率为 15.6 W 的太赫兹辐射输出。2008 年，Miyamoto 等又报道了一种新的有机非线性晶体 BNA，利用它作为差频晶体实现了 $0.1 \sim 15$ THz 的输出。2010 年，美国 Yujie J. Ding 等利用准相位匹配的磷化镓晶体差频得到了最大峰值功率为 1.36 kW 的 $1 \sim 3.5$ THz 波。2011 年，Y. Lu 等利用二氧化碳激光器产生的双波长在砷化镓晶体中差频获得了可调谐的太赫兹波输出，在 1.3 THz 处获得了平均功率为 $10~\mu W$，峰值功率为 35 W 的太赫兹波输出。2011 年，Vodopyanov 等利用周期反转砷化镓差频实现了 $1.5 \sim 2$ THz 的输出，最大输出平均功率为 $200~\mu W$。2012 年，南安普顿大学利用光纤激光器在磷化镓晶体中差频，实现 $0.7 \sim 2.5$ THz 的可调谐输出，可应用于高分辨率的太赫兹光谱分析。

该领域的一个研究方向是把波长可调谐的光学参量振荡器用于差频的泵浦源。2003年，Tanabe 等人利用这种方法，研制出一套紧凑可调谐的太赫兹源，调谐范围为 0.5～3 THz，脉冲宽度为 10 ns，脉冲能量为 30 nJ，平均功率为 10 μW[20]。2006 年，H. Ito 带领的研究小组利用电控制 KTP-OPO 泵浦 DAST 和磷锗锌晶体差频产生 1.5～60 THz 可调谐相干太赫兹波[21]。2008 年，美国斯坦福大学研究人员在砷化镓晶体差频的基础上进行改进，采用 PPLN-OPO 腔内差频结构（如图 2-5 所示），建立了一个在 0.5～3.5 THz 可调谐、结构紧凑且室温工作的太赫兹源，其平均功率为 10～100 mW[22-23]。

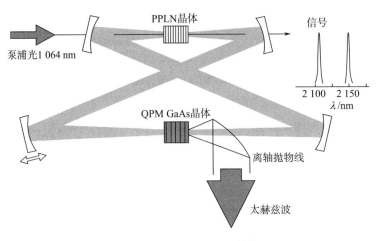

图 2-5　PPLN-OPO 结构

国内天津大学姚建铨等对光学差频太赫兹源进行了大量的研究。2006 年，他们利用双波长激光在 DAST 晶体中通过差频得到了峰值功率为 3.6 W，中心频率为 3.297 THz 的太赫兹波[24]。2009 年，他们利用 KTP-OPO 得到的双波长激光在硒化镓晶体中通过差频输出了 0.41～3.3 THz 和 0.147～3.65 THz 的宽调谐相干太赫兹波输出（如图 2-6 所示），最大峰值功率为 10～17 mW[25-26]。

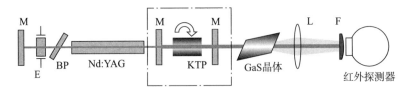

图 2-6　2.128 μm 双波长差频产生太赫兹波实验装置

（4）太赫兹参量源

太赫兹参量源是利用晶格或分子本身的共振频率来实现太赫兹波的参量振荡和放大的，是一种与极化声子相关的光学参量技术。太赫兹参量源是具有很高的非线性转换效率、结构简单、易小型化、工作可靠、相干性好，并且能够实现单频、宽带、可调谐、可在室温下稳定运转的全固态太赫兹辐射源。目前，最适合用于产生太赫兹波的非线性晶体之一就是铌酸锂，其具有较大的非线性系数，在 0.4～5.5 μm 之间是透明的。

其原理为：当一束强激光束通过非线性晶体时，光子和声子的横波场会发生耦合，产生光-声混态，称为极化声子。当极化声子的频率接近于晶体的共振频率时，它会以声子的形式传播；如果在非共振低频区时，则以光子形式传播。根据能量守恒定律 $\omega_p = \omega_T + \omega_s$（P 为泵浦光，T 为太赫兹光，S 为闲频光）可知，每湮灭一个近红外的泵浦光子 ω_p，就会产生一个太赫兹光子 ω_T 以及一个近红外的闲散光子 ω_s。在这个受激散射的过程中，也满足动量守恒定律，$k_p = k_T + k_s$，即非共线相位匹配条件（图 2-7）。由于闲频光和太赫兹波具有角色散特性，利用光学谐振腔或闲频光种子注入技术可以有效产生相干太赫兹波。太赫兹参量源主要有 3 种：太赫兹参量产生器、太赫兹参量振荡器和种子注入的太赫兹参量产生器。

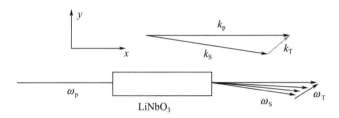

图 2-7　太赫兹参量源匹配条件

太赫兹参量产生器利用一个单向的泵浦光通过合适配置的非线性晶体，就可以产生宽带的太赫兹辐射波，它没有谐振腔也没有种子注入器，晶体的两端面均镀有在泵浦光和闲频光附近的高透膜，晶体的太赫兹出射面抛光，并通过硅棱镜阵列将太赫兹波耦合输出。太赫兹参量振荡器是在太赫兹参量产生器的基础上，通过加入光学谐振腔，使得闲频波形成激光振荡，输出的太赫兹波的线宽变窄，同时获得窄线宽的太赫兹波输出。图 2-8 所示为太赫兹参量振荡器的基本结构，由 Nd：YAG 激光器输出的脉冲激光照射铌酸锂晶体，在晶体中声子与激光光子耦合产生太赫兹光子。种子注入的太赫兹参量产生器由泵浦源、太赫兹波段的种子激光器和非线性晶体组成。根据太赫兹参量过程中，泵浦光、闲频光和太赫兹波之间的非共线相位匹配关系，闲频光和太赫兹波的频率与相位匹配角度是一一对应的关系，那么利用具有一定功率、频率确定的、线宽很窄的闲频光以及相应的相位匹配角度入射，就可通过参量过程对该频率的闲频光进行光放大，同时产生太赫兹波，通过调节种子激光器输出激光频率和相应的入射角度，便可以获得可调谐的、相干的太赫兹辐射波。

在 20 世纪 90 年代，日本的 H. Ito 和 Kawase 最先对太赫兹参量源进行了深入系统的研究，使得太赫兹参量源逐渐完善，具有高峰值功率、高能量、高效率、小型化等特点。2002 年，H. Ito 等人[27]用 Nd：YAG 激光器照射 LiNbO$_3$ 晶体获得了峰值功率为 20 mW 的 0.3~7 THz 宽调谐相干太赫兹波输出，并利用该太赫兹源实现了高精度、快速扫描的太赫兹光谱仪，如图 2-9 所示。2009 年，H. Ito 等人[28]又设计出一种圆形腔的太赫兹参量振荡器，通过调整底部腔镜角度，可在 0.93~2.7 THz 频率范围内快速调整输出太赫兹波，输出功率约为 40 mW。

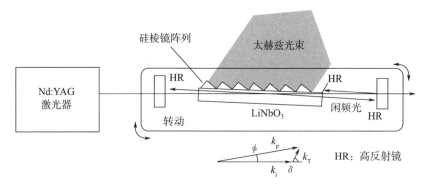

图 2-8 太赫兹参量振荡器基本结构

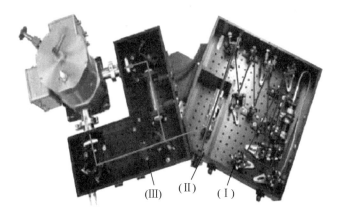

图 2-9 太赫兹光谱仪

2012 年，日本的 S. Hayashi 等通过理论分析得到，泵浦功率越高，太赫兹增益越大，选择亚纳秒激光脉冲作为泵浦源，获得了高峰值功率、单纵横的太赫兹参量产生器，输出太赫兹波峰值功率大于 120 W，可调谐范围为 1.2～2.8 THz。2013 年，澳大利亚麦考瑞大学的 Andrew Lee 等利用 808 nm 的 LD 泵浦的声光调 Q 的 Nd：YAG 激光器，在 MgO：LiNbO₃ 晶体中实现了内腔泵浦的准连续太赫兹激光输出，可调谐范围为 1.53～2.82 THz，整个太赫兹参量振荡器的振荡阈值为 2.4 W，泵浦光为 5 W 时，太赫兹平均功率为 6.45 μW。他们于 2014 年通过合理设计谐振腔结构，实现了连续太赫兹波输出，振荡阈值为 2.3 W，调谐范围为 1.5～2.3 THz。

在太赫兹参量源中，以往主要采用铌酸锂、氧化镁：铌酸锂晶体、周期性极化铌酸锂（PPLN）晶体作为太赫兹参量源的非线性晶体。2014 年，山东大学研究人员探索了新的非线性晶体 KTP、KTA，设计了垂直表面发射结构的太赫兹参量振荡器，输出太赫兹波的调谐范围分别为 3.17～6.13 THz 和 3.59～6.43 THz，输出能量可达几百纳焦。

目前，光参量振荡太赫兹源已经商用化，英国 M Squared 公司出产的 Firefly-THz 太赫兹源，采用非共线相位匹配的太赫兹参量振荡技术研制而成，频率可在 1.2～3 THz 之间调谐，峰值功率为 1 W、平均功率为 10 μW，具有宽调谐、窄线宽、高亮度、室温工作等优点，在光谱技术及相关领域应用较多，图 2-10 所示为该产品图片[29]。

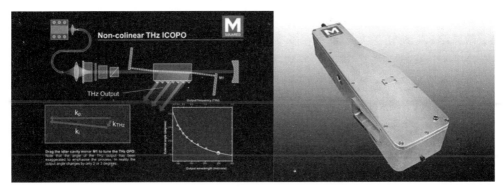

图 2 - 10　Firefly - THz 的原理图和实物图

（5）空气等离子体太赫兹源

空气等离子体太赫兹源是近些年发展起来的太赫兹波产生技术。其基本原理是将高能脉冲激光器产生的超短激光脉冲通过透镜在介质（通常是空气，也可以是晶体）中聚焦，在焦点附近产生极强的电场，导致空气分子发生电离形成等离子体，在有质动力（等离子体中的作用力）作用下，焦点附近的等离子体的电荷进行重新分布，从而产生电磁瞬变，辐射出太赫兹波。根据光电流理论模型，等离子体中电离的自由电子在激光场作用下形成变化的电子电流，变化的电流可以产生在太赫兹频段的太赫兹辐射。由于这种技术可以在产生太赫兹波的同时探测太赫兹波，在中远距离太赫兹通信中有较大的应用前景，因此近年来得到了较多的关注与发展。

除了单色激光聚焦产生等离子体从而辐射太赫兹波的方法外，还可以使用双色激光激发空气等离子体，通过四波混频非线性效应产生太赫兹波（如图 2 - 11 所示）。基于等离子体的四波混频产生太赫兹波的方法，是将超短激光在空气中聚焦，使空气电离成等离子体，该激光同时通过偏硼酸钡晶体倍频产生二次谐波，而后基波和二次谐波通过四波混频产生太赫兹波。采用的双色飞秒激光是 800 nm 的基频飞秒激光和 400 nm 的倍频飞秒激光。

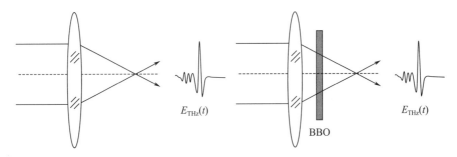

图 2 - 11　空气等离子体产生太赫兹原理

2005 年，张希成等人的研究指出影响空气中等离子体四波混频产生太赫兹波强度的主要因素是倍频和基波的相对相位。2008 年，K. Y. Kim 等报道了利用钛-蓝宝石飞秒激光和偏硼酸钡晶体倍频的二次谐波，并基于等离子四波混频方法产生太赫兹波的实验结果，脉冲功率大于 5 μJ，太赫兹波的频率最高达 75 THz。2009 年，张希成的实验室连续发表了两篇论文，阐述了大气等离子体产生太赫兹波的偏振方向的相干控制现象，并提出了一套量子理论模型。2010 年，T. J. Wang 等人研究了全光学全空气太赫兹波产生和探测方法，飞秒激光器的双色输出激光通过反射式聚焦镜在 10 m 以外聚焦产生太赫兹波，在低于 5.5 THz 内产生脉冲能量超过 250 μJ 的太赫兹波，如图 2-12 所示。2011 年，张希成等提出了太赫兹光子学的概念，总结了产生和探测均用大气等离子体的方法，该技术拥有十分宽的频谱宽度和高强度，可以作为太赫兹波的发射和探测器，如图 2-13 所示。2012 年，张希成的实验室通过将双螺旋电极加在由两束激光诱导激发的大气等离子体周围来产生椭圆偏振的太赫兹波。

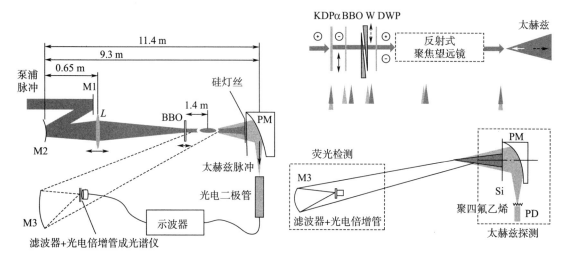

图 2-12 双色飞秒激光器的产生和探测太赫兹波结构示意图

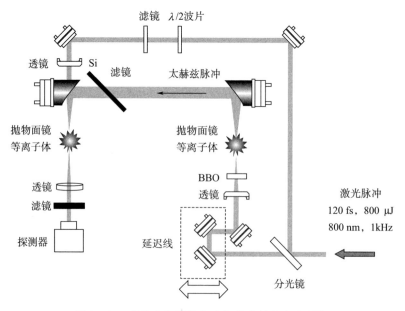

图 2-13 产生和探测均匀大气的太赫兹实验系统

（6）光泵浦太赫兹气体激光器

光泵浦太赫兹气体激光器的工作原理为：利用一台二氧化碳激光器作为光源，照射一个充有甲烷、氨气、氰化氢或是甲醇等物质的低压真空腔，由于这些气体分子的转动和振动能级间的跃迁频率正好处于太赫兹频段，所以可以形成太赫兹受激辐射，从而在太赫兹气体激光器中直接辐射出太赫兹激光。图 2-14 所示是使用二氧化碳激光器作为光源，照射气体激光谐振腔，产生太赫兹激光的太赫兹气体激光器的基本结构。

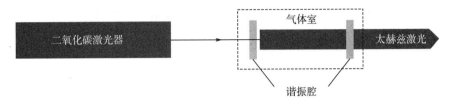

图 2-14　太赫兹气体激光器的基本结构

光泵浦太赫兹气体激光器输出窄带太赫兹激光，是常用的太赫兹源，通过改变增益介质和泵浦激光波长可以获得数千条太赫兹谱线。其输出的太赫兹激光功率较高且稳定、光束质量较好，可以在连续或脉冲方式下工作，利用谐振腔和工作气体配合可以实现多种太赫兹频率激光的输出。但是气体太赫兹激光器的缺点是能量转换效率低，总效率的理论值不超过 1%，即输入 100 W 的二氧化碳激光功率，只能产生 1 W 的太赫兹激光，其他 99 W 功率都由热辐射消耗了，由此产生了散热问题；输出的太赫兹激光频率不能连续调谐，只能输出有限频率的太赫兹激光，不能连续改变，只是分离的、固定的一些频率；太赫兹气体激光器体积庞大且笨重（主要是气体激光谐振腔比较庞大），不适于在对空间敏感的场合中应用。

1970 年，美籍华裔科学家张道源利用衍射光栅选支的调 Q 二氧化碳激光泵浦一氟甲烷气体，产生了 452 μm、496 μm 和 541 μm 的脉冲太赫兹激光，标志着光泵浦太赫兹气体激光器的诞生。同年，张道源等人又分别实现了连续二氧化碳激光泵浦氯乙烯和甲醇气体，以及连续一氧化二氮激光泵浦氨气连续产生太赫兹激光，太赫兹波长跨越了 70 ～ 700 μm。在光泵浦太赫兹气体激光器诞生仅 4 年后，就已经从 18 种气体分子中得到了 282 条太赫兹激光谱线。经过多年的研究，20 世纪 90 年代，I. Mukhopadhyay 等人总结了光泵浦太赫兹激光的光谱，指出光泵浦太赫兹谱系已经超过 5 000 条，其中 1 500 条以上是由甲醇及其同位素气体产生的，而氨气、重水和氟甲烷则是太赫兹能量转换效率最高的几种气体。从 1995 年到 2008 年的十几年间，意大利和巴西等研究小组采用二氧化碳激光泵浦甲醇和甲酸的多种同位素气体不断获得大量新的太赫兹谱线。

随着国内外对气体太赫兹激光器的研究不断深入，相关泵浦光源技术不断发展，气体太赫兹激光器的体积在不断缩小，脉冲能量和重复频率不断提高，已出现商用气体太赫兹激光器，并在实际中应用[8]。美国 Coherent-DEOS 公司的 SIFIR-50 太赫兹气体激光器（如图 2-15 所示），频率为 0.3～7 THz，平均输出功率为 50 mW。该太赫兹源已经在美国国家航空航天局的先兆卫星上投入使用，用于执行大气监测任务。英国爱丁堡仪器公司的 FIRL-100 一体化太赫兹气体激光器（如图 2-16 所示）可输出 0.25～7.5 THz 的相干太赫兹波，最大输出功率可达 150 mW。

图 2-15　SIFIR-50 太赫兹气体激光器

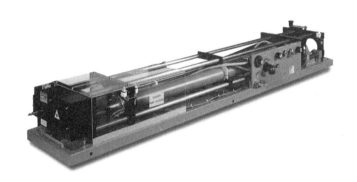

图 2-16　FIRL-100 一体化太赫兹气体激光器

　　国内太赫兹气体激光器研究起步较晚，20 世纪 90 年代后期，中山大学研究人员对太赫兹气体激光器进行了初步研究。近年来，华中科技大学对 TEA-CO$_2$ 激光器泵浦的甲醇气体和氨气太赫兹源进行了研究，在 10.7 μm 波长处得到了最大输出能量为 300 mJ 的脉冲太赫兹波。天津大学何志红等人对 TEA-CO$_2$ 激光泵浦重水气体的太赫兹源进行了理论与实验研究，得到了中心频率为 0.78 THz、脉冲宽度为 100 ns、峰值功率达百瓦量级的脉冲太赫兹波。2010 年，哈尔滨工业大学信息光电子研究所研制了结构简单、体积小的太赫兹气体激光器，实现了最高重复频率为 1 kHz 的太赫兹波输出。

2.1.2　电子学太赫兹辐射源

　　基于电子学方法的太赫兹源通常可产生窄带连续太赫兹波，是比较容易实用化的太赫兹源。基于该方法的太赫兹源可大致分为三类：太赫兹真空微电子器件、相对论性器件和半导体太赫兹源（包括太赫兹量子级联激光器）。

　　太赫兹真空微电子器件大多是基于微波器件结合先进的微细加工技术，如深刻电铸模造技术（LIGA，由 X 射线刻蚀和电铸相结合的技术）、微机电系统加工技术等，利用微波管的分布作用原理产生太赫兹波的微型真空电子器件，如行波管、速调管和返波管等。这类太赫兹辐射源具有噪声低、增益高、效率高、体积小、质量轻及性能稳定等特点。但是也存在射频窗口、波导元件，磁聚焦等问题，这些问题直接限制了微型真空电子器件的性能指标。目前，微型真空电子器件的研究还处于研究阶段，它将是一种非常具有前景的太赫兹真空辐射源。

太赫兹相对论性器件主要有奥罗管、回旋管和储存环的太赫兹辐射源等。它们利用相对论，即电子的运动速度达到或接近光速，由电子的同步辐射产生高功率的太赫兹辐射。

固态半导体太赫兹源具有体积小、价格低和频率可调等特点，是较为理想的一种太赫兹源。目前，基于固态放大高效倍频混频技术是获取高功率太赫兹频段信号的一种重要途径。随着固体器件技术的发展，新材料不断出现，特别是氮化镓材料，可以大大提高器件的功率水平，同时径向功率合成和空间功率合成技术相当成熟，可进行高效组合。

近年来迅速发展的半导体量子级联激光器的工作频率可以从光波向太赫兹延伸，频率可以很高，但大多工作在需要液氦冷却的低温环境下，有望成为实用、高效、小型化的太赫兹源。

自由电子激光器和基于加速器、储存环的太赫兹辐射源具有频谱范围广、峰值功率和平均功率高、可连续调谐及相干性好等优点，但它体积过于巨大、能耗高、运行和维护费用较为昂贵，大多借助国家的大科学装置平台进行研究，难以普及。

将微细加工、微电子机械、高频集成、阴极技术等引入到电真空技术领域，可以使微波管的工作频段达到太赫兹频段。基于真空电子学的太赫兹辐射源取得了很大进步，是目前最有希望获得瓦量级太赫兹功率源的技术途径之一，是非常具有应用前景的太赫兹辐射源。

（1）行波管

行波管是一种基于电子注与行波场之间相互作用的行波型器件，其优点是：频带宽、增益大、寿命长、工作稳定可靠。行波管是利用电子流与沿慢波系统行进的电磁波间的连续互相作用而放大超高频电磁波的一种微波电子管。

行波管的工作原理是：在行波管中，电子注与慢波电路中的微波场发生相互作用。微波场沿着慢波电路向前行进。为了使电子注同微波场产生有效的相互作用，电子的直流运动速度应比沿慢波电路行进的微波场的位相传播速度略高，称为同步条件。输入的微波信号在慢波电路建立起微弱的电磁场。电子注进入慢波电路相互作用区域以后，首先受到微波场的速度调制。电子在继续向前运动时逐渐形成密度调制。大部分电子群聚于减速场中，而且电子在减速场滞留时间比较长。因此，电子注动能有一部分转化为微波场的能量，从而使微波信号得到放大。在同步条件下，电子注与行进的微波场的这种相互作用沿着整个慢波电路连续进行。

由于太赫兹行波管是从微波波段发展起来的，所以目前的研究还主要集中在太赫兹频段的低端，而行波段作为过渡区也是研究的重点。面对传统行波管向高频率、高功率发展时将面临尺寸共渡效应所带来的器件尺寸过小、难于加工以及脉冲缩短、功率密度难以进一步提高等问题，国内外学者进行了诸多探索以期改善、克服。重点在以下三个方面：一是采用先进的微加工技术，确保结构尺寸的精确度和表面光洁度，这是传统行波管工作频率上升到太赫兹后需要解决的首要问题；二是采用横向电子连续分布的带状电子束或不连续分布的多电子注来缓解尺寸共渡效应的负面影响，提高输出功率；三是将新的工作概念引入传统行波管，从另一角度实现从毫米波行波管到太赫兹行波管的顺利过渡。

折叠波导行波管（结构如图 2-17 所示）由于兼具功率容量较大、宽带性能良好、与外电路的耦合结构简单、体积小、质量轻、机械强度高、高频损耗较小及散热效果好等优点，目前已成为最具发展潜力的低成本、小型化、宽带大功率太赫兹辐射源，也是行波管作为太赫兹辐射源迄今研究最多、最深入的理想器件。折叠波导行波管有望成为先进的高功率、高效率和轻质量的太赫兹器件，使太赫兹技术得到更为广泛的实际应用。近年来在美国国防高级研究计划局的支持下，美国海军实验室和 NGC 公司等研究单位开展了 0.22 THz、0.67 THz、0.85 THz 等多个太赫兹频段折叠波导行波管的研制工作，并且已经得到了 0.22 THz/50 W、带宽 5 GHz，0.67 THz/100 mW、带宽 15 GHz 和 0.85 THz/50 mW、带宽 11 GHz 的实验结果。美国 CCR 公司也在对工作频率为 0.18 THz、0.4 THz 的折叠波导行波管进行研究，其中包括对器件加工工艺的研发。2016 年，美国诺格公司采用深反应离子刻蚀加工的折叠波导慢波结构，首次将行波管工作频率提高到 1 THz，其在 1.03 THz 输出功率为 29 mW，在 0.642 THz 处实现最大输出为 259 mW，占空比 0.3%，脉宽 30 μs。印度、韩国等针对 0.1 THz、0.3 THz 等频段折叠波导行波管的加工、设计、研制工作也一直在进行中。国内多家单位也正在开展 0.22 THz 折叠波导行波管的研制工作，已在部分关键技术上取得了突破，制作了相应的样管，正进行更大功率的输出测试。

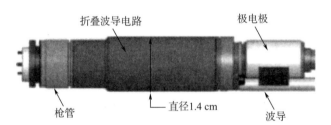

图 2-17　太赫兹折叠波导行波管的整管结构示意图

使用带状注的太赫兹行波管称为平板型太赫兹行波管。平板结构的慢波结构，便于利用数控平面或现代微加工技术制造，能降低成本、简化生产；采用带状注可以克服常规圆柱形电子注行波管已基本达到功率极限的问题；由于带状注空间电荷力相对较小，降低了高功率所需强流电子注的电流密度，从而降低了对聚焦磁场、工作电压的要求，为减轻器件的体积、质量，降低成本以及工程实用化提供可能。美国的洛斯阿拉莫斯国家实验室开展了对 95～300 GHz 带状电子注的实验研究和矩形栅慢波电路设计工作。配合 120 kV、20 A 的带状电子注，模拟得到可在 W 波段产生 500 kW 的峰值输出功率，整管效率超过

50%。2009 年，美国威斯康辛大学和 CCR 公司联合报道了对一支 W 波段微带型曲折线行波管所进行的设计、加工和冷测实验研究。2009 年，CCR 公司的研究者对传统螺旋线行波管加以改进，提出一种有望用于太赫兹频段的新型螺旋线行波管。2010 年美国海军实验室报道了其团队对 0.22 THz 矩形单栅带状注行波管进行的研究。预期能输出 50 W 连续波功率，峰值饱和功率达到 33 dB/cm，−3 dB 带宽为 0.5 GHz。

螺旋线行波管是传统行波管中最重要的一类，它倍频程的带宽优势和适中的功率极具特色。然而受传统加工手段和电子注流通率等因素的限制，螺旋慢波线只能用到 8 mm 波段。2009 年，CCR 公司的研究者对传统螺旋线行波管加以改进，提出一种可用于太赫兹频段新型螺旋线行波管。由于此类放大器具有多倍频程的大带宽，因此输出功率大、高效、轻便、可靠性高、有望批量生产。

太赫兹光子晶体行波管采用全介质、纵向均匀的光子晶体作为慢波电路。因此，最独特的优势在于克服了一般行波管慢波电路采用周期结构在带宽上的固有限制，理论上可获得 100% 以上的超宽带宽。其次，利用光子晶体的滤波特性还可单模激励。另外，介质结构比金属结构在太赫兹高频段传输损耗更小、击穿阈值更大；介质结构的制造在太赫兹高频段相对便宜、便捷、成熟，易促进其商业化。此概念最早由美国洛斯阿拉莫斯国家实验室在 2005 年提出，对三种工作在 0.1 THz 的慢波电路的场分布进行了模拟分析，并对制造方法进行了探讨。

开发高功率、低造价、质量轻、体积小的实用型宽带太赫兹行波管是今后的发展趋势。发展中需要解决的一些关键问题包括：进一步改良慢波结构；加强对新型太赫兹器件机理的理论研究，研发可用于它们的设计模拟软件；进行与太赫兹行波管相匹配的新型阴极材料、电子枪、聚束系统、输入输出耦合、收集极等的理论和实验研究；利用并发展现代微加工技术。

（2）返波振荡器

返波振荡器内部存在着强磁场、热阴极、阳极、梳形减速结构，以及耦合波导等。首先，电子由热阴极发射出来，电子在强磁场的作用下受洛伦兹力作用而聚焦；聚焦后的电子经过梳形减速结构后速度下降，最后达到阳极。由于电子速度改变，所以会向外辐射出电磁波，其方向与电子运动方向相反。通过调节加速电场就可以控制电磁波的频率，输出太赫兹频率的电磁波。

太赫兹返波振荡器是一种功率高、宽带可调谐、可在常温下连续波工作的辐射源。返波振荡器为全金属结构，结构紧凑，热力性能良好，可在常温下以连续波状态工作。通过结合深刻电铸模造技术、深反应离子刻蚀、微机电系统等微加工工艺，返波振荡器工作频率能延伸到 1.0 THz 以上，采用倍频技术频率能达到 2.0 THz 以上。通过改变工作电压实现频率的调谐，相对带宽能达到 30% 以上，可在连续波状态下工作，但输出功率也在毫瓦量级。

①国外进展

美国 Microtech Instruments 公司研制了 QS 系列太赫兹返波振荡器，每种频段的返波振荡器应用倍频技术，形成可覆盖频率从 0.1～2.2 THz 的信号源，图 2-18 为 QS 系列太赫兹返波振荡器内部结构示意图。美国 CCR 公司在美国国家航空航天局的支持下研制了高效率、轻型 0.3～1.5 THz 返波振荡器的研究。俄罗斯 ISTOK 公司多年来一直进行电子真空器件及固态器件的研制工作，研制的可调谐返波振荡器能覆盖 36 GHz～1.4 THz。近年来，ISTOK 公司正在研究如何降低功率损耗，计划从 270 W 降低至40 W，同时增加输出功率、减少磁系统体积，扩展频率到 2～3 THz。

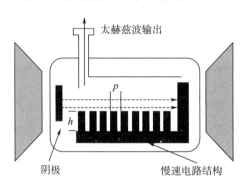

图 2-18　QS 系列太赫兹返波振荡器

除俄罗斯和美国外，其他国家如韩国、意大利和英国也在积极研究太赫兹返波振荡器，并提出了一些新的慢波结构，做了很多理论与粒子模拟方面以及加工工艺方面的研究。2010 年，韩国首尔国立大学报道了对 0.1 THz 耦合腔返波管的研制情况，其制管工艺采用了两步 X-LIGA。欧盟为研制太赫兹源启动了多个项目，其中 FP7 European Community Project 下的 OPTHER 项目的目标在于研制太赫兹领域特定应用的元件，即基于行波管机理的小型化太赫兹放大器的设计与集成，选择的技术路线为返波放大器。在该项目支持下，意大利罗马第二大学电子工程学院以及英国兰卡斯特大学等开展了对太赫兹真空器件，如返波振荡器、返波放大器等的研究。

近期许多研究机构提出了新的太赫兹返波振荡器慢波结构，并开辟了新的应用领域。最近的国际真空电子学会议进行多次报道。2013 年和 2014 年国际真空电子学会议上，英国兰卡斯特大学的 Rosa Letizia 提出有光子晶体替代矩形波纹-矩形波导结构的波导壁的慢波结构。2014 年国际真空电子学会议上，韩国三星高等技术研究所和美国 CCR 公司等提出了一种增强束波互作用效率，提高辐射功率的多通道返波振荡器结构。2015 年国际真空电子学会议上，英国兰卡斯特大学 Claudio Paoloni 和美国加州大学戴维斯分校的 Branko Popovic 报道了太赫兹返波振荡器新的应用需求及目前的研究进展。

由美国加州大学戴维斯分校、英国兰卡斯特大学、中国电子科技大学和北京真空电子技术研究所参与的国际合作项目正在进行，该项目计划研制工作频率 0.346 THz 以上、输出功率几百毫瓦的返波振荡器，替代光学泵浦红外激光器。该项目的返波振荡器结构采用交错双栅结构和双波纹波导两种候选结构，交错双栅结构采用 16 mA、宽度为 300 μm 的椭圆电子束，数值模拟功率为 1 W；双波纹波导采用 10 mA，半径为 50 μm 的圆形电子束，数值模拟功率为 0.45 W。

②国内进展

在太赫兹电真空器件的研究方面，电子科技大学、北京真空电子技术研究所、中科院电子所、中国工程物理研究院应用电子学研究所等单位在太赫兹电真空器件，如太赫兹扩展互作用器件、太赫兹折叠波导器件，太赫兹返波振荡器以及制管工艺等方面开展了研究，目前尚未有研制成功的公开报道。国内的太赫兹技术研究的开展仍然受到缺乏大功率、宽带可调谐、结构紧凑、常温工作、造价低的太赫兹辐射源的困扰。许多科研单位不得不进口太赫兹返波振荡源以及元器件产品，这些产品价格昂贵，维护和检修费用高且极不方便。自主研发以太赫兹返波振荡器为代表的太赫兹辐射源是我国太赫兹研究领域的紧要任务，尽早摆脱对进口太赫兹返波振荡器辐射源的依赖，为推动我国太赫兹技术的发展起到促进作用。

（3）速调管

速调管是利用周期性调制电子注速度来实现振荡或放大的一种微波电子管。它首先在输入腔中对电子注进行速度调制，经漂移后转变为密度调制，然后群聚的电子块与输出腔隙缝的微波场交换能量，电子将动能交给微波场，完成振荡或放大。

纳米速调管将纳米技术、微电子加工技术以及真空电子器件技术融合在一起，是一种有望在太赫兹波段有较大贡献的新型器件。纳米速调管是运用电子的速度调制、群聚、密度调制电流激励谐振腔输出高频能量 3 个过程来完成能量转换的。它的原理就是基于反射速调管，利用微电子加工技术制成速调管的谐振系统，采用碳纳米管作为阴极。可以用纳米速调管组成纳米速调管阵列来提高输出功率，如图 2-19 所示。阵列的频段预期可达 0.3～3.0 THz，工作电压为 500 V，连续波输出功率将会大于 50 mW。纳米速调管不仅能产生毫瓦级的功率输出，而且工作电压低（通常只有几十至几百伏），不需要磁场，还具有低色散、长工作寿命等特点，目前已成为太赫兹领域的一个很热门的研究课题，美国加州理工学院的喷气推进实验室等研制的纳米速调管可在 3 THz 频率上工作，该器件主要用于空间对地面和行星的遥感。

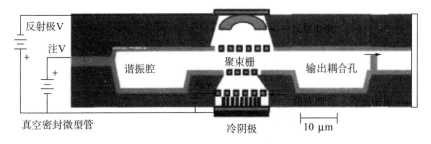

图 2-19　纳米速调管结构图

扩展互作用速调管（EIK）包括扩展互作用速调管放大器（EIA）和扩展互作用振荡器（EIO）。在毫米波段采用 EIK 器件有利于克服传统速调管尺寸减小的困难，同时可以在高频率工作。EIK 既具有传统速调管的高功率、高效率和自激振荡易于抑制等优点，又具有磁场简单、结构紧凑和易于加工等技术优势，因此具有广阔的应用前景，图 2-20 为

EIK 原理结构图。国外从 20 世纪 60 年代就开始了对 EIK 器件的研究。加拿大的 CPI 公司作为此领域的佼佼者，已经研制成功了覆盖 18～700 GHz 的一系列 EIK 和 EIO 产品。EIO 已经在 0.1～0.3 THz 上产生瓦级的输出，并被广泛应用于太赫兹雷达。2007 年，CPI 公司报道了 220 GHz EIO 最新研究成果，平均功率为 6 W，电压为 1 kV，电流为 105 A，具有 2% 机械调谐，质量不足 3 kg。

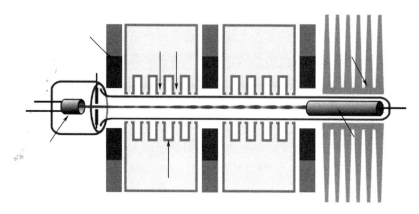

图 2-20　扩展互作用速调管结构图

（4）自由电子激光器

　　基于自由电子激光技术的太赫兹源属于将电子学与光子学技术相结合的方法，是将粒子加速器技术与激光技术相结合的产物，是一种较为理想的源。自由电子激光技术利用的是自由电子的动能跃迁，根据能量交换的形式，可以分为利用电子横向动能型和利用电子纵向动能型两大类。图 2-21 所示为自由电子激光器的基本结构，红色的电子束源输入加速后的高能电子束，电子束在周期变化的磁场中不断改变运动方向，并释放光子，光子在谐振腔的约束下形成驻波，通过模式竞争输出激光。自由电子激光器的磁场周期和强度都可以调整，因而可以连续输出太赫兹波段的电磁波。

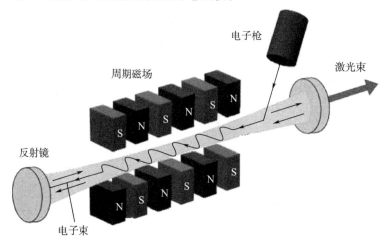

图 2-21　自由电子激光器基本结构（见彩插）

自由电子激光器的原理是将电子加速到接近光速，然后输入到具有周期性变化磁场的激光谐振腔中，电子在磁场作用下不断改变运动方向，导致电子能量降低并释放出光子，通过设计磁场的周期、强度就可以控制电子释放的光子频率。自由电子激光器是目前可以获得太赫兹最高输出功率的辐射源，可产生平均功率数百瓦、峰值功率几千瓦的太赫兹辐射，辐射功率比光电导天线高出 6 个数量级以上。此外，自由电子激光器还具有波长在大范围内连续可调、波束质量好、光脉冲时间结构精细而且可调等突出优点。自由电子激光器太赫兹源的主要发展方向是高功率、宽调谐、高效率和高增益、紧凑型和小型化等。

目前，在美国和欧洲国家已利用自由电子激光器建设起太赫兹研究平台，如加州大学圣塔芭芭拉分校（UCSB）于 1992 年建立的自由电子激光技术-太赫兹源，它的工作波长为 60 μm～2.5 mm（0.12～4.8 THz）可调谐，可产生 500 W～5 kW 的准等幅波输出，辐射脉冲宽度为 1 μs，重复频率为 1 Hz。2002 年，美国布鲁克海文国家实验室与哈佛大学的杰佛逊实验室利用能量回收加速器获得了平均功率为 20 W、峰值功率为 2.7 kW、频率范围0.1～5 THz 的自由电子激光，通过改进，最大输出功率将大于 100 W。

20 世纪 70 年代末期，我国就开始了自由电子激光器的研究，在 80 年代末至 90 年代初的一段时间内，与自由电子激光技术相关理论和实验研究进入了一个高潮。1993 年 5月，在中国科学院高能物理研究所自由电子激光装置上第一次观察到红外自由电子激光震荡信号，输出波长为 10 μm。近几年，太赫兹研究热的兴起，给自由电子激光技术研究注入了新的活力，国内掀起太赫兹-自由电子激光源研究热。2005 年 4 月，中国首台基于自由电子激光的太赫兹辐射源在中国工程物理研究院建成并出光。

当高能电子束掠过金属光栅表面时，将激励毫米波远红外波段的辐射，称为史密斯-帕塞尔（Smith - Purcell）效应。利用电子束的这种效应，也可以获得一类自由电子激光器。但由于这种非相干的辐射强度很弱，不易检测和应用，为此，人们利用开放式谐振腔或封闭式谐振腔作为反馈元件，连同衍射光栅组成高频互作用系统，引入电子束构成各种实验结构，成功地在毫米波亚毫米波段进行了实验，由此研制的器件又被称为史密斯-帕塞尔效应慢波自由电子激光。在国内，电子科技大学高能电子学研究所利用中等能量级的相对论电子束激励，成功地检测到 3 mm 波段的毫米波信号，其峰值功率达到数十千瓦。

（5）太赫兹量子级联激光器

太赫兹量子级联激光辐射是一个人为设计、控制受限系统量子光学和量子输运行为的过程，涉及包括量子受限、量子隧穿、量子关联、电-声相互作用、电-光相互作用等诸多量子物理效应，具有丰富的物理内涵。太赫兹量子级联激光器和中红外量子级联激光器的工作原理是一样的。量子级联激光器属于单极型器件，它依靠单个类型的载流子（电子或空穴）在同一种能带中不同子带之间的跃迁来实现光辐射，属于半导体子带间器件。与传统的激光器相比，量子级联激光器有两个主要特点：首先，它是一种子带间的单极器件，它只利用了电子在不同子带间的跃迁来辐射出光子，而不考虑空穴的输运；其次，它是一个级联的结构，即有几十甚至一百多个重复的周期组成，电子在每个周期内重复释放光子，这样就提高了器件的输出功率。

　　量子级联激光器的每个周期可以分为注入区、有源区和弛豫区三部分（如图 2 - 22 所示）。注入区把电子从上一个周期注入到下一个周期，电子在有源区内辐射出光子，同时从高能级跃迁到低能级，最后电子在弛豫区中被抽取并注入到下一个周期中，重复以上的过程。这样一个电子就可以辐射出多个光子。图 2 - 22 是一个典型的量子级联激光器的能带结构示意图。注入区是由几个宽度相近的量子阱组成，电子的波函数一般会遍布整个注入区，形成一个微带。注入区后面由一个较宽的势垒隔开的是有源区，它由 3 个量子阱组成。电子首先通过共振隧穿注入到子带 3 上。另外，在这 3 个量子阱中还存在两个能量低于子带 3 的能级 2 和 1。电子从一个能级跃迁到另外一个能级的几率与这两个能级波函数的形式因子有关，它们之间的重叠程度越高，则形式因子越大。电子可以通过释放一个光子的过程从子带 3 跃迁到子带 2，然后由于子带 2 和子带 1 之间的重叠因子非常高，电子会迅速跃迁到能量更低的子带 1，从而维持子带 3 与 2 之间的粒子数反转的状态。电子到达子带 1 之后，可以进一步注入到下一个周期。

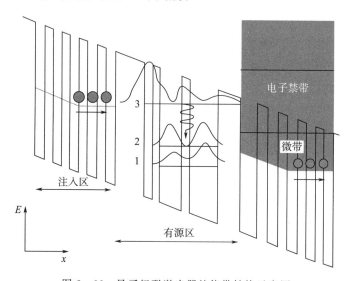

图 2 - 22　量子级联激光器的能带结构示意图

　　量子级联激光器的半导体通常包含若干层相同的结构，电子可以从最高能级连续不断地向下跃迁，发出多个太赫兹光子，实现太赫兹应用对太赫兹波源微小化、高效化的要求。图 2 - 23 中的左图为太赫兹量子级联激光器的核心半导体能级图，每个粉色区域就是发射太赫兹光子的区域，可以看出这块半导体芯片包含 6 个粉色区域，说明电子从顶层能级跃迁至最底层能级可以释放 6 次太赫兹光子。图 2 - 23 中的右图是该半导体的能级结构示意图，电子从最高能级向下跃迁的过程中，在蓝色区域不产生光子，而在蓝色区域的中间层释放太赫兹波段的光子。

　　1994 年，美国贝尔实验室使用分子束外延工艺得到的耦合量子阱结构，得到了量子级联激光，将固体半导体激光器技术延伸到太赫兹波段，是半导体固态太赫兹辐射源发展的一个重大进展。此后，这种特殊的电抽运单极器件的性能就在不断地被刷新，其激射波长范围不断扩大，工作温度不断升高，输出光功率不断增加。2002 年，世界上首个太赫

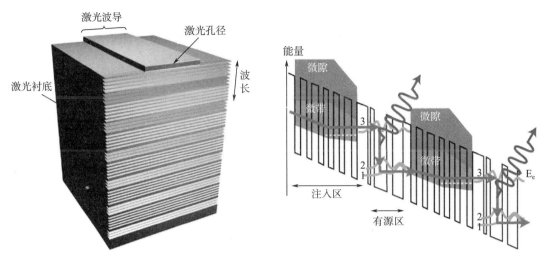

图 2 - 23　太赫兹量子级联激光器（见彩插）

兹量子级联激光器出现，填补了太赫兹波段固态相干光源的空白。

对于太赫兹量子级联激光器的研究，目前国际上两个重点研究方面是大功率和实现高温工作。要太赫兹量子级联激光器在大功率和高温工作上取得实质性的突破，实现器件工作的低阈值电流密度是重要基础。同时，激光器有源区的设计也逐步得到改进，出现了三阱共振声子结构、双声子共振结构、啁啾超晶格结构以及束缚态向连续态跃迁结构等各种设计。

2002 年，意大利 NEST - INFM 和英国剑桥大学报道了太赫兹量子级联激光器的实验结果，其频率为 4.4 THz、温度为 50 K、脉冲功率为 20 mW。2004 年，美国麻省理工学院研制的太赫兹量子级联激光器工作频率为 2.1 THz，连续波功率为 1 mW，温度为 93 K，脉冲功率为 20 mW。2013 年，奥地利维也纳技术大学的一组研究人员制造出一种新型量子级联激光器，成功输出了 1 W 的太赫兹辐射，打破了此前由美国麻省理工学院所保持的 0.25 W 的世界纪录。该激光器具有一个在纳米尺度上量身定做的半导体层，通过使用一种特殊的融合技术，将两个具有对称结构的激光器结合在一起，能使整个系统产生比单个激光器强 4 倍的激光。由于每层量子级联激光器中的电子只响应特定的、非连续性的能级，当对其施加恰当的电流后，电子就会一层接着一层地进行连续跳跃，而在通过每一层的时候都会以发光的形式释放能量，产生太赫兹射线。2014 年，英国利兹大学的研究人员开发出了大功率太赫兹激光器芯片，输出功率超过 1 W。2014 年，美国西北大学量子器件中心研究人员创建了工作在室温下，高度可调谐的高功率太赫兹源，它可以发出高达 1.9 mW 的功率并具有覆盖 1～4.6 THz 的频率范围，通过设计一个多节分布反馈式取样光栅和分布式布拉格反射波导，能够让该装置的调谐范围在室温下为 2.6～4.2 THz。

2016 年，美国西北大学研制出一款可在室温下工作的新型太赫兹辐射源，它基于强耦合应变平衡量子级联激光器设计，在腔内产生不同频率，能够在较宽的频率范围（1～5 THz）发出辐射。美国麻省理工学院电子研究试验室的研究人员研发了一种基于量子级联激光器的新型太赫兹光谱探测系统作为太赫兹辐射源，尺寸仅为计算机芯片大小。美国和德国组成的研究团队利用量子级联激光器制造出太赫兹光子，并利用大量小型激光天线形成了一个虚拟表面，主要效用是在天线放大和聚焦太赫兹波的同时，形成能反射太赫兹波的反射镜，这些激光天线均采用金属结构，每个天线相当于一个量子级联放大器。

2014 年，中科院上海技术物理研究所采用分子束外延技术和半导体微纳加工平台，自主完成了太赫兹量子级联激光器的结构设计、材料生长和器件制备，成功实现太赫兹量子级联激光器激射。该激光器频率为 2.5 THz，最高工作温度为 73 K，性能与英国剑桥大学研制的同样采用"束缚态至连续态跃迁"有源区设计方案的激光器水平相当，标志着我国科学家依靠自主创新在太赫兹量子级联激光器领域进入世界前列。2015 年，中国工程物理研究院在有源区材料生长、器件工艺等方面完成了突破性工作，获得了具有完全自主知识产权的低阈值电流密度（低于 100 A/cm²）太赫兹量子级联激光器，器件的输出频点为 2.93 THz，为突破大功率和实现高温工作的太赫兹量子级联激光器研制奠定了重要基础。2016 年，中国工程物理研究院通过最佳化材料生长及制造工艺，制备的太赫兹量子级联激光器连续输出功率成功打破之前 138 mW 的世界记录，达到 230 mW。

（6）耿氏振荡器

1963 年耿氏（Gunn）发现砷化镓样品的负电阻区域会发生高频的电流振荡，利用这一现象后人制成了耿氏振荡太赫兹源。利用负微分电阻性质与中间层的时间特性，可以让直流电流通过耿氏二极管，从而形成一个弛豫振荡器。在效果上，耿氏二极管中的负微分电阻会抵消部分真实存在的正阻值，这样就可以使电路等效成一个"零电阻"电路，从而获得无穷振荡。振荡频率部分取决于耿氏二极管的中间层，不过也可以通过改变其他外部因素来改变振荡频率。耿氏二极管被用来构造 10 GHz 或更高（例如太赫兹级别）的频率范围，这时共振腔常被用来控制频率。耿氏二极管是一个相对便宜且稳定的可行器件，是将直流转换成微波，并不需要添加复杂的电路。

耿氏二极管的结构一般分为 3 层，中间为掺杂较低的传输区域，两边是掺杂较高的区域。耿氏二极管的结构对耿氏二极管的频率和功率有着强烈的影响，其输出频率由耿氏畴从阴极到阳极的传输时间而定。2003 年，美国纽约州立大学 Ridha Kamoua 教授和 Heribert Eisele 教授通过理论分析和实验证明，不同的掺杂层类型对提高 InP 耿氏源在 J 波段（225～350 GHz）或更高频率发射源的性能方面具有相当的研究潜质。实验结果表明，在 280～300 GHz 波段，优化后的渐变掺杂层的耿氏源输出功率是当时常规技术工艺学水平的 2 倍。2010 年，A. Khalid 等人提出一种平面结构的耿氏二极管，将阳极和阴极制备在同一面上，采用砷化镓材料制备，其频率可以达到 108 GHz，这种结构的耿氏二极管可使耿氏二极管集成在亚毫米波和太赫兹集成电路上，具有很大的集成优势，将促进太赫兹源的发展。2011 年，其制备的耿氏管，从工艺到测量已呈现出比较成熟的技术。

用磷化铟材料比砷化镓能得到更高的频率和功率，见图 2-24。尽管砷化镓和磷化铟很相似，但是它们的性质有些不同（图中的坐标轴为对数坐标轴）。从图 2-24 可以看出，在相同的输出功率下，它们的最大频率不同。相同的频率下，磷化铟的输出功率要高。磷化铟耿氏二极管的输出基频比砷化镓的二谐波频率要高。另外，在Ⅲ-Ⅳ族化合物半导体中，氮化镓也可以用来制备固态太赫兹源。氮化镓化合物半导体具有独特的能带结构，载流子密度高，抗击穿和抗辐照的能力较强，也可以用作耿氏管的制备；但是其成本过于昂贵，目前研究较少。

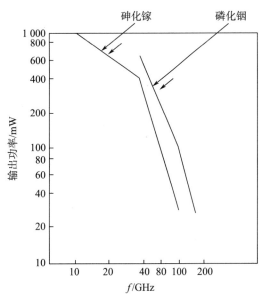

图 2-24 砷化镓和磷化铟材料的输出功率

　　耿氏源腔体的结构主要分为可调短路滑块、偏压、热衬、波导和耿氏内腔等部件。耿氏振荡腔体各部件的主要作用是：可调短路滑块主要用于调节输出功率，偏压提供直流电源，波导输出特定的波。电磁波在传输过程受限于波导的物理尺寸，其电场需要垂直于导体表面。

　　（7）肖特基二级管

　　由于肖特基二极管具有强非线性效应、速度快、常温工作及容易系统集成等特点，因此截止频率达太赫兹频段的肖特基二极管，可以实现高频信号的倍频或混频，从而获得性能优良的太赫兹信号源。

　　目前，应用于太赫兹频段的太赫兹肖特基二极管基本上都是以高电子迁移率的砷化镓材料为基底，通过外延生长不同掺杂浓度的外延层，在阴极与金属形成欧姆接触，在阳极与金属形成肖特基接触。结构上主要有两种结构形式，分别为触须接触型肖特基二极管和平面型肖特基二极管，如图 2-25 所示。

　　触须接触型肖特基二极管在重掺杂（n+层）砷化镓一面沉积金属形成欧姆接触作为阴极，在轻掺杂（n−层）砷化镓一面沉积金属形成肖特基接触阵列，在使用时金属触须式探针扎到肖特基结表面金属形成二极管的阳极。这种触须接触型肖特基二极管由于阳极金属电极面积很小，电容非常小（约 0.5 fF），截止频率可以做到大于 10 THz，但是这种肖特基二极管使用中装配难度大，接触可靠性差，难以与其他电路模块集成，因此平面型太赫兹肖特基二极管被研发出来。平面型肖特基二极管采用全平面工艺制作，可以与电路模块集成到一起，所以可靠性好，电路设计相对容易，为增加功率容量，还可被制作成阵列或者平衡式结构以满足不同电路结构的需要。但是通常这种平面型肖特基二极管由于阴、阳电极的存在，寄生电容相对较大，截止频率较低，通过采用一些空气桥技术、集成技术和芯片减薄技术，目前也可以把截止频率提高到近 10 THz。

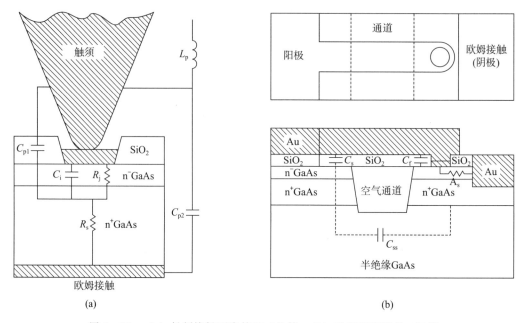

(a)　　　　　　　　　　　　　　　　　　　(b)

图 2-25　（a）触须接触型肖特基二极管；（b）平面型肖特基二极管

太赫兹肖特基二极管的工作原理简单，结构不复杂，但要研制出满足高频应用要求且具有一定的转换效率难度较大。研制太赫兹肖特基二极管以高电子迁移率的砷化镓材料为主，采用外延工艺精确控制器件层的掺杂浓度及厚度，从发展趋势来看，平面型肖特基二极管是发展的主要方向，且随着频率的提高，分离器件的肖特基二极管已经很难满足应用的要求，其寄生参量严重制约了工作频率的提高，因此把肖特基二极管和各种功能的电路集成到一起是一种有效的方法，但同时对制作工艺也提出了更高的要求。

欧美发达国家在太赫兹技术及太赫兹肖特基二极管研制方面都处于技术领先水平，其中太赫兹肖特基二极管研制在 20 世纪 90 年代就已相当成熟，国内在太赫兹技术及器件方面的研究起步较晚。国外开展太赫兹肖特基二极管研究的机构和单位主要有美国弗吉尼亚二极管公司、美国喷气推进实验室、英国卢瑟福阿普尔顿实验室、法国光子学与纳米结构实验室等。意大利光子学与纳米技术研究所也研制了用于太赫兹成像的肖特基二极管；德国达姆施塔特技术大学高频技术研究所研制的肖特基二极管采用垂直结构，这种结构与触须接触二极管类似。

美国弗吉尼亚二极管公司触须接触型肖特基二极管阳极直径为 0.5 μm，整个芯片尺

寸为 $250\ \mu m\times 250\ \mu m\times 120\ \mu m$。其材料体系为在重掺杂砷化镓衬底上先外延 $1\ \mu m$ 厚度的 n 型重掺杂缓冲层，然后再在缓冲层上外延 $0.1\ \mu m$ 厚度的 n 型轻掺杂砷化镓作为器件层。直流测试结果显示该肖特基二极管串联电阻在 $33\sim 35\ \Omega$ 之间，零偏结电容在 $0.45\sim 0.5\ fF$ 之间，估算器件的截止频率约为 $10.6\ THz$。美国弗吉尼亚二极管公司平面型肖特基二极管采用半绝缘砷化镓材料为基底，在基底上依次外延生长重掺杂 n^+ 过渡层和轻掺杂 n^- 层。在轻掺杂 n^- 层表面沉积二氧化硅层作为钝化和绝缘层并图形化，蒸发金属形成肖特基接触作为二极管正极，在正极的旁边制作欧姆接触作为二极管的负极。这种平面型肖特基二极管以 VDI－SC2T6 为例，其尺寸为 $200\ \mu m\times 80\ \mu m\times 55\ \mu m$，串联电阻最大为 $4\ \Omega$，零偏总电容最大为 $10\ fF$，器件的截止频率约为 $4\ THz$。对于不同的应用，美国弗吉尼亚二极管公司发展出一系列的平面型太赫兹肖特基二极管，如反向并联肖特基二极管、串联肖特基二极管等。

美国喷气推进实验室也开展了类似的平面型太赫兹肖特基二极管研究，具备很高的技术水平。美国喷气推进实验室研制的平面型肖特基二极管采用一种名为单片薄膜二极管工艺的方法制作，把肖特基二极管与混频电路和倍频电路集成制作在一层厚度为 $3\ \mu m$ 的砷化镓薄膜上，薄膜由四周厚度为 $50\ \mu m$ 的砷化镓框架支撑。美国喷气推进实验室研制的混频电路和倍频电路中使用到的肖特基二极管接触面积为 $0.14\ \mu m\times 0.6\ \mu m$，同样采用类似美国弗吉尼亚二极管公司的空气桥结构，由于把二极管与混频电路和倍频电路集成到一起，去除了大的阴阳极金属电极，极大地减小了寄生电容，可提高肖特基二极管的截止频率。2004 年美国喷气推进实验室学者发明了 $1\ 500\ GHz$ 全固态宽带倍频链，采用四级二倍频器；2011 年，该实验室推出了一款基于功率合成的 $190\ GHz$ 单波导腔二倍频器，成为首个 $100\ GHz$ 以上应用功率合成的单波导腔二倍频器。

从 2004 年开始，卢瑟福阿普尔顿实验室开始建立自己的肖特基二极管工艺制作洁净室，分别于 2007 年和 2009 年第一次报道了自己研制的混频器和倍频器成果。卢瑟福阿普尔顿实验室研制的太赫兹肖特基二极管采用类似美国弗吉尼亚二极管公司的平面型结构，空气桥技术减小寄生电容，肖特基接触直径在 $1\sim 2\ \mu m$ 之间，其研制的肖特基二极管在 $160\sim 380\ GHz$ 频率范围内进行了混频测试。同时为了提高工作频率，卢瑟福阿普尔顿实验室也开发了类似于美国喷气推进实验室的薄膜二极管结构，把肖特基二极管和混频电路集成到一层厚度为 $3\ \mu m$ 的砷化镓薄膜上，实现了 $500\ GHz$ 的次谐波混频。近期，卢瑟福阿普尔顿实验室验证了 $2.5\ THz$ 波导二极管混频器。

目前国内研究太赫兹肖特基二极管的单位还不多，起步时间也比较晚。2012 年，中国科学院微电子研究所对太赫兹电路的关键技术开展研究，对器件外延材料进行了设计与优化，突破了低电阻欧姆接触合金、肖特基微孔刻蚀和空气桥腐蚀技术等关键制作工艺，有效地降低了器件的串联电阻和寄生电容，实现了可在太赫兹频段应用的肖特基二极管，并开发了多种肖特基二极管的集成方式，太赫兹肖特基二极管器件的最高截止频率达到 $3.37\ THz$。

2.1.3　自旋电子学新型太赫兹辐射源

自旋电子学是指控制和操纵电子自旋，研究其输运性质及构建新颖器件的一门学科。自旋电子学的某些物理现象，如交换型磁振子、反铁磁共振和超快自旋动力学等，其特征频率处于太赫兹频段；这使得太赫兹与自旋电子学相结合，形成了太赫兹自旋电子学这一新兴交叉学科。利用相应的自旋电子学现象和原理，产生了新型的太赫兹波产生方法，主要有以下 3 种：自旋注入产生太赫兹波；基于反铁磁共振的太赫兹波产生；基于超快自旋动力学的太赫兹波产生。这 3 种方法既能产生连续太赫兹波，又可产生宽带太赫兹波，将为新型太赫兹源的实现和发展提供思路和途径。

在自旋注入太赫兹源方面，自旋注入可激发太赫兹磁振子，磁振子湮灭产生连续太赫兹波，这种理论提出的方法已有初步实验显示具有可行性，但需进一步的实验验证；在基于反铁磁共振的太赫兹源方面，用飞秒激光脉冲、极化电流等方式可激发反铁磁共振，磁偶极子振荡辐射出共振频率的太赫兹波，前一种方式已观测到，后一种方式可构造太赫兹振荡器，实验实现具有重大意义和挑战性；在基于超快自旋动力学的太赫兹源方面，飞秒激光脉冲照射铁磁/非磁异质双层膜，激发超快自旋流从铁磁层进入非磁层，超快自旋流由于反自旋霍尔效应转变成瞬时电荷流，从而产生宽带太赫兹脉冲，以此可获得易制备、价格低廉且带宽可调的宽带太赫兹波发生器，但需进一步研究如何提高发射效率。

（1）自旋注入产生太赫兹波

磁振子是磁性材料中自旋波的元激发，分为偶极型和交换型，其频率从微波到太赫兹频段。美国的 B. G. Tankhilevich 和 Y. Korenblit 在理论上提出一种基于自旋注入激发磁振子从而产生太赫兹波的方法。这种方法的原理和过程如图 2 - 26 所示。向完全自旋极化的磁性材料（半金属磁体或铁磁半导体）注入自旋极化电流，其极化方向与磁性材料的自旋取向相反，注入电子从自旋向下子带跃迁到自旋向上子带，释放出交换型磁振子，其频率刚好处于太赫兹频段。两个频率相同，波矢相反的磁振子由于相互作用，湮灭成一个两倍频的光子；当注入的电流密度超过阈值时，由交换能隙决定的某一太赫兹频率的磁振子发生雪崩效应，大量磁振子湮灭，从而产生高功率的连续太赫兹波。

基于以上原理和方法，B. G. Tankhilevich 和 Y. Korenblit 提出实现太赫兹波发射的原理型器件结构，即磁振子太赫兹源。理论预测磁振子太赫兹源具有众多优点：功率高，可达毫瓦量级以上；可室温工作；器件简单，可大批量生产；输出连续波，带宽窄（小于吉赫兹）；通过材料的选择可覆盖整个太赫兹频段；通过外部参数（磁场、电场、静压力等）可调控太赫兹波的频率。

Y. V. Gulayev 等人在 2010—2011 年的实验显示：利用点接触结构向铁镍合金薄膜注入自旋极化相反的电子，测量到太赫兹波功率。在后续的实验中，Y. V. Gulayev 等人向半金属磁性薄膜四氧化三铁注入自旋极化相反的电流，也测量到太赫兹波功率，且功率更大，阈值电流更小，这与磁振子产生湮灭机制更吻合。然后太赫兹波向各个角度发射，无

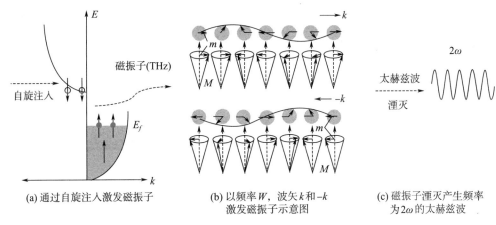

(a) 通过自旋注入激发磁振子　　　　(b) 以频率 W, 波矢 k 和 $-k$　　　(c) 磁振子湮灭产生频率
　　　　　　　　　　　　　　　　激发磁振子示意图　　　　　　　　　为 2ω 的太赫兹波

图 2-26　自旋注入激发磁振子产生太赫兹波的原理和过程

角度择优取向性。后续还需要进一步实验研究自旋注入产生太赫兹波，获得高功率定向发射的连续波太赫兹源。

（2）基于反铁磁共振的太赫兹波产生

铁磁材料在某一频率微波的激发下，磁化强度矢量围绕有效磁场进动，并对微波产生吸收，这种现象称为铁磁共振。反铁磁材料也存在共振现象，即反铁磁共振，其共振频率刚好处于太赫兹频段，如氧化镍、氧化锰和氟化锰的反铁磁共振频率分别为 1 THz、0.83 THz 和 0.25 THz。利用太赫兹波激发反铁磁共振时，磁性次格子的磁化强度矢量围绕易轴进动，并吸收太赫兹波。这个过程存在逆过程，即利用其他方式激发反铁磁共振，会产生与共振频率相同的太赫兹波。由经典电磁场理论可知，磁偶极子振荡产生电磁波；由于振荡频率处于太赫兹频段，产生的电磁波为太赫兹波。激发反铁磁共振的其他方式主要有自旋极化电流和飞秒激光脉冲。基于反铁磁共振的太赫兹波产生原理如图 2-27所示。

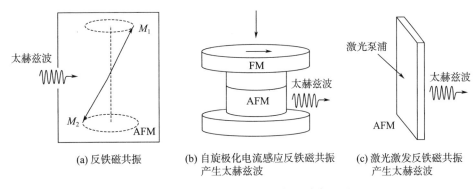

(a) 反铁磁共振　　　　　(b) 自旋极化电流感应反铁磁共振　　　(c) 激光激发反铁磁共振
　　　　　　　　　　　　　产生太赫兹波　　　　　　　　　　　产生太赫兹波

图 2-27　基于反铁磁共振的太赫兹波产生原理

飞秒激光脉冲激发反铁磁共振从而产生太赫兹波，已经被实验所证实。Nishitani 等人在实验中（如图 2-28 所示）将线极化的飞秒激光脉冲照射到反铁磁材料氧化镍单晶样品上，通过碲化锌自由空间电光采样技术测量产生的太赫兹波。图 2-28（a）为测量获得的

太赫兹波时域波形，波形呈周期性振荡形式；对时域波形进行傅里叶变换得到其频谱，其振荡频率为 1 THz，见图 2-28（b）。1 THz 刚好是氧化镍的反铁磁共振频率，这说明太赫兹波的产生来源于反铁磁共振。用飞秒激光脉冲照射反铁磁—氧化锰单晶，也观测到太赫兹波产生，频率为 0.83 THz，与其反铁磁共振频率对应。

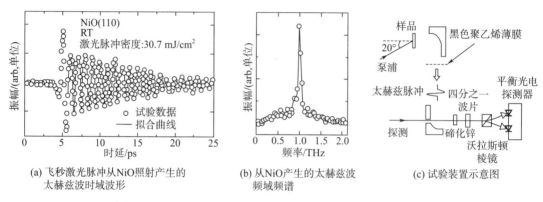

(a) 飞秒激光脉冲从 NiO 照射产生的　　　(b) 从 NiO 产生的太赫兹波　　　(c) 试验装置示意图
　　太赫兹波时域波形　　　　　　　　　　频域频谱

图 2-28　基于飞秒激光脉冲激发反铁磁共振的太赫兹波产生

（3）基于超快自旋动力学的太赫兹波产生

基于超快自旋动力学过程，发现了一种新的宽带太赫兹波产生方法，利用飞秒激光脉冲照射到铁磁/非磁异质双层薄膜上，如 Fe/Au 和 Fe/Ru，获得了太赫兹脉冲，即宽带太赫兹波，如图 2-29 所示。

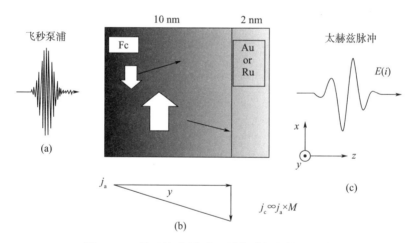

图 2-29　基于铁磁/非磁双层薄膜的太赫兹脉冲

该方法的原理为：当飞秒激光脉冲照射到 Fe/Au 或 Fe/Ru 双层薄膜上时，铁层吸收光能量使电子从费米面下 d 带跃迁到费米面以上的能带，产生非平衡的电子分布；受激发的自旋向上电子呈现 sp 电子特性，而向下电子呈现 d 电子特性，故向上电子的运动速度比向下快 5 倍，结果产生从铁层到相邻非磁层（金或钌）的瞬时自旋极化传输，即瞬时的自旋流。由于反自旋霍尔效应，自旋向上和向下电子被散射到相反方向，注入非磁层的瞬时自旋流转变成瞬时的电荷流，从而辐射出宽带太赫兹脉冲。

　　铁磁/非磁双层薄膜是潜在的宽带太赫兹波发生器，具有易制备、价格低廉等优点，带宽可通过选择不同的铁磁/非磁组合进行调节。通过优化铁磁/非磁结构，如选择自旋霍尔角更大的非磁薄膜、改变薄膜厚度等，可使发射效率成量级地提高，达到其至超过碲化锌晶体的效率。

　　2016 年，乌普萨拉大学的研究人员与来自德国、法国和美国的研究人员合作，开发出一种新型太赫兹激光发射器。该太赫兹发射器建立在乌普萨拉物理学家提出的超高速自旋传输原理的基础上。和目前的源相比，这种脉冲非常短，具有更高的强度以及覆盖更宽的太赫兹频率范围。

2.1.4　各类太赫兹辐射源比较

　　通过光学方法、电子学方法产生的太赫兹波，其频率已经可以覆盖整个太赫兹波段，但是亟待解决的问题是太赫兹源的小型化、高效率化和高功率化。低频段太赫兹辐射源的研究主要依靠电子学技术，延续传统微波电子学手段向高频段发展，提升现有微波元器件的工作频率进入太赫兹波段；而高频段太赫兹辐射源的研究则主要是依靠光子学技术，将可见光或红外线下变频至太赫兹波。虽然太赫兹源的技术很多，但这些太赫兹波光源都有自己的特点以及局限性。不同方法产生的太赫兹源相关频率和输出功率曲线见图 2-30。

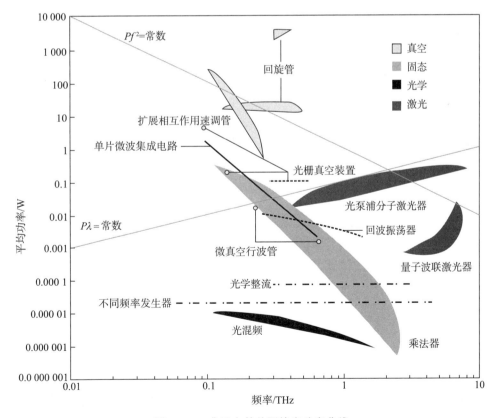

图 2-30　典型太赫兹源输出功率曲线

基于光学方法产生的太赫兹波多为脉冲波,具有较好的方向性和相干性,频率范围能够覆盖整个太赫兹波段,但输出功率大多在微瓦到毫瓦量级,转换效率不高;适合在太赫兹时域光谱探测和太赫兹成像探测中应用。从太赫兹源技术的整体发展来看,光泵气体太赫兹激光器发展最早也最为成熟,能获得较大的输出功率(平均功率可达数百毫瓦),但转换效率较低、体积庞大且成本高昂,只能在少量实验室中应用。基于高能超短脉冲激光器的光整流法、光电导天线、激光等离子体、光参量振荡太赫兹源得益于激光器的发展,已成为太赫兹波产生技术领域的研究热点[30],具有较大的商用化前景。

电子学的发射源也可以获得较高的功率输出,而且体积相对较小,然而只能发射低频的电磁波,多为连续波,比较适合在太赫兹通信和太赫兹雷达中应用。

自由电子激光和气体激光可以发射相对较强的太赫兹波,并且可以覆盖较宽的频率范围;但是它们的体积较大,功耗比较高。量子级联激光器可以输出 10 mW 量级的太赫兹波,但它需要在低温环境下工作,而且只能在高频波段工作。脉冲的太赫兹发射源可以覆盖几乎整个太赫兹波的频谱范围,而且可以在常温下获得很高的信噪比,然而脉冲太赫兹源需要昂贵的飞秒脉冲激光器,平均功率较低。

电子学与光子学相结合产生太赫兹辐射的研究成为该领域的研究热点,已经取得了诸多重要的研究成果。例如,2015 年以来,电子科技大学太赫兹中心在电子学与光子学相结合产生电磁辐射的研究中,发现在圆柱双层石墨烯波导结构中,利用双层石墨烯的相互耦合打破了表面等离子体激元传输局域性和传播长度不能并重的局限性,实现了表面等离子体激元波导的高度局域性和长距离传输;研究了电子注激励等离子体激元的新方法,解决了电子注激励时需靠近金属表面等问题,同时使得被激励等离子体激元衰减时间增长,场幅值增大。同时,在实验方面,电子科技大学刘盛纲院士团队与北京大学陈佳洱院士团队、中科院成都光电所罗先刚研究员团队协同合作,首次验证了自由电子激发表面等离子体产生切伦科夫辐射这一物理原理,该原理有望产生从太赫兹直至紫外的电磁辐射。

2.2　太赫兹波探测

太赫兹波探测技术是实现太赫兹波应用的基础,只有正确测量出太赫兹波的振幅、相位和强度等信息,太赫兹各种应用技术才能实现。目前常用的太赫兹探测技术主要有:傅里叶变换光谱法、太赫兹电光晶体采样探测技术、光导天线采样探测技术、外差相干探测技术等。太赫兹波探测器是太赫兹探测技术的核心器件,包括光电子学探测器、热探测器等。

近期,各国研究者也在不断发展基于新原理、新材料的探测方法和实际器件,如太赫兹场效应晶体管探测、量子点探测技术、各种类型的测热辐射计探测、金属-有机-半导体场效应晶体管探测、新型石墨烯材料探测以及各种天线太赫兹探测等。2014 年,奥地利维也纳技术大学研发出一种新型、超薄光探测器,这项研究首次结合了超材料和量子级联结构这两种完全不同的技术,让太赫兹辐射的光探测器与小芯片的整合成为可能。

2.2.1　光电结合探测技术

在太赫兹波探测过程中，光电结合探测技术方法是一类将电磁波信号转换为电信号的探测方法，包括光电导天线采样和电光晶体采样技术[31]等。常用的光电导天线探测器的工作频率一般在 0.1～20 THz，带宽约为 2 THz；电光晶体探测器的工作频率较宽，在 0.1～100 THz，带宽约为 10 THz；光电导天线和电光晶体探测都可用来测量太赫兹脉冲，对于低频太赫兹信号（小于 3 THz），光电导天线有较高的信噪比；但对于高频太赫兹信号（大于 3 THz），光电导天线的可用性大大降低，而电光晶体仍有很高的灵敏度。电光晶体获得的波形比光电导天线获得的波形窄，同时电光晶体的探测频率谱较宽。

（1）光电导天线采样

光电导天线采样是探测太赫兹波的常用方法，其基本原理是利用光电导天线产生太赫兹波的逆过程，即利用脉冲激光照射在光电导天线上，产生自由载流子（电子-空穴对），当太赫兹波照射到探测器上时，相当于给光电导天线外加了偏置电场，因此在太赫兹波的电场作用下，载流子移动产生电流，通过测量电流即可获得太赫兹波的信息，其过程如图 2-31 所示。脉冲光照射光电导天线产生载流子，然后太赫兹波照射光电导天线，在电流表（光电导天线下方带圆圈的字母 A 所表示的设备）上可以读出电流大小。在这个过程中，探测器探测到的电流大小与太赫兹波的强度成正比，由于激光脉冲宽度远小于太赫兹波的脉冲宽度，因此测量得到的太赫兹波强度是太赫兹波整个脉冲中的一小部分，相当于对太赫兹脉冲进行采样。光电导天线采样技术可以与光纤配合制成集成度较高的太赫兹光谱系统，对于太赫兹光谱技术的应用具有较大的推进作用。

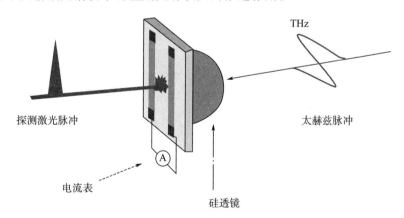

图 2-31　光电导天线采样示意图（见彩插）

（2）电光晶体采样

电光晶体采样技术利用了电光晶体的电至光折变效应（普克尔效应，即在外加电场作用下，晶体折射率椭球发生变化）。当太赫兹脉冲照射到晶体时，太赫兹波的电场导致晶体折射率变化，原本参考光在通过晶体时，其两个相互垂直的偏振光发生偏转，不再相互垂直，偏转角度与太赫兹波强度相关，因此通过测量偏转角度就可以知道太赫兹波的强度。

　　图 2 - 32 所示为电光晶体采样过程的示意图，红色光为参考光，在没有太赫兹波前，其两个偏振态（红色箭头的两个不同方向表示不同偏振态）相互垂直，当有太赫兹波照射晶体时，红色参考光的两个偏振态不再垂直（由蓝光表示），因此检测器可以检测到偏振态的变化，从而实现对太赫兹波的探测。与光电导采样法相比，电光采样技术不但克服了光生载流子寿命的限制，而且具有更高的灵敏度、更高的分辨率、更小的噪声、更大的测量带宽，但是电光晶体采样技术也存在与光电导天线采样技术相同的色散、群速度失配等问题。除了传统的晶体材料，非晶态的电光聚合物薄膜作为一种新型的电光材料，电光系数高、不具有晶格结构因而不存在相应的声子吸收，从近红外到远红外具有较为平坦的折射率曲线，能够在较宽范围内实现相位匹配，为超宽带太赫兹波的产生和探测提供一种可能途径。

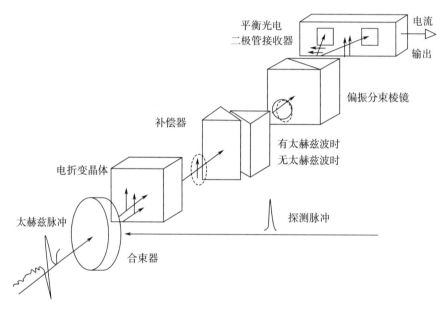

图 2 - 32　电光晶体采样示意图（见彩插）

　　电光晶体采样探测技术最早由美国伦斯勒理工学院物理系张希成教授带领的研究组提出，采用电光晶体碲化锌作为探测晶体，该方法已经成为目前应用最广泛的太赫兹脉冲相干探测方法。美国 Zomega 公司已将该研究成果应用于其太赫兹时域光谱系统商业产品中。为了获得更宽的光谱范围，更多的电光晶体被开发出来，如有机晶体 DAST 可获得 1～20 THz 的谱宽，磷化镓晶体的探测范围也可达到 0.1～7.5 THz，基于这些晶体的商业太赫兹光谱系统已研制问世。

2.2.2　电子探测技术

　　太赫兹波电子探测技术分为直接探测和间接探测两种。热探测器属于间接探测技术，是将太赫兹波的能量转化为内能，通过探测内能间接探测太赫兹波强度。外差探测属于直接探测技术，是将太赫兹波与本振电磁波在混频器中混频，从而输出较低频率的电磁波，然后用探测器直接探测[32]。

（1）热探测器

热探测器常用于连续太赫兹波的探测，包括测辐射热计、高莱探测器和热释电探测器，其基本原理都是利用贴在散热片上的辐射吸收器，吸收入射波而产生热量，测量热量引起的温度变化，就可知道太赫兹波的强度。热探测器虽然可以在很宽的频带范围内探测太赫兹波强度，但是热探测器均为非相干探测，只能获得太赫兹波的强度信息，对太赫兹波的相位信息无法探测。

早期测辐射热计的温度计由重掺杂半导体硅或锗制成，其辐射吸收器是低温探测器，工作在液氦温度（约－269 ℃）以下，具有高灵敏度。近年来，利用超导技术制造的测辐射热计逐渐取代半导体热计，在太赫兹波探测中得到应用。超导测辐射热计的工作原理是当太赫兹波照射超导器件时，导体由无电阻状态转变为有较大电阻状态，从而产生非常大的电流变化，这种探测方法极其灵敏，但同样需要液氦冷却以实现超导状态。

（2）高莱探测器

高莱探测器是一种适用于从毫米波到近红外光的灵敏气动离子探测器。其原理为光声变换即太赫兹光照射到探头上的晶体产生相应的声子振动，振动再产生热能，由热电转换器产生电信号，其结构见图 2-33。但由于其使用寿命短，动态范围小，器件结构复杂和价格昂贵等缺点，使用范围日益缩小。在太赫兹频段，这种探测器可以测量功率小于 10 μW 的太赫兹波。高莱探测器是最灵敏的热辐射探测器，可在室温条件下工作。

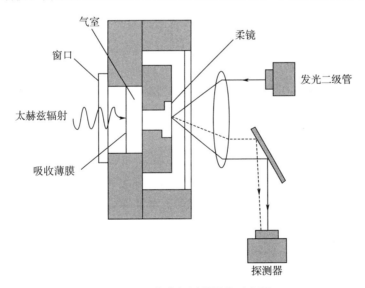

图 2-33　高莱探测器结构示意图

（3）外差探测器

外差式探测器适用于频率稍低但对谱线分辨率要求很高的场合，其基本原理是利用本振信号与太赫兹信号混频，实现太赫兹信号频率向下搬移，再对搬移后的低频信号进行放大测量。其主要工作过程为：先将本征振荡信号和待测太赫兹信号混频，对待测信号频率进行向下搬移，再对搬移后的低频信号进行放大测量。在太赫兹波的低频端，一般倾向于使用外差式探测器，而在太赫兹的高频频端，直接探测器的灵敏度更胜一筹[33]。

常用的混合器主要包括室温肖特基二极管混频器、超导混频器和热电子辐射热计混频器。外差探测器的核心技术就是降低太赫兹信号的频率，使其落在现有探测器可探测的频率范围内，用现有器件进行探测。外差探测技术可以探测太赫兹信号的振幅、频率和相位等信息，但是由于混频器性能的限制，可探测的太赫兹信号频率较低。

基于肖特基二极管的太赫兹外差接收机主要有两种体制，一是以美国喷气推进实验室为代表的波导基接收机结构（即喇叭天线+波导混频器结构）；二是美国密歇根大学为代表的准光接收机结构（即集成了平面天线和准光耦合器件的单片混频器结构）。波导对于波导基接收机结构先由天线接收太赫兹信号，将信号能量通过波导微带过渡结构耦合到平面电路上的肖特基二极管内，再由中频滤波器提取中频信号输出，从而实现太赫兹信号的接收和检测。其具有损耗小、成本低等特点，应用广泛，技术更为成熟。

2.2.3　其他探测技术

除了光电结合探测技术、电子探测技术外，近年来有几种新的太赫兹探测技术引起了研究人员的关注，包括等离子体波探测器、量子阱探测器、石墨烯探测器和空气电离相干探测。

（1）等离子体波探测器

等离子波是一种电子的集体激发模式，受激发的等离子体波能够与太赫兹波发生共振并在电荷输运中表现为光电流和光电压，因而可被用来探测太赫兹辐射。在深亚微米场效应管中，等离子体波的频率正好位于太赫兹频率范围内，因此可以实现等离子体波与太赫兹波信号的混频。等离子体波探测器，是近年来发展起来的一种连续可调的探测器，相对于电子器件，等离子体波更容易实现弹道效应，且不需要在低温下工作，有较大的应用前景[34]。目前，等离子体波探测器还处于研究阶段，距离实用化较远。

高电子迁移率晶体管中的二维电子气常用做太赫兹探测器。在深亚微米场效应管中，等离子体波频率正好位于太赫兹范围内，而且能够被所加的栅电压调节。由于在场效应管中等离子体波频率比反转电子的跃迁时间大得多，所以相对于以漂移速度运动的电子，等离子体波更容易实现弹道效应。在弹道机制下，电子在等离子体波振荡周期内不与杂质以及晶格发生碰撞，而且装置的沟道正好可以成为等离子体波的共振腔。这就使得可调的太赫兹范围内的电磁波探测和激发变成了可能。实现等离子体波电子器件的关键在于等离子体波与电磁辐射的耦合，电磁波辐射的天线结构以及装置与亚毫米回路的整合。

（2）量子阱探测器

量子阱太赫兹波探测器的原理与太赫兹量子级联激光器类似，也是通过精细设计半导体的能级，产生能吸收太赫兹波光子的能带（对于太赫兹波光子，这个能带就像"井"，一旦进入就会被吸收而不能再出来)。一旦太赫兹波光子入射到量子阱中,会产生跃迁电子,在外加电场的作用下不断跃迁,产生电流,进而被电流计探测[35]。由于为了抑制因热激发等因素产生的半导体器件暗电流,需要超低的工作温度(低于液氮温度,最高工作温度约为-243 ℃),并要求量子阱中载流子掺杂浓度较低,导致器件的吸收效率和光增益降低,影响器件的响应率,因此量子阱太赫兹探测器尚未实用化。

(3) 石墨烯探测器

在室温下,石墨烯天然的二维电子气结构具有非常高的载流子迁移率,且高质量石墨烯对等离子体的传播衰减很弱,是用于太赫兹探测器件研制的理想材料。

2009 年,Wright 等研究了双层石墨烯纳米带在太赫兹波段的光电导增强效应,研究表明,有一类具有特定结构的双层石墨烯纳米带,对太赫兹和远红外光具有不同寻常的强光学响应,其峰值电导比单层石墨烯中观测到的普适电导约高出两个数量级。电导峰值的位置在太赫兹和远红外区域,并且可由纳米带的宽度来调节。同年,Xia 等利用机械剥离的石墨烯制备出了第一个石墨烯光电探测器,具有宽波段光探测和超快光响应的优点。

2011 年,Ryzhii 等开发了基于多层石墨烯结构的 PIN 型太赫兹-红外光电探测器,利用太赫兹波辐照产生电子、空穴的移动来感生光电流,通过光电流变化来对太赫兹波进行检测。基于石墨烯的等离子体效应,Ryzhii 等从理论上提出了双层石墨烯异质结构,每层石墨烯都有各自的电极结构,并连接适当的天线,如图 2-34 所示。通过入射太赫兹波共振激发的等离子体效应,及石墨烯层间隧穿电流的非线性变化实现对太赫兹波的检测。

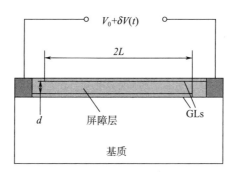

图 2-34　双栅石墨烯异质结构

2012 年,Vicarelli 等研制了基于天线耦合的石墨烯场效应管太赫兹光电探测器,利用沟道内激发的等离子体波与太赫兹波共振,实现了对 0.3 THz 电磁波的灵敏探测,如图 2-35 所示。

美国 Muraviev 等研究了背栅结构石墨烯场效应晶体管太赫兹探测器。发现石墨烯晶体管对太赫兹的探测有两种机理:一种是等离子体波模式;另一种是由石墨烯吸收太赫兹辐射导致温度上升的热辐射模式。

2014 年,瑞典 Zak 等利用化学气相沉积方法生长出的石墨烯材料,结合集成隙缝蝶

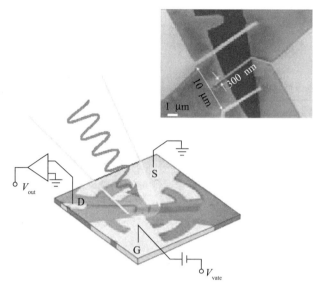

图 2-35　基于石墨烯的太赫兹等离子体波探测器

形天线，制成了场效应晶体管太赫兹探测器，实现了室温探测，探测频率为 0.6 THz，最大响应率为 14 V/W。同年，意大利 Spirito 等研制出双层石墨烯场效应晶体管，可用于太赫兹等离子波探测器。其晶体管采用顶栅结构或者埋入式栅结构，在 0.29～0.38 THz 频率范围内获得了 1.2 V/W 的响应率。

　　现有石墨烯探测器结构多为将石墨烯场效应晶体管与天线结构相结合实现对太赫兹波的探测，采用多层石墨烯或利用等离子体波与太赫兹波共振来增强器件的吸收。但由于太赫兹波能量小，石墨烯对太赫兹波的吸收有限，极大限制了以上探测器的吸收。采用谐振腔与石墨烯结合，通过将太赫兹波限制在腔内，发生多次反射并穿过石墨烯，可以达到增强探测器对太赫兹波吸收的目的。目前国内外有关谐振腔型石墨烯光电探测器常见于对可见光至近红外波段的研究。如 2012 年，Furchi 等采用分布布拉格反射镜构成谐振腔，结合石墨烯制成谐振腔型探测器。与 Xia 等研制的无腔结构石墨烯光电探测器相比，器件响应度提高了 42 倍；与单层石墨烯在可见光波段 2.3% 的吸收率相比，器件吸收率提高了 26 倍。

　　（4）空气电离相干探测

　　近年美国伦斯勒理工学院太赫兹研究中心提出利用空气作为介质产生和探测太赫兹脉冲的方法，即利用空气等离子体对太赫兹波进行的准相干探测方法——THz-ABCD 法。该方法以空气或激光诱导的空气等离子体作为介质，与电光取样通过二阶非线性效应探测太赫兹波类。利用空气（气体）的三阶非线性效应也能够探测太赫兹波，其物理机制是四波混频产生太赫兹波的逆过程。

　　实验证明，在辐射源频谱较宽的情况下，空气相干探测法没有类似晶体声子吸收的影响，能探测到很宽的辐射，经傅里叶变换后获得的频谱曲线更为平滑。

2.2.4　常见太赫兹探测器比较

表 2-2 比较了常用的太赫兹探测器。主动探测方式的光电导天线和电光晶体主要在脉冲太赫兹应用中使用，可以摒除环境噪声的影响，获得较高信噪比的测量结果，而且可以进行相干测量，但是其工作频率范围较窄[36]；热辐射计和高莱探测器，可以直接探测各种光源发射的太赫兹波，测量各种光谱的辐射，但是与外差探测技术相比，其探测灵敏度较低，且易受环境中其他辐射的影响；以电子学混频器为基础的外差探测技术是一种非常灵敏的探测技术，然而这种探测器结构较复杂，测量效果不但受到混频器的限制，而且受到本地振荡器的影响。

表 2-2　常见太赫兹探测器比较

探测器	工作频率/THz	噪声等效功率/$W \cdot Hz^{-1/2}$	相干性	响应速度	工作温度
光电导天线	0.1～20	10^{-15}	相干	100 飞秒	常温
电光晶体	0.1～100	10^{-15}	相干	10 飞秒	常温
测辐射热计	0.1～100	$10^{-15} \sim 10^{-12}$	非相干	毫秒	液氦
高莱探测器	0.1～1000	10^{-10}	非相干	100 毫秒	常温
肖特基二极管	<1.8	$10^{-13} \sim 10^{-10}$	非相干	皮秒	常温
超导混频器	由本地振荡器决定	10^{-21}	相干	皮秒	液氦
热释电探测器	由本地振荡器决定	10^{-21}	非相干	皮秒～纳秒	液氦

电导天线探测具有体积小、结构简单的特点，适用于便携式太赫兹光谱仪的开发，但探测谱宽相对较窄。电光取样具有对光路失调不敏感、噪声低灵敏度高的优点，但需要满足极高的相位匹配条件，而且受到晶体材料本身声子吸收的影响无法获得平滑的光谱响应。空气相干探测法不受晶体声子吸收和载流子寿命的影响，其探测谱宽与分辨率都比其他方法略胜一筹，而且利用太赫兹辐射增强气体等离子体荧光还可实现远场探测因而受到广泛关注。但是，这种方法需要体积较大的飞秒激光放大器，探测成本较高。

2.3　太赫兹波导技术

在传输方面，由于太赫兹波在自由空间中的传输损耗很大，因此，以波导为基础的太赫兹器件就成了太赫兹传输的重要基础，也是太赫兹波能否广泛应用的关键。近年来越来越多的科学家投入到该领域的研究中，因而出现了诸如太赫兹金属波导、光子晶体波导、光子晶体光纤、聚合物波导、塑料带状波导和蓝宝石光纤等不同类型的太赫兹波导器件，它们不但在传输性能方面愈显其优越性，而且体积越来越小，更便于制成集成器件。

2.3.1　金属波导

金属波导是用准光学方法耦合传输太赫兹波，该方法能有效地将自由传输的亚皮秒太赫兹波耦合到亚毫米金属波导内。

1999 年，McGowan 研究小组首先成功地将太赫兹波耦合进直径为 240 μm、长为 24 mm 的不锈钢圆金属波导中，在 0.65～3.5 THz 范围内实现了总能量吸收系数低于 1 cm^{-1} 的太赫兹传输（耦合到波导的能量为入射能量的 40%）。该波导对太赫兹的吸收损耗远低于包括共面传输线等波导，实验装置如图 2 - 36 所示。

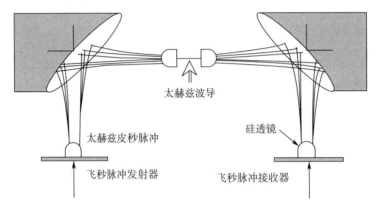

图 2 - 36　金属波导耦合实验装置

2001 年，Grischkowsky 等使用平行平面金属波导和对称共面的两金属丝有效抑制了群速度色散的影响。实验中采用铜材料制成的两平行平面金属波导，两平面厚 12～24 mm，相距 108 μm。由于两平行的金属平面中，群速度随频率的变化不大，基本不产生色散，所以它能有效抑制传输模中因群速度色散而产生的脉冲展宽，脉冲传输失真小。R. Mendis 工作组实现了将 0.3 ps 太赫兹脉冲入射到一个长为 24.4 mm，板间距为 108 μm 的铜平行板波导。在 0.1～4 THz 范围内，观察到无失真、低损耗和单个横电磁模式的传输。2009 年，R. Mendis 工作组研究了利用平行平面金属波导有效传输太赫兹波，在克服低频截止和截止频率附近的色散问题后，可获得超低欧姆损耗。

2.3.2　金属线波导

金属丝波导大大提高了有效传输距离，其太赫兹波传输具有低衰减、几乎没有色散，且结构相当简单的特点。理论研究表明在单金属线上传播的太赫兹波为索末菲尔德波，这种波一般只存在于具有有限电导率的金属表面，是一种径向对称的弱导表面波，因此具有较大的弯曲损耗，且波在传输过程中容易受周围环境和金属器件的影响。由于常用太赫兹辐射源一般为线偏振，单金属线太赫兹波导的输入耦合效率较低，设计适当的耦合输入结构以适应其径向对称的偏振传输模式是其应用的一个难点。

2004 年开始，国外实验实现了几乎无色散、平均损耗系数小于 0.03 cm^{-1} 的不锈钢单金属线传输。实验表明太赫兹波在金属线中传输 4 cm 和 24 cm 后几乎没有形变，且衰减常数随传输频率的增大而减小，与普通金属波导衰减常数随传输频率的增大而变大有所不同。图 2 - 37 为太赫兹波在金属线波导中的传播示意图。

针对金属单线弯曲损耗大的缺点，国外学者提出了双金属线太赫兹波传输线。实验和

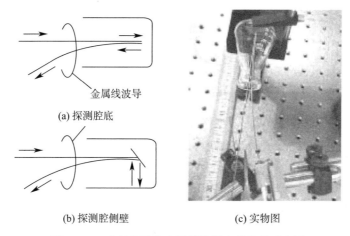

(a) 探测腔底

(b) 探测腔侧壁　　　　　　(c) 实物图

图 2 - 37　太赫兹波在金属线波导中的传播示意图

理论研究表明，优化双线尺寸及线间距，双线传输可获得与单金属线及平行板波导相近的低衰减常数。其基模传输具有损耗低、无色散、宽带宽等特点。因此，太赫兹双线传输线是一种结构简单、易于加工、使用灵活方便，有很强实用潜力的太赫兹传输线。

2.3.3　介质波导

在太赫兹频段也可用全介质作为波导，包括各种形状、结构的介质空腔波导和实心波导。介质空腔波导的传输原理与传统光纤类似，也称为太赫兹光纤。根据光波段的研究经验，选取介电常数合适的介质波导可获得比金属波导更低的吸收，且相对于金属波导可延展低频极限；另外，介质波导耦合比金属波导好，易产生线偏振模，实现单模传输。

一般介质波导在太赫兹频段的损耗比光频段大得多。研究表明，单晶蓝宝石、碳板、塑料等是太赫兹频段的较低衰减材料。

太赫兹介质空心波导的横截面形状一般为圆形和矩形，也有一些变化形式。相对于金属波导由于管内壁粗糙而造成传输损耗大等问题，介质管空心波导具有损耗小、柔韧性好等特点，但是弯曲造成的附加损耗较大。在介质基管内镀金属膜为一种较好的解决办法，当金属膜厚大于趋肤深度时，该结构的空心光纤在传输原理上与金属管波导相同，但是由于金属膜表面比金属管内壁光滑，镀金属膜介质波导的损耗比金属管波导小，且由于采用了介质材料作为基管，该结构波导的柔韧性也较好。

使用塑料作为纤芯，空气作为包层，可制作塑料线波导，即实心介质波导。在此类波导中，采用合适的直径波长比，减少进入介质的能量，可获得更低的衰减，且可实现单模传输，自由空间耦合效率可达 20%，结合离轴透镜可更好地与常用太赫兹辐射源耦合，提高使用灵活性、可靠性。塑料线太赫兹波导由于结构简单、使用材料的价格低廉，被认为是一种有重要实用前景的太赫兹波导。

2.3.4　光子晶体太赫兹波导

光子晶体的材料对工作波段的光的吸收很小，当在光子晶体中引入缺陷时，就会在原来不导通的带隙中出现共振本征模，在有缺陷的光子晶体中，光子晶体只让具有特定频率的波通过，在直波导中能实现几乎零反射和零损耗的传输。利用在太赫兹频段吸收很小的材料如聚合物等，可研制低色散、低损耗的光子晶体太赫兹波导。

现在已用于太赫兹波传播的一维和二维光子晶体，其中比较常见的是太赫兹二维光子晶体波导。三维太赫兹光子晶体结构和特性由有序堆叠的介质棒构成，每4层为一个结构周期。

光子晶体光纤也成为太赫兹的波导研究的重要方向，按照导光原理可分为带隙波导型光子晶体光纤和全内反射型光子晶体光纤两类；按照包层空气孔的排布结构可分为矩形、正方形、圆形、环形、三角（或六角）、蜂窝及其他结构的光子晶体光纤；按照所用材料可分为石英、塑料及由其他材料组成的光子晶体光纤。

2.3.5　太赫兹光子晶体纤维

典型的光子晶体光纤由作为导波功能的纤芯和空间周期性结构的包层组成，中心可看作在二维光子晶体中引入缺陷，根据纤芯材料和包层周期性结构排列的不同，实现不同的光学传播性质。而其传输机制决定于纤芯与包层的相对折射率。如果纤芯的折射率比包层大，则根据全反射的性质传播；若纤芯的折射率比包层小，如中心介质是空气，则根据光子晶体的能带理论传播。光子晶体光纤比传统光波导的优越之处在于它能实现宽带单模传输，且在空气中的非线性效应和群速度色散都有所降低。通常可用高密度聚乙烯管或聚四氟乙烯等材料做成。

2.4　太赫兹功能器件

太赫兹功能器件包括太赫兹波导、耦合器、分束器、透镜、开关、调制器、滤波器、吸收器、隔离器、起偏器、波片等，这些器件可以对太赫兹波的波束形状、波前分布、振幅大小、谱线形状、偏振状态和相位延迟等各种电磁特性进行主动或被动调控，以实现各种功能和应用。

2.4.1　太赫兹透镜

普通太赫兹透镜是由高阻硅或聚合物球面镜制成，透过率在90%左右，而其焦点都在毫米量级，这是由太赫兹波的波长和衍射极限决定的。这就很难将太赫兹波高效地耦合到亚毫米尺度的光电系统中，影响了系统的空间分辨率和探测灵敏度等关键性能，因此如何实现波长甚至亚波长量级太赫兹波聚焦和高效耦合是一个亟待解决的问题。

利用表面等离子体狭缝或孔阵列等衍射光学元件构成的人工微结构平板透镜，已经可以实现太赫兹波波长量级的聚焦。然而现有表面等离子体透镜其由于反射和欧姆损耗，透过率只有 20%；其焦距随入射波频率变化，具有很大的色差，因此如何实现高透过率、宽带、消色差的太赫兹人工微结构透镜是研究的主要方向。

2011 年，德国马尔堡大学将与德国塑料中心合作研究用于太赫兹和亚毫米波的新聚合物透镜。该项目开发以聚合物和二氧化钛或氧化铝粉末等添加物的混合物为基础的太赫兹透镜。这种透镜可以改进图像质量，并降低材料和生产成本。

2015 年，华中科技大学太赫兹光子学团队在最新的研究中，提出一种基于 3D 打印技术快速制作太赫兹器件的方法，并以光敏树脂为原材料成功制作了太赫兹透镜。相关测试结果表明，该透镜能够有效聚焦太赫兹波，采用太赫兹时域光谱技术测量打印材料后发现该材料在太赫兹波段的折射率值稳定，且吸收率很低。

2016 年，美国布朗大学的研究人员开发出一种用于聚焦太赫兹辐射的透镜，由一堆彼此间有空隙的叠层金属板构成。该透镜的性能优于现有的太赫兹透镜，其结构架构可为一系列未开发的其他太赫兹组件创造了条件。新镜片由 32 块金属板制成，每片厚度为 100 μm，间距为 1 mm。研究人员使用这项新研发的结构，能够实现聚焦的太赫兹光斑直径从 2 cm 降低到 4 mm。该透镜的传输效率约为 80%，显著优于传输损耗通常为 50% 的硅镜片，与聚四氟乙烯制成的镜头相当。

2.4.2　太赫兹偏振器

常用的太赫兹偏振元件是偏振片和波片，偏振片可实现太赫兹波的线偏振起偏和检偏作用，波片起位相延迟和偏振态转换的功能。对太赫兹波来说，金属线栅是完美偏振片，带宽 0.1～10 THz，偏振度＞99%，已经实现商用，它是少数已经非常成熟的太赫兹人工微结构器件。传统波片需要双折射材料，可由石英晶片或液晶片构成，石英只能实现单频工作，液晶具有可调谐性，但吸收过大。采用双面刻槽或开口谐振环超材料的太赫兹波片也可以实现大于 99% 的圆偏振，但也只能单频工作。近期，采用超材料和表面等离子体结构实现太赫兹波宽带偏振转换和主动偏振调控等太赫兹偏振器件已陆续出现。

在二维平面结构的超材料中，如果在相互垂直的方向上引入结构或尺寸的差异，超材料就表现出明显的双折射性。Imhof 等人将正十字架结构其中一个方向的 200 μm 长度改变了 2 m，便获得了电场分量沿垂直方向的两束光约为 0.727 的折射率差异。Strikwerda 利用矩形 eSRR 的电性共振和电偶极子共振的差异性，用厚度仅为 20 μm 的超材料实现了响应频率在 0.62～0.66 THz 的高圆偏度波片。

中国科学院重庆绿色智能技术研究院太赫兹技术研究中心研究团队 2016 年在高性能太赫兹偏振器件研究方面取得进展。该团队以典型的太赫兹偏振片为研究对象，提出了一种基于多层亚波长金属光栅结构的以聚酰亚胺薄膜为衬底的太赫兹偏振器件，利用多层亚波长金属光栅的耦合作用使太赫兹偏振片具有较高的偏振消光比，以及自主研发的聚酰亚胺薄膜对太赫兹的低反射、低吸收特性使器件具有较低的传输损耗，有效解决了太赫兹偏振器件偏振消光比与传输损耗难兼得的矛盾。该研究由于采用成熟的光刻工艺，以平整硬质硅片为支撑，易于获得大面积结构均一、性能稳定的太赫兹偏振器件。

同时，所建立的工艺可拓展至其他太赫兹器件，为实用化太赫兹器件的研发提供了一种新的实现方法。

2.4.3　太赫兹滤波器

滤波器是对特定波段通过、其他波段吸收或反射的器件，是太赫兹通信和雷达系统中的重要器件。基于人工微结构的各类太赫兹滤波器已被广泛使用，例如基于金属孔阵列的带通滤波器、超材料带阻滤波器、光子晶体波导宽带滤波器和微腔窄带滤波器等。人们更感兴趣的是如何实现滤波器的带宽和工作频率的可调谐，因为可调谐滤波器的实现不仅扩展了滤波器的工作范围，还直接实现了太赫兹开关和强度调制的功能，当器件被高速调控时就可以作为太赫兹调制器使用。

光子晶体由于其良好的特性有着广泛的应用，近年来也出现了多种基于光子晶体的太赫兹滤波器结构。在光子晶体结构中引入缺陷，是实现太赫兹滤波器的基础，鉴于其对某些特定范围的太赫兹波的高通过率和对其他频率太赫兹波的高反射率，可以基于光子晶体结构实现性能优越的太赫兹滤波器。2004 年，法国 H. Němec 等发明了一种基于一维光子晶体的可调太赫兹滤波器。其结构为两个成对出现的一维周期性结构——布拉格镜面，布拉格镜面由 3 个直径为 15 mm 的石英晶片制成。

近年来对超材料、表面等离子体以及光栅等周期性结构的研究发现，此类结构的一些特性可以用来实现太赫兹滤波器。特别是光栅，由于其成熟的加工技术，使得基于光栅的太赫兹滤波器加工制作相对容易。目前，研究人员已经提出了多种基于此类周期性结构的太赫兹滤波器结构。2003 年，德国埃尔朗根-纽伦堡大学研究小组使用高效率二元光栅作为频率选择器件，实现了中心频率在 300 GHz，截止频率为 450 GHz 的带通滤波器。同年，加州大学的研究小组提出了一种太赫兹等离子体高通滤波器。该结构是基于一种新型的人工材料，这种人工材料由开口的环型谐振器与细长金属导线阵列结合得到，可以通过设计使得特定频率处的折射率、介电常数等参数为负，表现出不寻常的电磁特性，因而又被称为超材料。2014 年 Feng Lan 等人提出使用双层改进互补超材料结构得到双共振频率可选择性表面太赫兹滤波器，如图 2-38 所示。该带通滤波器选择水晶为基底时，其共振频率范围为 0.315～0.48 THz。为了减少制造器件的风险且增加透射率选择石英为基底，这时带通滤波器的实验结果显示共振频率范围为 0.1～0.6 THz。

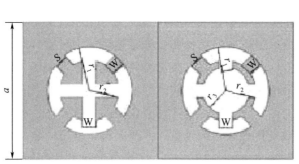

图 2-38　四个开口环电容电感互补结构的滤波器结构

利用激光照射量子阱结构使结构中的电子和空穴结合产生光子，而改变结构中光学激发的载流子的数量，改变载流子的浓度可以改变等离子频率，因而量子阱结构的光学特性可以被入射的激光束控制，改变激光器的功率等参数便可以改变太赫兹波的透射谱，实现滤波器、衰减器、相位转移器件等功能。

2.4.4 太赫兹调制器

太赫兹调制器是太赫兹宽带无线通信中的核心器件，1 THz 载波所能携带的信息量至少为 10 Gbit/s，现有太赫兹调制器的调制速率和调制深度还远未到达这一指标，是目前制约太赫兹宽带无线通信应用发展的主要器件瓶颈之一。因此，多年来高性能调制器一直是太赫兹器件研究关注的焦点，基于不同材料和结构的太赫兹调制器的研究被广泛报道。一般用电控和光控方式进行调制，调制方式主要是调幅和调相。现有太赫兹调制器件的结构集中于超材料、亚波长孔阵列等平面结构，由于在传播方向上没有周期性结构，因此很难获得高品质因数的谐振，也就很难实现较高的调制深度和器件灵敏度。探索新的太赫兹波调制机理，设计新的器件结构是目前高速太赫兹调制器件研究中的关键科学问题。

（1）超材料太赫兹调制器

太赫兹动态调制器的研发，主要是借着太赫兹超材料的结构，使用半导体或是相变体随激励而改变的性质来控制超材料的共振特性。2006 年，科学家将 LC 共振的金属结构放在了掺杂半导体的衬底上，并用金属细丝将所有的单元结构连接，形成肖特基门，在另一侧覆盖金属层作为欧姆接触，在肖特基门和欧姆接触之间外加一个反向电压，以此控制金属结构中开口处的半导体载流子浓度 n-GaAs。当反向电压为零，半导体内耗尽层很小，开口处存在大量载流子，相当于开口电容被短路，不会引起 LC 共振。随着反向电压的增加，耗尽层扩张，开口处载流子变小，当反向电压增加到一定程度，耗尽层在开口处相通，阻止载流子通过，共振达到最强。为了实现在常温下的快速太赫兹光学开关，Chen 等人使用了 ErAs/GaAs 的纳米岛超晶格材料作为衬底，配合超材料的共振环结构，将由单层砷化镓衬底获得的 100 ps 光致载流子恢复时间缩短到 20 ps。

太赫兹的相位实时调制器不能从微波或光学中直接引用，人们利用低温下的半导体量子阱和液晶实现了太赫兹的调制，但前者要求在低温环境，后者的切换时间很长。2009 年，Chen 使用肖特基门结合电压调制的原理，把超材料单元微结构做成田字形四角开口环结构，得到了在 0.81 THz 的幅度调制和 0.89 THz 的相位调制。Chen 经过仔细研究发现，幅度和相位的变化满足克莱默-克朗尼关系，相位与幅度的偏微分成正比。

除了控制载流子浓度的调制器，还有改变形状的调制器。将金属铜的开口环结构（厚 200 μm）刻蚀在氮化硅类薄膜片上，在薄膜片两侧用金属和介质悬臂支撑，悬臂的另一端超出薄膜片长度的部分固定连接在介质衬底上。由于金属铜和氮化硅类材料的热膨胀系数的差别，当对材料进行加热时，悬臂发生弯曲，它所支撑的超材料微结构片就会被撑起一定角度。由垂直入射的电磁波引起的电磁响应就会发生变化，从而达到调制超材料的目的。还可以通过调节外部所加静磁场的方向和大小，改变半导体衬底的介电常数，使太赫兹平面超材料的电磁性质得到调制。

（2）石墨烯太赫兹调制器

石墨烯材料的特殊性为其在太赫兹调控领域的发展提供了可能。集成在光波导中的石墨烯在光电吸收调制器中被用作活性介质，通过改变费米能级控制倏逝波与石墨烯的耦合，使费米能级处于阈值附近，控制带隙间的开关状态。

第一个石墨烯光调制器于 2011 年由加州大学伯克利分校的研究小组研制成功，它是石墨烯与波导集成后的石墨烯光调制器，石墨烯覆盖在光波导的顶部。通过对石墨烯层施加驱动电压来调节石墨烯的费米能级，改变材料的光吸收特性，实现光学信号"0"和"1"之间的开关调制。

2012 年，美国诺特丹大学 Sensale‐Rodriguez 等提出用石墨烯调制太赫兹光波，制作出了透射式太赫兹调制器。这种调制器在太赫兹电磁波的照射下，可激发石墨烯的带内跃迁。而带内跃迁可通过栅压调节，不加栅压时，石墨烯费米能级处于狄拉克点，不能吸收光子产生带内跃迁；加栅压时，费米能级发生偏移，远离狄拉克点，此时能够吸收光子产生带内跃迁。该器件的调制深度与调制速率分别能达到 15％和 20 kHz。随后，该研究小组又制备出反射式太赫兹调制器。反射式太赫兹调制器背部的银镜既充当栅极，也作为反射镜。同时，它的基底厚度为入射光 1/4 波长的奇数倍，使得入射光和反射光在石墨烯处干涉相长，光强最大；该器件的调制深度大幅提升，能够达到 64％；同时，它的插入损耗以及调制速率分别为 2 dB 和 4 kHz。图 2‐39 为石墨烯透射式和反射式太赫兹调制器。

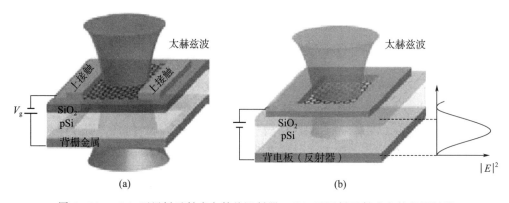

图 2‐39　（a）石墨烯透射式太赫兹调制器；（b）石墨烯反射式太赫兹调制器

基于石墨烯及其复合结构的太赫兹调制器除了采用电驱动方式，还可以采用光驱动的方式。2012 年，Weis 等通过在硅上生成石墨烯研制出光驱动太赫兹调制器。该调制器将 780 nm 的飞秒激光从石墨烯侧入射到石墨烯上，石墨烯吸收小部分的调制光束，而大部分未被吸收的调制光束则穿入到硅基，产生大量的自由载流子，这些光生载流子扩散到石墨烯层，导致石墨烯层电导率发生很大变化，从而对太赫兹光波进行调制。2014 年，成都电子科技大学在锗上生长单层石墨烯研制出全光太赫兹调制器，其太赫兹带宽调制频率范围为 0.25～1 THz，调制深度达到 94％，调制频率达到 200 kHz。其调制增强机理主要来源于单层石墨烯光电导的三阶非线性。

近年来，有研究提出运用石墨烯的等离子体效应来扩展太赫兹调制的频率范围并提高调制性能。同时，引入超材料的被动式电极结构设计，可将电场强度有效地限制在一定的空间区域，虽然调制器会受限在一个相对窄的带宽，但可以提高调制深度和速率，如图 2-40 所示。2012—2013 年，韩国科学家将石墨烯和超材料相结合，实现了电控太赫兹开关，并应用到太赫兹时域光谱系统。这种基于石墨烯的电控开关在太赫兹系统中的集成应用，是今后小型化、易集成的石墨烯太赫兹可控功能器件的发展趋势。2016 年，英国曼彻斯特大学利用石墨烯等离子体的独特性能开发了一款可调谐太赫兹激光器，可调节太赫兹激光器产生的波束波长，提高太赫兹激光器在现实环境中的实用性。

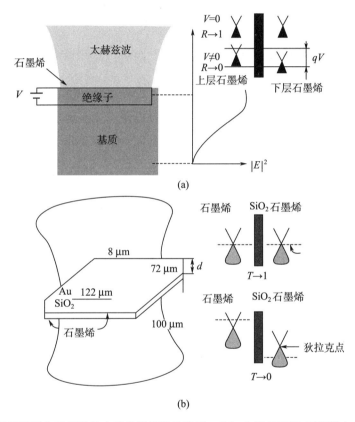

图 2-40 （a）基于图形化石墨烯的太赫兹调制器示意图；（b）电控超材料-石墨烯太赫兹调制器示意图

尽管石墨烯在太赫兹波动态调制器件上有着非常广阔的应用前景，但是仍存在许多没有解决的问题，如：1）受到石墨烯制作工艺的限制，石墨烯结构中会具有一定缺陷，达不到理论上的电光性能，这在一定程度上限制了石墨烯太赫兹调制器件的发展；2）由于石墨烯本身电导率与频率有关，在调制的过程中，对不同频率的电磁波，电导率的变化情况并不完全相同，调制的幅度也就会存在一定的差别，这也在一定程度上限制了调制带宽；3）对于调制器件，往往期望其具有较大的调制幅度，很快的响应速度以及足够的调制带宽，然而从过去的研究中看到，这些往往是不能同时实现的。因此，要想将石墨烯调制器件应用在实际中，还有很长的一段路要走。

2.4.5 太赫兹隔离器

太赫兹应用系统中存在大量元件的反射回波和散射，这就要求将高性能的单向隔离传输器件如隔离器、环形器等引入太赫兹系统中来消除这些噪声。由于在太赫兹波段具有旋磁或旋电响应的磁光材料十分有限，长期以来在太赫兹波段缺乏适合的低损耗、宽带非互易器件，限制了现有太赫兹应用系统的性能。已有的非互易器件按工作原理可以分为3类：

1）基于传统的法拉第旋光效应，通过磁光材料本身的法拉第效应实现太赫兹波偏振态的旋转，再经过检偏器后实现隔离器功能。2013 年，M. Shalaby 等利用 $SrFe_{12}O_{19}$ 新型永磁材料首次实现了太赫兹隔离器的功能（如图 2-41 所示），该方案具有结构简单、便于耦合等优点，缺点是多数磁光材料对太赫兹波的吸收较强，导致器件的隔离度较低，插入损耗也很大。

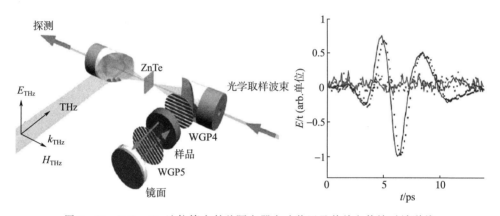

图 2-41　$SrFe_{12}O_{19}$ 法拉第太赫兹隔离器实验装置及其单向传输时域谱线

2）通过在波导器件中引入磁光材料，使得波导正负传播方向上表现出非对称的色散关系，从而实现单向传输。2005 年，麻省理工学院的专家首次提出磁光子晶体环形器；2009 年，斯坦福大学的研究团队提出的非互易相移型器件，它将磁光材料引入波导干涉仪的一臂中，正反向传输时器件产生正负相反的相位差，引起非互易的干涉效应，在某些频率点上实现高隔离度单向传输，但带宽很窄小于 100 MHz。2012 年，Hu 等提出了"金属-空气-锑化铟"波导结构的太赫兹隔离器，由于在 1 T 磁场以下锑化铟的回旋共振频率位于太赫兹频段，因此器件对外加磁场的强度要求较低。但该器件结构简单，隔离度低于30 dB，且存在很大的耦合损耗。

3）基于非线性效应的光学二极管，它像电子二极管一样具有单向导通功能，故而受到广泛关注，但受限于太赫兹非线性材料和太赫兹源的强度，太赫兹波段还没有该类器件的报道。近年来也有不少利用磁光效应或非线性效应的光隔离器的报道，具有非常诱人的前景，但其工作机理尚存争议。

2.4.6　太赫兹传感器

作为太赫兹传感与检测系统中的核心器件，太赫兹传感器的研究一直受到人们的关注。传统太赫兹光谱系统不能满足极微量样品的定量甚至定性检测的要求，这就急需高灵敏度太赫兹传感器应用到太赫兹传感与检测系统中。而人工微结构器件的兴起正可以满足新型太赫兹传感器的要求，它们显示出对电磁场很强的局域特性，增强了太赫兹波与被检测物质的相互作用，显著地提高了被测物质的探测灵敏度。有助于降低被检测物质的体积和质量，从而实现微量物质的高灵敏检测。

现有太赫兹传感器主要采用超材料或金属孔阵列等平面结构，由于在太赫兹波传播方向上没有周期性的谐振单元，因此很难具有强的谐振。同时，其平面几何结构也很难精确控制附着在传感器上样品的数量，难以实现对样品的定量检测。因此尚需进一步利用三维或准三维人工微结构进行高灵敏定量太赫兹传感的研究。除了对物质类型和数量的检测外，利用太赫兹微结构器件开展对其他物理量检测也将具有广阔的应用前景。

目前，用于提高太赫兹传感检测灵敏度的谐振结构有微带线谐振器、布拉格反射腔、光栅等平面波导结构，但其与太赫兹源和探测器的耦合比较困难，难以得到广泛应用。基于超材料的薄膜太赫兹波传感器具有体积小、谐振特性易于调节的优点，更容易得到实际应用。通过测量待测物引起的超材料传感器谐振频率的移动进行传感测量的方法，相比利用谐振峰幅值变化进行检测的传统时域光谱测量法，灵敏度有很大提高。

基于超材料的太赫兹传感测量技术还不成熟，对于某些微量物质或微小浓度物质的检测灵敏度还不够高，但其技术途径已经越来越明确。高灵敏度的超材料太赫兹波传感器应该具有高密度的电场或磁场集聚效应，使其对待测物引起的微小扰动产生放大作用。今后，将单纯利用电场通量或磁场通量的改变进行传感测量，结合电磁场通量密度的吸收或改变效应进行传感测量有可能成为高性能超材料传感器研究的新方向。

2006 年，Miyamaru 等采用金属孔阵列进行了太赫兹微量样品检测实验。2007 年，Yoshida 等采用金属网栅进行了蛋白质探测，证明其可以应用于太赫兹生物传感。Debus 等采用频率选择表面实现了高灵敏度太赫兹传感。2008 年，中科院物理所的研究团队通过开口谐振环的谐振峰分辨微量液体种类。Hara 等人用双方形开口环结构对氧化硼薄膜厚度的测量分辨率达到了 100 nm，通过对待测物引起的谐振频率移动范围的研究，对基于开口谐振环的超材料传感检测的灵敏度和局限性进行了深入探讨。2009 年，Mittleman 课题组采用平行板波导谐振腔实现了微流体传感，这一结构具有极高的灵敏度，同时又便于进行在线实时监测。

2.4.7　太赫兹放大器

由于现有太赫兹信号源产生的信号功率较小，因此需对其进行功率放大以实现各种用途，通常采用的方式是利用微真空放大器和固态放大器。微真空放大器主要指基于微纳加工技术的微纳电真空行波管放大器，通常由大功率回旋行波管放大器实现；固态放大器指采用磷化铟基异质结双极晶体管和高电子迁移率晶体管技术实现的晶体管。

　　太赫兹源、低噪声放大器和功率放大器是太赫兹系统中的核心电路。低噪声放大器通常位于接收机的第一级放大电路，主要作用是在产生尽量低的噪声的前提下，对射频信号进行放大，以降低后续模块产生的噪声对接收机的干扰。因此太赫兹单片低噪声放大器是太赫兹频段雷达和通信系统前端最关键的部分之一，也是目前国内外研究的热点。太赫兹真空电子器件具有高速和高效率的特点，在高频大功率应用方面具有固态电子器件无可比拟的优势。

　　磷化铟材料具有生长手段成熟，能带易于剪裁，具有非常高的载流子迁移率等特性，是太赫兹电子器件的理想材料。磷化铟基异质结双极晶体管是纵向器件，由发射极、基极和集电极构成。通常利用较宽带隙的磷化铟材料作为发射极，而窄带隙的铟镓砷材料作为基极和集电极。针对器件的功率和频率特性，磷化铟基异质结双极晶体管研究的主要方向是消除磷化铟和铟镓砷材料之间存在的导带尖峰、提高增益截止频率和最高振荡频率。磷化铟基高电子迁移率晶体管器件是一种场效应器件，由源极、栅极和漏极组成。通过栅极金属与势垒层形成肖特基接触中的肖特基势垒控制沟道二维电子气的浓度，从而产生漏极电流的调制效应。高电子迁移率晶体管器件在高频率下具有较小的噪声特性，常用作低噪声器件。

　　太赫兹功率放大器方面，2007 年采用磷化铟高电子迁移率晶体管技术实现了频率大于 300 GHz 的单片集成功率放大器，在 335 GHz 的小信号增益达到 12 dB，饱和输出功率为 2 mW；2008 年采用发射极宽度为 250 nm 宽度的磷化铟基异质结双极晶体管实现了工作在 324 GHz 的单片功率放大器，增益达到 4.8 dB，饱和输出功率 1.3 mW。2010 年采用栅长为亚 50 nm 磷化铟基高电子迁移率晶体管实现了 220 GHz，50 mW 的功率放大器模块，在频率范围 207～230 GHz 增益达到 11.5 dB。

　　太赫兹低噪声放大器方面，2010 年采用磷化铟基异质结双极晶体管工艺实现了大于 300 GHz 的放大器，290 GHz 的增益为 17.3 dB，单级共射、共基低噪声放大器在 288 GHz 的增益为 8.4 dB，在 300 GHz 的噪声系数为 11.2 dB，两级共射、共基低噪声放大器在 315 GHz 的增益为 20.5 dB，3 dB 带宽为 17 GHz。2010 年实现了 0.55 THz 的磷化铟基高电子迁移率晶体管共源-共栅放大器。2011 年，采用 30 nm 磷化铟基高电子迁移率晶体管实现了 0.67 THz 的低噪声放大器。

　　美国国防高级研究计划局近年来启动的 "THz Electronics" 计划旨在为工作频率超过 1.0 THz 的高性能电子电路发展必须的关键器件和集成技术。THz Electronics 计划的重点包括两大技术领域：一是太赫兹器件，包括磷化铟基异质结双极晶体管和磷化铟基高电子迁移率晶体管；二是太赫兹高功率放大器模块。2011 年，诺格公司在美国国防高级研究计划局该项目的支持下研制成功 0.67 THz 真空功率放大器。2013 年 11 月，诺格公司采用真空电子器件的设计思路、微/纳电子器件的制造工艺和材料，首次将微/纳电子工艺应用于太赫兹真空电子器件之中，研制出首个工作于 0.85 THz、输出功率为 67 mW 的真空功率放大器。该放大器以 1 cm 行波管为基础，包含一个高电流密度热银级、可产生高磁场的螺旋管和单级降压收集级，采用等离子反应深槽刻蚀工艺制造出折叠波导慢波结构，电路深宽比达 8∶1，折叠波导输出功率为 67 mW，增益为 26.3 dB，电路效率为 0.23%，工作带宽为 15 GHz。2014 年，诺格公司研制出 1.03 THz 固态放大器集成电路，成为当时世界上最快固态芯片被记入吉尼斯世界纪录，实现了太赫兹功率源在工作频率和发射功率上的重大突破，为真空电子器件工作频率的大幅提升、太赫兹功放器件的小型化提供了有效的技术途径。2016 年，诺格公司的太赫兹放大器取得了新的进步：一是研制的 1 cm 宽行波真空管放大器工作频率达到 0.85 THz，输出功率大于 100 MW、增益 21.5 dB、带宽 15 GHz，将太赫兹频率范围提高了 200 倍；二是开发的太赫兹单片固态放大器集成电路，工作频率高达 1.012 THz，在 1 THz 的增益为 9 dB，在 1.03 THz 的增益为 10 dB。

2016 年中国航天科工二院二〇七所成功研制出毫米波和太赫兹波 W 波段放大器核心部件——螺旋波导，这在国内尚属首次。经试验测试，该螺旋波导各项性能指标均达到放大器的设计需求和预期，可实现信号的 1 000 倍功率放大。该产品的研制成功标志着我国在大功率太赫兹器件研制路上的突破，为发展高功率毫米波与太赫兹波辐射源技术、太赫兹技术的工程应用打下了坚实基础。

参 考 文 献

［1］ 张栋文，袁建民. 太赫兹技术概述［J］. 国防科技，2015，36（2）：12－16.

［2］ 梁培龙，戴景民. 太赫兹科学技术的综述［J］. 自动化技术与应用，2015，34（6）：1－8.

［3］ 马成举，陈廷伟，向军，等. 太赫兹辐射产生技术进展［J］. 激光与光电子学进展，2007，44
（4）：56－61.

［4］ Bradley Ferguson，张希成. 太赫兹科学与技术研究回顾［J］. 物理，2003，32（5）：286－292.

［5］ 姚建铨，路洋，张百钢，等. THz 辐射的研究和应用新进展［J］. 光电子·激光，2005，16（4）：
504－509.

［6］ 孙博，姚建铨. 基于光学方法的太赫兹辐射源［J］. 中国激光，2006，33（10）：1350－1357.

［7］ WANG T J，YUAN S，CHEN Y P，et al. Toward remote high energy terahertz generation［J］.
Appl. Phys. Lett.，2010，97：111108.

［8］ 叶全意，杨春. 光子学太赫兹源研究进展［J］. 中国光学，2012，5（1）：1－11.

［9］ Photoconductive anterna for THz applications［EB/OL］.（2010－06－07）［2011－07－11］http：//
greyhawkoptics. com/ima－ges/PCA＿web. pdf? osCsid＝89abc4616d9f05846db27440ac48e44c.

［10］ 邵立，路纲，程东明. 光整流太赫兹源及其研究进展［J］. 激光与红外，2008，38（9）：872－875.

［11］ AHN J，EFIMOV A V，AVERITT R D，et al. Terahertz waveform synthesis via optical
Rectification of shaped ultra－fast laser pulses［J］. Opt. Express，2003，11（20）：2486－2496.

［12］ YEH K L，HOFFMANN M C，HEBLING J，et al. Generation of $10\mu J$ ultrashort terahertz pulses
by optical rectification［J］. Appl. Phys. Lett.，2007，90（17）：171－121.

［13］ STEPANOV A G，BONACINA L，CHEKALIN S V，et al. Generation of $30\mu J$ single－cycle
terahertz pulses at $100Hz$ repetition rate by optical rectification［J］. Opt. Lett.，2008，33（21）：
2497－2499.

［14］ NEGEL J P，HEGENBARTH R，STEINMANN A，et al. Compact and cost－effective scheme for
THz generation via optical rectification in GaP and GaAs using novel fs laser oscillators［J］.
Appl. Phys B，2011，103：45－50.

［15］ WANG T J，DAIGLE J F，CHEN Y，et al. High energy THz generation from meter－long two－
color filaments in air［J］. Laser Phys. Lett.，2010，7（7）：517－521.

［16］ ZERNIKE Jr F，BERMAN P R. Generation of far－infrared as a difference frequency［J］.
Phys. Rev. Lett.，1965，15（26）：999－1002.

［17］ FARIES D W，RICHARDS P L，SHEN Y R. Tunable far－infrared radiation generated from the
difference frequency between two ruby lasers［J］. Phys. Rev.，1969，180（2）：363－365.

［18］ KAWASE K，MIZUNO M，SOHMA S，et al. Difference－frequency terahertz－wave generation
from 4－dimethylaminoliumtosylate by use of an electronically tuned Ti：sapphire laser［J］.
Opt. Lett.，1999，24：1065－1067.

［19］ KAWASE K，SHIKATA J I，ITO H. Terahertz wave parametric source［J］. Appl. Phys. Lett.，

2001，34：1－14.

[20] TANABE T，SUTO K，NISHIZAWA J，et al. Tunable terahertz wave generation in the 3 － to －
      7THz region from GaP ［J］. Appl. Phys. Lett. ，2003，83：237－239.

[21] MIYAMOTO K，YAMASHITA T，NAWAHARAL A，et al. Frequency － agile coherent tunable
      THz － wave generation from 1. 5 to 60 THz using Galvano controlled KTP － OPO ［C］//Infrared
      Millimeter Waves and 14th International Conference on Teraherz Electronic，2006 IRMMW，Sept
      28 － 22 2006，Shanghai，China，2006.

[22] VODOPYANOV K L，FEJER M M，YU X，et al. Terahertz wave generation in quasi － phase －
      matched GaAs ［J］. Appl. Phys. Lett. ，2006，89：141119.

[23] VODOPYANOV K L. Optical THz － wave generation with periodically － inverted GaAs ［J］.
      Laser&Phot. Rev. ，2008，2：11－25.

[24] 路洋 . 基于非线性晶体利用光学差频产生 THz 波辐射的研究 ［D］. 天津：天津大学，2006.

[25] 孙博 . 基于差频技术及光学参量方法产生可调谐 THz 波的研究 ［D］. 天津：天津大学，2007.

[26] 耿优福 . 太赫兹波的差频产生及低损耗传输波导的研究 ［D］. 天津：天津大学，2009.

[27] KAWASE K，SHIKATA J － I，ITO H. Terahertz wave parametric source ［J］. Phys. D，
      Appl. Phys. ，2002，35：R1－R14.

[28] MINAMIDE H，IKARI T，ITO H. Frequency agile terahertz wave parametric oscillator in a ring
      cavity configuration ［J］. Rev. Scientific Instruments，2009，80 (12)：123104.

[29] MALCOLM G. New laser sources benefit terahertz and mid － infrared remote sensing ［J］. SPIE
      Newsroom，2007，10：842.

[30] WANG T J，YUAN S，CHEN Y P，et al. Toward remote high energy terahertz generation ［J］.
      Appl. Phys. Lett. ，2010，97：111108.

[31] 冯德军，宋磊，季伟，等 . 太赫兹波探测器技术研究进展 ［J］. 光器件，2014，1：1－6.

[32] 宋淑芳 . 太赫兹波探测技术的研究进展 ［J］. 激光与红外，2012，42 (12)：1367－1371.

[33] 顾立，谭智勇，曹俊诚 . 太赫兹通信技术研究进展 ［J］. 物理，2013，42 (10)：695－707.

[34] RYZHIIL V，OTSUJIL T，RYZHII M，et al. Double graphene － layer plasma resonances terahertz
      detector ［J］. Appl. Phys. ，2012，45 (30)：302001－302006.

[35] ZHOU T，ZHANG R，GAO X G，et al. Terahertz Imaging With Quantum － Well Photodetectors
      ［J］. IEEE PHOTONICS TECHNOLOGY LETTERS，2012，24 (13)：1109－1111.

[36] VICARELLI L，VITIELLO M S，COQUILLAT D，et al. Tredicucci. Graphene field － effect transistors
      as room － temperature terahertz detectors ［J］. Nature Materials，2012，11 (10)：865－871.

第3章 太赫兹时域光谱技术

国际上已经开展了大量太赫兹光谱技术研究，正在发展多种用于不同材料的太赫兹光谱技术，其中包括太赫兹时域光谱技术、太赫兹傅里叶变换光谱技术、全反射式太赫兹光谱技术、时间分辨的超快太赫兹光谱技术、单脉冲探测式的瞬态太赫兹光谱技术。

太赫兹时域光谱技术是太赫兹光谱技术中发展最早、最接近大规模商用化的技术之一。太赫兹时域光谱技术利用了不同分子对太赫兹波吸收特性的不同，可以分析、研究物质成分、分子结构及其相互作用关系等[1]，是研究太赫兹波段各种物质光学性质的有力工具。

3.1 太赫兹时域光谱技术概述

3.1.1 太赫兹时域光谱技术原理

虽然许多有机分子化学键的振动频率都位于中红外频段，但是如氢键等分子间弱的相互作用以及构型弯曲等大分子的骨架振动、偶极子的震动和旋转跃迁、晶格的低频振动等，其频率都处于太赫兹波段范围，这些振动与分子结构及其相关环境息息相关，利用这些振动的信息可以判定物质中包含哪种分子以及区分分子的构型等[2]。利用太赫兹脉冲透射物体或在物体表面发生反射，测量由此产生的太赫兹电场随时间的变化，利用傅里叶变换获得太赫兹脉冲在频域上的振幅及相位的变化量，从而提取出样品的信息[3]。

（1）透射式太赫兹时域光谱技术

在时域光谱系统中可测得含有样品信息的太赫兹透射脉冲 $E_{sam}(t)$ 和不含样品信息的参考脉冲 $E_{ref}(t)$，然后分别对它们进行傅里叶变换，将它们转换到频域中的复值 $\widetilde{E}_{sam}(\omega)$ 和 $\widetilde{E}_{ref}(\omega)$，可求出它们的比值

$$\frac{\widetilde{E}_{sam}(\omega)}{\widetilde{E}_{ref}(\omega)} = \left|\sqrt{T(\omega)}\right| \exp\left\{-i\left[\Delta\phi(\omega) - \frac{\omega}{c}d\right]\right\}$$

$$= \frac{4\widetilde{n}(\omega)}{[\widetilde{n}(\omega)+1]^2} \frac{\exp\left\{-i\left[\widetilde{n}(\omega)-1\right]\frac{w}{c}d\right\}}{1 - \frac{[\widetilde{n}(\omega)-1]^2}{[\widetilde{n}(\omega)+1]^2}\exp\left[-i2\widetilde{n}(\omega)\frac{w}{c}d\right]}$$

其中

$$\widetilde{n}(\omega) = n(\omega) - ik(\omega)$$

式中　$\widetilde{n}(\omega)$ ——复折射率；

　　　$T(\omega)$ ——所测的透射功率；

$\Delta\phi(\omega)$ ——固有的相移；

d，c ——被测样品的厚度和真空中的光速。

从实验中可以测得 $\sqrt{T(\omega)}$ 和 $\Delta\phi(\omega)$，后由它们可以求出 $n(\omega)$ 和 $k(\omega)$。最后根据所得到的复折射率，很容易能够将其转换为复相对介电常数（也可以是复介电常数）$\tilde{\varepsilon}(\omega)$ $=\varepsilon_1(\omega)-i\varepsilon_2(\omega)$，或者是复电导率 $\tilde{\sigma}(\omega)=\sigma_1(\omega)-i\sigma_2(\omega)$。它们之间的关系是

$$\tilde{\varepsilon}(\omega)=\tilde{n}^2(\omega),\sigma_1(\omega)=\varepsilon_0\omega\varepsilon_2(\omega),\sigma_2(\omega)=-\varepsilon_0\omega[\varepsilon_1(\omega)-\varepsilon_\infty]$$

式中　ε_∞ ——物质在足够高的频率条件下的介电常数；

　　ε_0 ——物质在自由空间的介电系数。

太赫兹辐射频率也可以通过干涉测量法来测得，但是这种方法的缺点是只能测出振幅信息，而相位信息却丢失了，所以利用这种方法很难得到复折射率。

（2）反射式太赫兹时域光谱技术

如果被测样品是光厚介质（如重掺杂载流子的半导体）的话，那么则需要使用反射式太赫兹时域光谱系统来对其进行测量。将从样品上和反射镜上所测得的脉冲信号 $E_{sam}(t)$ 和 $E_{ref}(t)$ 进行傅里叶变换后可得到各自的复值 $\tilde{E}_{sam}(\omega)$ 和 $\tilde{E}_{ref}(\omega)$。在垂直入射的条件下，它们的比值为

$$\frac{\tilde{E}_{sam}(\omega)}{\tilde{E}_{ref}(\omega)}=\frac{\left|\sqrt{R(\omega)}\right|\exp[-i\Delta\phi(\omega)]}{\left|\sqrt{R_{ref}(\omega)}\right|\exp[-i\Delta\phi_{ref}(\omega)]}=\frac{[1-\tilde{n}(\omega)][1+\tilde{n}(\omega)]}{[1+\tilde{n}(\omega)][1-\tilde{n}_{ref}(\omega)]}$$

式中　$n_{ref}(\omega)$ ——反射镜的折射率。

这里要求反射镜的表面和样品放置在同一水平面上，要求它们之间的误差尽量减少到 $1\mu m$ 以下。如考虑多次反射的情况，则公式可变为

$$\frac{\tilde{E}_{sam}^R(\omega)}{\tilde{E}_{ref}^R(\omega)}=\frac{[\tilde{n}(\omega)^2-1]\left\{1-\exp\left[-2i\dfrac{\omega}{c}\tilde{n}(\omega)d\right]\right\}}{[\tilde{n}(\omega)+1]^2-[\tilde{n}(\omega)-1]^2\exp\left[-2i\dfrac{\omega}{c}\tilde{n}(\omega)d\right]}$$

$$\times\frac{[\tilde{n}_{ref}(\omega)^2+1]^2-[\tilde{n}_{ref}(\omega)-1]^2\exp\left[-2i\dfrac{\omega}{c}\tilde{n}_{ref}(\omega)d\right]}{[\tilde{n}_{ref}(\omega)^2-1]\left\{1-\exp\left[-2i\dfrac{\omega}{c}\tilde{n}_{ref}(\omega)d\right]\right\}}$$

在反射测量中的错位问题可以将太赫兹时域光谱技术、衰减全反射和椭圆计算法结合起来予以解决。

（3）其他太赫兹探测方法

太赫兹时域光谱技术还包括太赫兹发射光谱技术、泵浦探测技术，以及基于连续波太赫兹辐射的互相关太赫兹时域光谱技术。

太赫兹发射光谱技术是直接探测由样品所激发产生的太赫兹脉冲辐射方法。被检测样品在被超短飞秒脉冲激发之后所辐射出的太赫兹脉冲包含了关于瞬态电流强度或极化强度的信息。通过直接测量太赫兹脉冲辐射可以研究样品中的超快过程，从而得到样品的各种性质。这种技术可以用于研究量子结构、半导体表面、等离子体、磁场在载流子动力学中

的影响等。

　　泵浦探测技术是利用延迟的太赫兹脉冲来探测样品，研究样品在超短强激光脉冲激发下的反应函数，该项技术是基于透射式光谱系统发展而来的，所不同的是在样品上加一束激发光。此项技术可用于半导体、超导体、和液体中载流子动力学的研究。

3.1.2　太赫兹时域光谱技术的特点

　　太赫兹时域光谱系统对黑体辐射不敏感，在小于 3 THz 时信噪比可高达 10^4，这要远远高于傅里叶变换红外光谱技术，而且其稳定性也比较好。

　　由于太赫兹时域光谱技术可以有效地探测材料在太赫兹波段的物理和化学信息，所以它可以用于进行定性的鉴别工作，同时它还是一种无损探测方法。

　　利用太赫兹时域光谱技术可以方便、快捷地得到多种材料（如电介质材料、半导体材料、气体分子、生物大分子（蛋白质、DNA 等）以及超导材料等）的振幅和相位信息。

　　在导电材料中，太赫兹辐射能够直接反映载流子的信息，太赫兹时域光谱的非接触性测量比基于霍尔效应进行的测量更方便、有效。同时，太赫兹时域光谱技术能对材料的吸收率和折射率进行快速、准确的测量，已经在半导体和超导体材料的载流子测量和分析中发挥出了重要的作用。

　　由于太赫兹辐射的瞬态性，可以利用太赫兹时域光谱技术进行时间分辨的测量。

　　太赫兹时域光谱仪与传统傅里叶变换光谱仪相比，其探测器采用同步相干探测，不需要测辐射热计（也无需液氦制冷），对热背景噪声不敏感，可以获得很高的信噪比。由于太赫兹光谱仪无需使用 K-K 色散关系就可以获得物质的折射率和吸收系数，因而被广泛运用于研究化学生物分子在太赫兹波段的光学特性。在现有技术条件下，太赫兹光谱仪的信噪比在 0.1～3 THz 的频率范围内要远好于傅里叶变换光谱仪，在 3～10 THz 之间两者信噪比大致相当，而傅里叶变换光谱仪在 10 THz 以上，信噪比较有优势。

　　在传统的太赫兹时域谱测量系统的基础上，加入对被测样品的调制，就形成了太赫兹时域差异谱技术。应用此技术可实现对微米乃至亚微米量级厚度的薄膜进行介电常数的测量。太赫兹时域光谱技术对材料的光学常数测量的精度可高于 1%。由于许多大分子的振动能级或转动能级间的间距正好处于太赫兹的频带范围，太赫兹时域光谱技术在分析和研究大分子（质量数大于 100 的分子）方面具有广阔的应用前景。

3.1.3　太赫兹时域光谱系统

　　太赫兹时域光谱系统是基于相干探测技术的太赫兹产生与探测系统，能够同时获得太赫兹脉冲的振幅信息和相位信息，通过对时间波形进行傅里叶变换，能直接得到样品的吸收系数和折射率、透射率等光学参数。太赫兹时域光谱系统是 20 世纪 80 年代由贝尔实验室和 IBM 公司等发展起来的。太赫兹时域光谱系统可以有效地探测多种材料，如电介质材料、半导体材料、气体分子、生物大分子以及超导材料在太赫兹波段的色散及吸收信息。根据样品吸收谱中的吸收峰频率可以判断样品的能级差，分析其化学组成及结构。

太赫兹时域光谱系统可分为透射式、反射式、差分式和椭偏式等，其中最常见的为透射式和反射式系统。典型的太赫兹时域光谱系统主要由飞秒激光器、太赫兹辐射产生装置及相应的探测装置，以及时间延迟控制系统和数据采集与信号处理系统组成。目前，在太赫兹时域光谱技术中常用来产生太赫兹脉冲的方法主要有光导天线、半导体表面辐射和光整流等，相应的探测方法也主要有热辐射计、光导开关和电光取样等。

太赫兹时域光谱系统的信噪比和动态范围，除了与太赫兹发射极的材料及辐射机理有关外，主要还取决于飞秒激光器的性能，而且太赫兹脉冲光谱仪的大小和费用也取决于飞秒激光器。又因为太赫兹时域光谱系统主要有透射式和反射式两种，所以它既可以作透射探测，也可以作反射探测。在实际应用中，可以根据不同的样品，不同的测试要求采用不同的探测方式。

（1）透射式太赫兹时域光谱系统

透射式太赫兹时域光谱系统就是使产生的太赫兹辐射透过被测样品，这样穿过样品的太赫兹辐射就携带了样品的信息。透射式的光路调节起来比较方便，能够获得较高的信噪比，因此透射式的太赫兹时域光谱技术使用比较广泛，这种方法适合对太赫兹吸收或反射较小的样品。

图 3-1 是典型透射式太赫兹时域光谱系统的装置示意图。该系统主要由飞秒激光器、太赫兹辐射源、太赫兹探测器和延迟光路组成。飞秒激光脉冲被分束镜分成两束，其中能量较大的一束作为泵浦光（深色）泵浦太赫兹发射器从而辐射太赫兹脉冲，经 4 个离轴抛物面镜组成的 8F 共焦光路后聚焦在太赫兹探测器上；能量较小的一束作为探测光（浅色），与太赫兹脉冲汇合后共线通过太赫兹探测器，通过调节光学延迟，改变探测光与太赫兹脉冲之间的相对时延，扫描这个时间延迟就可得到太赫兹脉冲的时域波形。

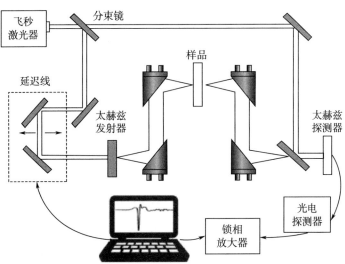

图 3-1　典型透射式太赫兹时域光谱系统装置示意图

通常，太赫兹时域光谱系统的时延扫描长度在 $10\sim100$ ps，扫描长度超过 1 ns 的系统可以用于某些高分辨率光谱应用场合。太赫兹探测器的输出信号实际上是太赫兹脉冲和探测脉冲的卷积，由于探测脉冲的脉宽（飞秒量级）远小于太赫兹脉冲的脉宽（皮秒量级），可以近似看成 δ 函数，故太赫兹探测器的输出正比于太赫兹脉冲电场的振幅。太赫兹脉冲的时域波形再经傅里叶变换就可获得其频谱，对比放置样品前后的频谱的改变，就可以得到样品在太赫兹波段的透射率、反射率、吸收系数、折射率及介电常数等。这种基于"时间门"的探测技术避免了测量过程中的相位抖动，具有较高的信噪比和动态范围。

（2）反射式太赫兹时域光谱系统

对于吸收比较强的材料，就需要用到反射式的太赫兹时域光谱技术，通过测量样品表面反射的太赫兹辐射来获得被测样品的信息。这种方法在实验技术上的要求比较高，需要被测样品的位置和参考反射镜的位置严格相同，加大了样品及反射镜的制作难度，对光路的要求比透射式太赫兹时域光谱技术高得多，实现起来比较困难。图 3-2 是典型的反射式太赫兹时域光谱系统示意图。当太赫兹脉冲照射样本后，太赫兹探测器接收由样本材料反射的脉冲信号。延迟线的作用是调节反射镜的位置，从而改变探测光到达太赫兹探测器的时间。利用不同的探测光到达时间，太赫兹电场强度随时间的变化量能够被测量，再通过傅里叶变换得到反射频谱。

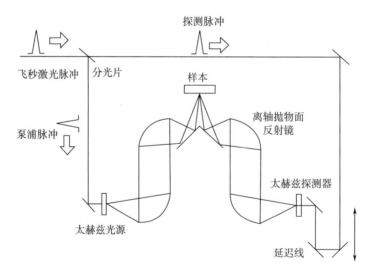

图 3-2　典型的反射式太赫兹时域光谱系统示意图

3.2　太赫兹时域光谱技术研究进展

近期各方所关注的太赫兹时域光谱系统及其相关技术主要有：1）太赫兹脉冲的发射，包括发射效率和脉冲能量的提高，宽光谱脉冲发射的实现等；2）太赫兹信号的探测，包括探测的频谱分辨率、时间分辨率和频谱宽度等。

随着理论与实验的进展、新方法的引入，太赫兹时域光谱系统的各项指标都在逐步提高。国外关于太赫兹时域光谱技术的研究进展见表 3-1。

表 3 - 1　太赫兹时域光谱技术研究进展

时　间	进　展
1983 年	美国 AT&T 通讯公司贝尔实验室 D. H. Auston 等人开发了基于天线机制的光谱测量方法,被称为相干远红外光谱测量方法
1989 年	D. Grischkowsky 等人利用太赫兹时域光谱系统测得了开放空间的太赫兹吸收光谱,发现一些很强的吸收峰,后来被证实是水蒸气的特征吸收峰,此后,太赫兹光谱测量中都采用封闭空间,以排除水蒸气的干扰
1989 年	美国 IBM 公司的 D. Grischkowsky 等人对相干远红外光谱的测量方法进行了发展,并称其为太赫兹时域光谱技术
1990 年	D. Grischkowsky 等人利用太赫兹时域光谱系统测定了硅、锗、砷化镓等半导体和电解质材料在太赫兹波段的光学数据
1992 年	J. E. Pedersen 和 S. R. Keiding 等人测量了苯、环己烷和四氯化碳的时域光谱,并使用 KK 变换获得 3 种液体在太赫兹波段的折射率和吸收系数
1995 年	Thrane 等人利用反射式太赫兹时域光谱系统测得了空气-硅界面和硅-水界面反射的太赫兹信号,并以空气-硅界面反射信号作为参考,以硅-水界面反射信号作为样品信号建立传递函数,提取出了水在太赫兹波段的折射率和吸收系数。但由于实验的相位与理论的相位存在偏差,导致折射率的测试结果不是十分准确
1995—1998 年	D. Grischkowsky 等人发展了反射式太赫兹时域光谱系统,但该系统无法确保样品信号和参考信号的初相位完全相同,为数据处理带来困难
1997 年	C. Ronne 和 L. Thrane 对传统的反射式太赫兹时域光谱系统进行了改进,测得了水的时域光谱。该系统采用垂直反射方式,利用前后表面反射信号结合相应算法提取出了不同温度下水的复介电常数。并根据复介电常数,建立了分子动态模塑并找到了德拜弛豫时间随温度变化的趋势。但是由于垂直反射方式太赫兹利用率低,使得获得的信号较弱,信噪比较低
1999 年	L. Duvillaret 等人提出一种利用振幅和相位信息从太赫兹时域光谱数据中提取样品光学参数的方法,为研究物质在太赫兹波段的光学性质提供了算法上的支持
2003 年	A. Pashkin 等人通过对反射式太赫兹时域光谱系统光路的改进,有效地解决了参考信号和样品信号相位测量的难题,并准确测量出样品在太赫兹波段的介电常数
2008 年	Li Cheng 等人设计了一套反射式太赫兹光谱系统,选用高阻硅作为容器,利用被测液体与硅界面对太赫兹波的反射信号,获得液体样品在太赫兹波段的反射光谱
2009 年	S. Y. Huang 等人选用石英片作为液体盛放装置,并提出了一种新的迭代算法,能更准确地从反射谱中提取出光学信息

3.3　快速扫描太赫兹时域光谱技术

作为一种新兴的光谱分析检测手段,太赫兹时域光谱技术的应用研究目前还显得很"年轻",而如何实现太赫兹脉冲的快速检测是其应用研究中亟需解决的主要问题之一[4]。在多数情况下,测量太赫兹光谱时需要使用光学延迟线来得到时间取样。传统的太赫兹时域光谱系统普遍采用机械平移台所获取的扫描光学延迟线进行采样探测。通过机械平移台实现的光学延迟线装置可以实现很长的精确时间延迟,但由于其机械惯性而不能实现快速扫描,而且现有的锁相放大器由于硬件本身的原因,在处理速度上也难以突破瓶颈[5]。为了获取高信噪比的信号,测量太赫兹脉冲信号的时间往往比较长。测量时间过长成为限制太赫兹时域光谱系统扩大其应用范围的主要因素之一。

在实际应用中往往需要缩短太赫兹脉冲的探测时间来减少系统中不利因素的影响,如长时间的测量可能会导致太赫兹波形因为飞秒激光系统的低频噪声而产生失真等。另外，当研究如物质损伤、瞬态相变、相位畸变等物理过程时，就必须依靠对超快太赫兹脉冲的瞬态特性的检测[6]。而实现太赫兹瞬态检测的前提是快速探测太赫兹脉冲。因此，在保证信噪比的前提下，如何提高太赫兹脉冲的检测速度成为扩大太赫兹时域光谱系统应用范围面临的主要问题之一。太赫兹时域光谱技术的进一步发展亟需太赫兹脉冲探测速度的进一步提高和快速、高效的数据处理方法[7-8]。而解决这一问题的最有效手段之一就是研究和开发快速扫描的太赫兹时域光谱系统。

快速扫描太赫兹时域光谱系统不对抽运光进行调制，而是在抽运光连续照射下，结合探测光快速的时间扫描进行信号的快速采集。这种方法不需要使用锁相放大技术，而采用均值滤波等信号处理手段来提高信号的信噪比，信号采集处理的总时间主要取决于时间延迟线的扫描速度及信号的采样率和采样长度。因此，只要实现光学延迟线的快速扫描以及信号的快速采集，就能够大大缩短太赫兹脉冲的探测时间[9]。

3.3.1　太赫兹单脉冲测量技术

单脉冲检测技术不需要时间延迟，只需要一个激光脉冲就能够完成对太赫兹脉冲时域波形的测量，因此该技术极大地提高了太赫兹时域光谱系统测量的速度。目前已存在多种太赫兹单脉冲探测技术，包括啁啾脉冲光谱编码方法、啁啾展宽技术、条纹相机法、啁啾脉冲互相关技术、同轴光谱全息恢复算法等，其中最具代表性的是啁啾展宽技术，如图 3-3 所示。其基本原理是探测光脉冲被光栅对在时域展宽，探测光脉冲的不同频率被太赫兹脉冲不同时刻的电场所调制。利用平衡探测技术与频谱仪检测不同频率探测光的调制度，就可以得到太赫兹脉冲的时域波形。目前，单脉冲测量技术可以实现 100 Hz 重复频率的实时显示。由于单脉冲测量技术需要使用激光放大器，而且存在着时间分辨率受限的问题。同时，测得的太赫兹脉冲信号失真较严重，而且时间窗口较短，通常只有 10 ps 左右，对应的频谱分辨率较低。

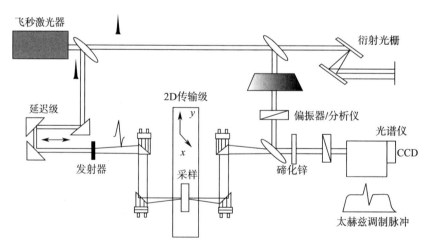

图 3-3　啁啾展宽测量太赫兹波单脉冲的装置图

3.3.2　快速扫描转动光学延迟线

传统的时间延迟线由直线运动的电移台驱动反射器实现，其扫描速度受平动物体运动惯量所限而难于提高。而利用连续转动的光学延迟装置可以方便地实现快速的时间扫描。因此，设计采用快速转动的光学延迟装置是提高太赫兹脉冲探测速度最简单实用的办法。检流计或振荡器驱动的光学延迟器最早应用于太赫兹时域光谱技术，扫描频率在 100 Hz 时能提供近百皮秒的延迟时间。

除了以转动代替平动之外，还在延迟线的反射镜的形状设计上加以研究改进，研制出多个新型的转动时间延迟器。圆渐开线是一条绕在该圆上的线段在从圆上绕开时其端点的轨迹。圆渐开线型光学延迟器具有扫描速度快、线性度高、扫描时间窗口大等优势。同时，该延迟器会对入射光产生会聚和发散效应，并且入射光发散角引起的光程差限制了其时间分辨率。

Kim 等[10-11]于 2007 年和 2008 年分别利用改进的两臂和六臂圆渐开线外反射面组合成反射镜进行太赫兹脉冲快速扫描。实验系统利用快速扫描光学延迟线取代传统的线性扫描光学延迟线，并利用前置放大器取代锁相放大器。周期性快速扫描太赫兹脉冲信号，同时结合信号平均法消除噪声，从而实现太赫兹脉冲信号的快速采集和显示。

除了圆渐开线外，螺旋面亦可以被引入光学延迟线领域。螺旋面是由与旋转轴具有一定夹角的母线绕旋转轴旋转所形成的曲面。回转螺旋面反射镜延迟器具有线性度好、扫描时间长、扫描频率高等优势，但也存在着延迟光束的空间脉冲前畸变大、反射光有横向平移、光程受限于回转螺旋面的 2 倍导程等弊端。Molter 等研制了转动螺旋面反射镜进行时间延迟的快速扫描，从而实现了快速的光纤耦合太赫兹时域光谱系统。该系统已经被应用于回旋加速器脉冲磁场共振谱的测量，如图 3-4 所示。与一般单次反射的螺旋面延迟线不同，该器件安装了 4 片螺旋面反射镜，并与光路配合，旋转 1 次就可以实现 4 次反射，极大地提高了扫描频率。其扫描频率可达 250 Hz，扫描延迟时间窗口可达 140 ps。

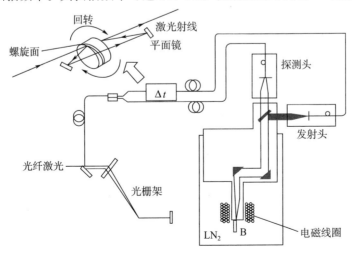

图 3-4　回旋加速器脉冲磁场共振的快速太赫兹时域光谱系统测量装置

3.3.3　异步光学采样技术

异步光学采样技术[12]是一种不采用任何机械时间延迟线来实现太赫兹脉冲时间取样的测量技术。这种技术采用两台重复频率具有固定差值的锁模激光器分别作为抽运光和探测光。假设在某个脉冲时抽运光和探测光的脉冲在时间上重合，由于二者的重复频率不同，则在下一脉冲时两个脉冲之间有一个时间差，以后的每个脉冲都依次增加一个时间差，直到二者再次重合为止，从而实现探测光对太赫兹脉冲的时间取样测量[13]。

在光学采样技术中，扫描延迟时间等于激光器的相邻飞秒脉冲之间的时间间隔，扫描频率等于两激光器的重复频率之差。异步光学采样的优势在于无机械延迟装置、扫谱时间快、测量精度高，能够实现纳秒量级的扫描延迟时间和千赫兹量级的扫描频率。实验系统中，使用两台钛宝石飞秒激光器，一台为主激光，作为太赫兹脉冲激发源；另一台为从激光，作为太赫兹脉冲探测光，其扫描频率达 2 kHz。但这种方法需要两台飞秒激光器，系统成本高，并且需要控制两台锁模激光器的重复频率，结构庞大复杂，控制难度高。

2010 年，Furuya 等[14]利用一台重复频率可调谐的飞秒激光器实现了高速太赫兹时域光谱系统，扫描速度达到 330 Hz，时间窗口为 160 ps。但是由于激光脉冲的定时抖动严重，导致系统的带宽仅有 0.1 THz，而且信噪比不高。2011 年，Wilk 等[15]提出通过控制一台飞秒激光器腔长实现全光纤无机械延迟的太赫兹时域光谱系统的方法，时间窗口达到了纳秒量级。如图 3-5 所示，该系统采用光纤飞秒激光器，激光通过光纤耦合的 50/50 分束器输出到 A、B 端口。B 端口的激光经过 80 m 长的光纤延迟线，作为 LT-InGaAs 天线的激发源；A 端口的激光作为探测光，接收器为 LT-InGaAs 探测器。太赫兹信号由锁相放大器测得，激光的重复频率通过计数器可测。实验工作仍然依赖于机械延迟平台来控制激光腔的长度。

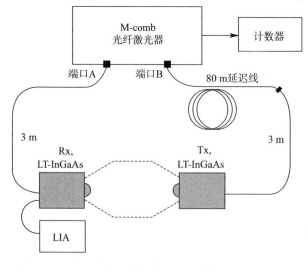

图 3-5　基于激光重复频率调谐的太赫兹光谱装置图

3.3.4 基于光纤的延迟线

为了尽可能消除实际应用中许多自由空间的不利因素，基于飞秒光纤激光器的太赫兹时域光谱光纤耦合系统应运而生。基于光纤的时间延迟器可以采用电控力方式实现无移动元件的光学延迟，其扫描频率可以很方便地在千赫兹量级工作，而且实现的扫描窗口也非常大。但是光纤的使用会限制入射光的光强，并且会发生展宽现象。Krumbholz 等利用光纤伸缩器作为太赫兹光谱仪的光学延迟线，并研制出光纤耦合的手持式太赫兹光谱仪。实验系统共有 3 个关键部件：小型化的飞秒光纤激光器，光纤伸缩系统和紧凑型的光纤耦合天线（太赫兹激发源和接收器）。激光系统内部集成散射补偿模块，工作波长为 1 550 nm，输出功率为 100 mW，重复频率为 100 MHz。光纤伸缩器的时间窗口达到 200 ps。

3.4 太赫兹时域光谱技术应用

太赫兹时域光谱技术具有带宽宽、探测灵敏度高以及能在室温下稳定工作等优点，所以它可以广泛地应用于样品的探测。以上这些特点决定了太赫兹技术在很多基础研究领域、工业应用领域、医学领域、生物领域、军事领域及国家安全中有重要的应用前景。

太赫兹时域光谱技术可以检测样品中分子的太赫兹吸收谱，从而鉴定分子构型、精细结构等，可在制药领域、空间领域、资源勘探、物质鉴别和食品加工等诸多领域发挥重要作用。太赫兹时域光谱技术可以检测药品有效成分含量、鉴别有效成分的化学组成，对药物开发和制造都有重要意义；太赫兹时域光谱技术可以分析地质岩石的成分，为资源勘探提供线索；太赫兹时域光谱技术还可以鉴别包裹中的危化物成分，判断爆炸物类型；在食品加工领域，太赫兹时域光谱技术可用于对原材料的快速品质分级；利用太赫兹时域光谱技术还可以研究半导体电性的非接触特性、铁电晶体和光子晶体的介电特性、生物分子中小的生物分子之间的分子间相互作用以及生物大分子的低频特性等[16]。

太赫兹波由于具有可穿透非极性物质且空间分辨率高的特点，应用于无损检测。可克服 X 射线穿透性太高，超声对某些材料又无法穿过的缺点，成为无损检测中传统方法的有益补充。利用太赫兹技术可成功探测聚合物内部的气泡及陶瓷中的裂缝。美国伦斯勒理工学院应用太赫兹技术对航天飞机的绝缘泡沫层进行了检测，太赫兹技术已经被美国国家航空航天局确定为航天安全检测工具之一。

通常有机分子内化学键的振动吸收频率主要在普通红外波段，但对于分子间弱相互作用，如氢键、范德华力、偶极的旋转和振动跃迁以及晶体中晶格的低频振动吸收则对应于太赫兹波段，它们所反映出的分子结构及相关环境信息都在太赫兹波段内的不同吸收位置和强度上有明显的响应，这使得利用太赫兹时域光谱技术研究化合物结构、构型与环境状态等成为可能。

由于太赫兹光子能量要比 X 射线、γ 射线等的光子能量低得多，所以对人体或其他生物的细胞组织不会产生光致电离作用，因而不会使细胞因接受大剂量辐射而发生癌变。由于大量生物大分子的振动和转动能级间的间距正好处于太赫兹的频带范围之内，因此在用太赫兹光谱探测生物样品时能够有效地产生共振吸收峰，从而有可能为生物样品提供指纹谱。生物分子对太赫兹辐射的响应主要来自大分子的构型和构象决定的集体振动模，这种集体振动模反映分子的整体结构，由于大分子的结构对环境非常敏感，集体振动模的分布和强度也反映了环境的影响。因此，太赫兹光谱对于研究生物大分子的结构、分子间的反应、分子与环境间的相互作用等都具有独特的优势。

未来，太赫兹时域光谱技术将成为揭示和分析基础科学，如物理学、化学和生物学中的超快现象的强有力工具。同时，随着激光器成本的降低，更高效的太赫兹发射器和探测器的出现，以及更先进的光学设计，太赫兹时域光谱技术将有着更为广阔的应用前景。

3.4.1　在危险品检测中的应用

物质的太赫兹谱包含有丰富的物理和化学信息，有类似指纹光谱特点。分子的弱相互作用（如氢键、范德瓦耳斯力）及大分子的骨架振动、偶极子的旋转和振动跃迁以及晶体中晶格的低频振动的吸收频率对应于太赫兹波段，因此利用太赫兹时域光谱技术能够提供有关化合物结构、构型及环境等重要信息。目前，对多种爆炸物以及毒品的探测研究发现，它们在太赫兹范围内都有一定的指纹光谱特性和图像特征。这些研究显示：太赫兹时域光谱技术作为一利新的危险品识别和检测手段对现有方法是一种有效的补充[17]。

（1）爆炸物检测

快速爆炸物探测识别是目前公共安全中一个尚未充分解决的问题。目前市场上主流的设备是爆炸物探测分析仪和液体分析仪，其中使用了离子迁移谱、拉曼光谱、质谱分析等多种不同的特征谱技术。而太赫兹爆炸物探测识别则是利用了很多爆炸物在太赫兹波段有特征指纹谱的特性，对物质进行识别和定量鉴定。

在实际应用中，如果仅对样品进行谱线的识别，就仅能判断出样品中包含的物质，但仍无法对各类物品进行准确的定位，这就要求将太赫兹时域光谱和成像技术相结合，实现同时成像成谱的太赫兹爆炸物探测识别设备。目前有多家机构正在开展相应的研发。

太赫兹爆炸物识别相比于其他光谱技术来说具有一定的优势：一是太赫兹辐射是非电离辐射，在检查行李、包裹等物品时不会对其中可能存在的生物活性制品造成危害；二是太赫兹波可以轻易地穿过织物、纸张、木材等包装材质，不需要进行开包的采样；三是相比于现有的很多爆炸物探测仪需要使用试纸等耗材，太赫兹爆炸物探测识别设备使用更便捷，并具有潜在的成像成谱能力，可以大大提升爆炸物检测的效率。

多种爆炸物质分子的振动和转动能级处于 100 GHz～10 THz 频段，不同种类的炸药在太赫兹波段具有不同的特征吸收，可根据特征吸收峰的位置来判断是否或为何种炸药。国内外已经开展的对爆炸物的研究主要有：黑索金、2，4，6-三硝基甲苯、奥克托金、太恩、六硝基芪、二硝基苯甲醚等。多国科学家的实验结果表明各种爆炸物在太赫兹波段都具有相应的特征谱，利用这些特征光谱不仅能够分析物质的低频运动，进而理解分子集体振动模式和结构方面的性质，而且可以用于鉴别和检测爆炸物。

目前国内外为建立危化品太赫兹指纹谱的数据库，已经进行了多年研究，数据库涵盖了大量的常见炸药。表 3-2 所示为国内外有关爆炸物太赫兹吸收谱的研究成果。

表 3-2　国内外有关爆炸物太赫兹吸收谱的研究

研究机构	时间	主要工作
SPARTA 公司	2003 年	利用太赫兹时域光谱仪探测了 C4 炸药、季戊四醇四硝酸酯及塞姆汀塑胶炸药在频率为 1.5～10 THz 的吸收谱
美国伦斯勒理工学院	2004 年	利用太赫兹时域光谱仪探测了 2,4,6-三硝基甲苯、黑索金等 15 种烈性炸药在频段为 0.1～21 THz 内太赫兹吸收光谱。探测奥克托金、4-二硝基甲苯、2,4-二硝基甲苯、2,4,6-三硝基甲苯在高太赫兹频段的吸收光谱
新泽西理工学院	2004 年	探测黑索金在低太赫兹波段的吸收光谱
约翰霍普金斯大学	2006 年	采用太赫兹时域光谱技术法得出黑索金、奥克托金、太恩、2,4,6-三硝基甲苯太赫兹吸收光谱
剑桥大学美国雪山大学	2008 年	得出 α-黑索金的分子结构，计算出其低频振动频率。探测了黑索金，太恩，SX2，Semtex H，Metable 等在 0～3.6 THz 的吸收光谱
首都师范大学	2009 年	建立黑索金、三硝基甲苯、二硝基甲苯等炸药的太赫兹吸收光谱并分析烈性炸药的分子模型。测得黑索金二硝基甲苯等炸药在低太赫兹频段 0.2～2.5 THz 内，含水量不同的条件下不同物质的吸收谱

首都师范大学太赫兹波谱与成像实验室利用其自身现有的条件，在国内率先将太赫兹技术应用于炸药及其相关材料检测的研究当中。在炸药及其相关材料的种类鉴别方面，该实验室系统研究了 2，4，6-三硝基甲苯、黑索金、奥克托金等炸药以及 2，4，6-三硝基甲苯的二级产物 2，4-二硝基甲苯等的太赫兹光谱。在炸药及其相关材料精细结构探测方面，对不同晶型六硝基六氮杂异伍兹烷（HNIW）炸药的太赫兹光谱进行了研究，研究结果如图 3-6。从图 3-6 可以看出，γ-HNIW 的吸收峰位于 1.05、1.52、1.67、1.90 THz 处，而 ε-HNIW 在 0.99、1.32、1.43、2.08、2.51 THz 处具有明显吸收。结果表明，太赫兹光谱技术可以鉴别不同晶型的炸药。

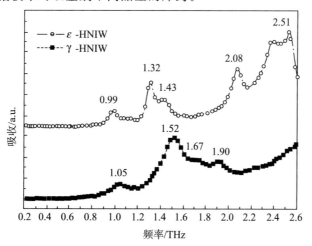

图 3-6　HNIW 炸药两种晶型下的太赫兹吸收光谱

　　西安应用光学研究所的团队采用太赫兹时域光谱系统测试爆炸物样品的特征吸收光谱，并将其作为标准模板，然后将爆炸物置于土壤、水泥和塑料障碍物后，采用太赫兹时域光谱系统得到穿透障碍物后爆炸物的特征吸收光谱，并将其与标准模板比对，从而实现爆炸物的隔物穿透识别。实验得到爆炸物黑索金的特征吸收光谱。实验还对不同厚度和种类障碍物下爆炸物黑索金、HNIW、LLM-105 和 FOX-1 进行了实验测试，测试穿透障碍物后爆炸物的特征吸收光谱，将测试结果与无障碍物时的特征吸收光谱进行比对，从而实现爆炸物的识别。爆炸物的特征频率如表 3-3 所示。结果显示了土壤和水泥对太赫兹波的吸收和散射较大，导致部分特征吸收光谱无法被识别，从而给爆炸物识别带来困难。为了降低影响，可采用以下几种方式：第一，只有在特征吸收光谱对太赫兹光谱的调制度大于系统的测量噪声时，爆炸物的特征吸收光谱才能被检测出来。因此需要提高太赫兹时域光谱系统的信噪比。改变探测光路的光能使探测器处于最佳响应状态，可提高太赫兹时域光谱系统的信噪比。第二，环境中水蒸气的吸收包含在太赫兹参考光谱中。制作太赫兹光谱探测装置屏蔽罩并向罩内充入氮气，减少水蒸气影响并使得频谱中水蒸气的时域光谱消失，从而减小对爆炸物识别带来的干扰。第三，增加测量次数，通过降低部分随机声可减小噪声对爆炸物时域特征光谱识别的影响。

表 3-3　爆炸物的特征频率

条　件	爆炸物的特征频率			
	黑索金	HNIW	LLM-105	FOX-1
无障碍物	0.82 1.70 2.40	1.46 1.75 2.00	1.69 2.03 2.97	0.83 1.99 2.50
2 mm 土壤	0.82 1.70 2.40	1.46 1.75	1.69 2.03	0.83 1.99 2.50
4 mm 土壤	0.82 1.70 2.40	1.46 1.75	1.69 2.03	0.83 1.99 2.50
6 mm 土壤	0.82 1.70	1.46 1.75	1.69 2.03	0.83 1.99 2.50
2 mm 水泥	0.82 1.70	1.46 1.75	1.69 2.03	0.83 1.99 2.50
4 mm 水泥	0.82 1.70	1.46 1.75	1.69 2.03	0.83 1.99 2.50
6 mm 水泥	0.82 1.70	1.46 1.75	1.69 2.03	0.83 1.99

续表

条　件	爆炸物的特征频率			
	黑索金	HNIW	LLM – 105	FOX – 1
2 mm 塑料	0.82 1.70 2.40	1.46 1.75 2.00	1.69 2.03 2.97	0.83 1.99 2.50
4 mm 塑料	0.82 1.70 2.40	1.46 1.75 2.00	1.69 2.03 2.97	0.83 1.99 2.50
6 mm 塑料	0.82 1.70 2.40	1.46 1.75 2.00	1.69 2.03 2.97	0.83 1.99 2.50

北京市太赫兹波谱与成像重点实验室研制了太赫兹无损检测装置，使用太赫兹波段的指纹谱对海洛因等 12 种毒品进行检测及对黑索金等 5 种爆炸物进行检测。

（2）毒品检测

国内外大量学者的研究结果都表明毒品分子在太赫兹波段存在特征吸收，因此应用太赫兹技术对毒品进行检测成为热点。首先针对已知标准样品进行太赫兹辐射扫描，建立一个毒品在太赫兹波段的特征吸收光谱库——指纹谱库，然后对被探测样品进行太赫兹辐射扫描，通过对特征吸收光谱的识别比对，就可以快速准确地确定隐藏物的形状及种类。目前，太赫兹技术在毒品检测方面的研究已经取得了许多乐观的成果，国内外学者对其在毒品检测领域的应用前景表示出极高的关注。

从微观上看，大多数毒品都属于结构有所不同的生物有机大分子，而太赫兹辐射对于结构的微小差异是非常敏感的，许多生物大分子的振动和转动能级间的间距，分子之间的弱相互作用及大分子的骨架振动、偶极子的转动和振动跃迁以及晶体中晶格的低频振动所对应的吸收频率均位于太赫兹波段。这就成为利用太赫兹辐射进行毒品检测的前提。不同种类毒品在太赫兹波段存在指纹光谱即特征光谱，通过识别各自的特征光谱我们就可以快速有效地对毒品进行检测定性。多国科学家的实验和理论计算结果都表明：应用太赫兹光谱进行毒品的探测是可行的。

Kodo Kawase 等人利用太赫兹参量振荡器对甲基苯丙胺和 3，4 -亚甲二氧基安非他命进行了成像研究，在 1.0～2.0 THz 频率范围内利用可调频率太赫兹源选用了 7 个频率，以阿司匹林作为参照进行成像研究。2005 年，B Fischer 等人研究了吗啡、可卡因、乳糖、阿司匹林与蔗糖 5 种样品的太赫兹吸收光谱，并应用特征峰成像的方法对乳糖、蔗糖、阿司匹林、酒石酸进行识别。Sun 等用反射式太赫兹时域光谱测得 0.2～2.5 THz 范围内甲基苯丙胺、3，4 -亚甲二氧基安非他命、替甲基苯丙胺的特征吸收谱。这些指纹谱的存在正是利用太赫兹时域光谱对毒品进行无损检测的基础。2005 年，利用太赫兹时域光谱对甲基苯丙胺进行了详细的研究，测得甲基苯丙胺在 0.2～2.6 THz 的太赫兹特征吸收谱并计算了该物质的振动频率。日本名古屋大学的研究小组于 2014 年通过提高太赫兹波的强度，制造出一种灵敏度很高的检测仪。该样机长度约为 50 cm，能够将装在邮件厚纸袋内的 20 种毒品和兴奋剂与普通药物、食品区分开，除违禁药物外，该检测仪还能探测出炸药，有望应用于反恐。

在国内，首都师范大学与公安部第一研究所合作，对 38 种纯度在 90% 以上的毒品进行了太赫兹时域光谱探测，得到了各自的指纹谱图，建立并丰富了毒品太赫兹光谱数据库，并以此为基础将太赫兹毒品检测和识别研究进行探索应用，取得了一系列重要成果。

例如，通过研究发现甲基苯丙胺、3，4-亚甲二氧基安非他命、替甲基苯丙胺 3 种样品都存在特征吸收峰，而且不同样品的吸收峰出现的位置不同，因此样品的太赫兹频域谱也就是样品的指纹谱，通过样品的吸收峰位置，可以识别样品的种类。同时，样品的折射率曲线也可以作为毒品鉴别中的附加参考信息，3 种样品吸收峰的位置在折射率曲线上对应于反常色散。同时，应用密度泛函理论，对甲基苯丙胺的远红外振动模式进行了探讨，进一步证实了太赫兹波段是大分子集体振动模式对应的波段。研究发现粉末状毒品和片状毒品的吸收光谱基本一致，几个主要吸收峰位置没有发生变化，只有个别峰出现偏移，峰的强度有所减弱。因此在实际探测中，不论目标探测物是粉末状的还是片状的，都可以根据指纹谱库中已有的数据进行判断和鉴别。

在研究中，两种毒品甲基苯丙胺和替甲基苯丙胺样品分别置于两个厚度不同的常用信封中，用太赫兹波进行扫描检测，发现信封对太赫兹波的确有一定的吸收，但是两种毒品的特征吸收峰并没有被淹没，通过与指纹谱库中已有的标准品数据进行对比，它们各自的特征吸收峰基本不变，结果表明，太赫兹波可以检测和识别隐藏在信封中的毒品。

在通常的缉毒工作中，缴获的毒品大都是掺有其他物质或多种毒品混合的混合物，而且毒品含量的确定也是法律量刑的一个重要依据，所以对毒品的纯度或含量进行检验鉴定也是很重要的。研究结果表明，实际查获的毒品混合物，其成分和含量都可以基于纯样品的吸收谱比对得到。这种方法的建立将进一步开拓太赫兹技术的应用领域，对于实际工作中毒品混合物的鉴定定性和定量量刑意义更为重大，具有良好的应用前景。

3.4.2　在空间领域的应用

（1）大气观测

太赫兹波作为微波和红外波的中间频段，兼具有微波的穿透性和红外波高分辨率的特性，用于大气观测，可以得到大气垂直分布的精确信息，更加细致地了解探测对象的物理特性；可对大气温度和湿度廓线探测，细化探测分层。

在 1 GHz~1 THz 频段，大气中主要吸收的气体是水汽和氧气。通过对氧气吸收谱线的测量，可以反演大气温度的垂直分布廓线；通过对水汽吸收谱线的测量，可以反演大气湿度的垂直分布廓线。1 THz 以下，有 3 条较强的氧气吸收线，分别是 57.29 GHz、118.75 GHz 和 424.76 GHz，并有 183.31 GHz 和 380.20 GHz 两条较强的水汽吸收线。

美国国家航空航天局发射的大气上层观测卫星 UARS 上搭载了微波临边探测器，探测器 3 个辐射计的观察波段中心频率分别为 63 GHz、183 GHz 和 205 GHz，探测器用外差高分辨率太赫兹谱线测量方式，第一次测量了同温层中的臭氧、水分等分子含量随大气压力变化的轮廓。

美国另一个十分重要的太赫兹探测卫星是由美国国家航空航天局在 2004 年发射升空的气味（AURA）卫星。AURA 卫星携带了更为先进的外差式太赫兹探测器，探测器上 5 个辐射计的观察波段中心频率分别为 118 GHz、119 GHz、240 GHz、640 GHz 和 2.5 THz。中间 3 个频率的测量使用常温的耿式振荡器作为本振源，由肖特基二极管进行差频转换。作为标志性的首次太赫兹频率探测（2.5 THz）通道使用了远红外激光作为本地振荡源。AURA 上搭载的微波临边探测器与 UARS 上的微波临边探测器相比，可以测量更多的大气成分及云中的含汽量、大气温度以及高层大气中的污染物质。这一太赫兹波段的探测器极大地增进了对臭氧层、大气组分和气候变化关系的理解。

太赫兹探测器目前已经在气象卫星中使用。例如在轨的美国第三代气象辐射计和俄罗斯的 MTVZA 系列辐射计，都已经设置了 183 GHz 通道。此外俄罗斯还研究了 $0.13\sim$ 0.38 THz 的 8×8 辐射计阵列。新一代的同步轨道辐射计已经开始设计 0.18 THz、0.22 THz、0.34 THz 及 0.425 THz 等探测通道，可用于进行地表降水和水汽含量的探测。

欧洲的瑞典、法国和芬兰等国联合发射了 Odin 太赫兹波段卫星，用于天文及高层大气研究。Odin 卫星携带了 4 个亚毫米波段的辐射计。由欧洲合作研制的气球运载大气监测仪 TELIS 上搭载了高灵敏度的低温超导外差式探测器，系统包括一个 0.5 THz 接收器，一个 $0.5\sim0.65$ THz 接收器以及一个 1.8 THz 接收器，可以探测的物质包括 O_3、ClO、BrO、N_2O、HNO_3、CH_3Cl、HOCl 以及 H_2O。

（2）空间探测

宇宙背景的温度约为 2.73 K，因此宇宙中大量冷物质的温度为 $10\sim100$ K，其辐射波长的极大值为 $30\sim300$ μm，即处在 $0.1\sim10$ THz 的频率范围。依据热辐射理论，宇宙射线中太赫兹频段的能量几乎占到宇宙背景辐射总能量的 80%。现有的空间探测载荷包括各频段的频谱探测器，已经拓展到了太赫兹频段。

欧洲发射的罗塞塔人造飞行器，工作频率为 0.188 THz 和 0.56 THz，该飞行器飞到彗星探测到彗尾和彗核中存在的一氧化碳、氨、甲醇等物质的含量。欧洲空间局的赫歇尔太空望远镜是第一个工作在红外及亚毫米波段的冷宇宙天文卫星，它工作在从远红外到亚毫米的 $0.45\sim5.5$ THz 的光谱范围中。赫歇尔卫星使用低噪声的超导-绝缘-超导探测器（$0.48\sim1.25$ THz）和热电子辐射量热计进行混频。

由欧美等国联合研制的单孔远红外太赫兹太空望远镜（SAFIR）计划用于太空观察，研究宇宙中银河系、行星等最初的演变。SAFIR 观察波长范围从 40 $\mu m\sim1$ mm，采用低温工作的探测器进行混频完成外差式接收，并使用太赫兹激光作为本机振荡器。美国国家航空航天局和德国航空航天中心的合作项目 SOFIA 的主要设备是一个工作在红外和太赫兹波段的望远镜。SOFIA 的工作波段可满足研究星际介质连续谱辐射和谱线的要求。SOFIA 可以测量小行星数据，拍摄行星大气结构，可以通过掩星研究类木行星环系。

SOFIA 还可以单独观测某颗原恒星，帮助人们了解其组成、结构、质量和周边环境等特性，进一步了解恒星演化的图景。由多国参与的庞大的地面天文太赫兹探测计划 ALMA 正在实施，其工作频段为 0.3～0.95 THz，空间分辨率达 0.01 s，可利用其超高空间分辨率对宇宙暗区观测。

3.4.3　在生物医学中的应用

太赫兹波在生命科学领域中的重要学术价值和重要应用前景已被逐渐认识，其独特优势正在促使世界各国争相进行太赫兹生物医学交叉前沿学科的应用研究，并将此作为太赫兹技术应用的一个中远期目标。目前，国际上已针对太赫兹生物医学应用开展了多项大型研究计划，并成立了多个大型研究中心，如欧盟的"太赫兹—桥"计划、韩国的太赫兹生物应用系统研究中心及美国的生物材料太赫兹光谱学研究中心等。近年来，随着研究工作的展开，国内外太赫兹生物技术研究，已深入到生物医学研究的各个领域，取得了诸多重要进展，但在实际应用层面都还处于起步阶段。

在生物医学应用领域，太赫兹波具有非常独特的优势，主要包括：1）许多生物有机分子的骨架振动、转动光谱以及分子间弱的相互作用力（如氢键、范德华力等）能级，均处在太赫兹谱段范围内，这些独特的光谱特性，可用来分辨不同的生物分子；2）太赫兹对生物体赖以存在的水极为敏感，因此，非常适合分析生物分子的水合状态，可以作为生物医学检测的有力工具；3）与 X 射线相比，太赫兹光子能量很低，不足以引起分子的损坏或原子激发，因此，太赫兹波不会对生物组织引起任何有害的离子化作用，是进行生物医学无损检测的理想光源；4）太赫兹波与光波相比，可以获得分子组成信息，比微波毫米波成像具有更高的空间分辨率和信噪比，可作为其他电磁波技术的有力补充。

（1）太赫兹生化检测

利用太赫兹波对生物分子的灵敏度和特异性，将太赫兹技术用于研究生物分子的结构和功能信息，可在分子层面上为疾病的诊断和治疗提供理论依据。太赫兹生化检测主要是对化学及生物大分子的检测，太赫兹波能够用来研究如范德华力或者分子间氢键作用力等生物分子间相邻分子的弱作用力。太赫兹波对 DNA 构形和构象的变化非常敏感，也可以通过太赫兹光谱进行基因分析或无标记探测。太赫兹生化检测方面的研究尚处于起步阶段，还有待加强，尤其是对不同生物大分子的太赫兹光谱特性建立相应的特征谱库是一项庞大而艰辛的工作，需要生化领域的学者加强相关的研究工作。

Kutteruf 等采用太赫兹光谱技术对固态短链肽序列进行了研究，研究表明在 1～15 THz 光谱范围内包含了体系的很多光谱和结构信息，如分子固相结构和与序列相关的分子信息等。Arora 等采用太赫兹时域光谱技术，在水相中对通过聚合酶链式反应得到的 DNA 样品进行了无标记定量检测。Brucherseifer 等通过时间分辨太赫兹技术证明了复数折射率取决于 DNA 的结合状态。

（2）太赫兹诊断检查

太赫兹波对生物体是安全无损的，利用太赫兹波对水和生物分子响应敏感的特性，可以将太赫兹技术应用于医疗诊断中，通过其光谱特性判别患病和健康的组织，帮助诊断疾病。对于太赫兹诊断检查，首先要加强对于病理组织和正常生理组织的太赫兹光谱和太赫兹图像的特征识别的研究；其次要深入研究不同组织不同水分含量对太赫兹波的吸收作用；此外，还要探索太赫兹活体组织检测技术。

人体的多数组织中，都含有大量的水，因此太赫兹波不能透过人体观测内部的结构。太赫兹技术对疾病的诊断被局限在观测人体表面或组织切片上的病变情况，以及使用太赫兹波内窥镜成像方式观察人体内部。在某些含水量较少的人体组织中，太赫兹波有一定的透过率。比如，乳腺组织中含有大量的脂肪，太赫兹波在其中的穿透深度较大。太赫兹波还可对牙齿和骨骼等进行诊断。

由于太赫兹波对组织蛋白质有良好的感应，所以特别适用于与蛋白质异常有关的疾病检测与诊断。离体组织诊断一般要对组织进行切片，并采用快速冷冻法制备。快速冷冻的组织样本与缓慢冷冻制备的样本相比，其优点是含有较少量的冰晶，有利于消除样本中因水的存在而产生的不确定因素。研究表明，正常组织和患病组织（包括炎症组织和肿瘤组织）样本的太赫兹光谱之间存在明显差异，可以很容易分辨出来。

人体血液中含大量水和复杂成分，对血液进行太赫兹检测较为困难，但近几年，研究有了较大突破。图 3-7 是伦敦大学最近发表的人体血液成分的太赫兹光谱分析结果，包括了血液整体特性、血液中各成分（血浆、血细胞、血栓等）的特性以及成分之间的相互影响。研究表明，血浆会提高血液的吸收系数，而血细胞会使血液吸收系数降低。

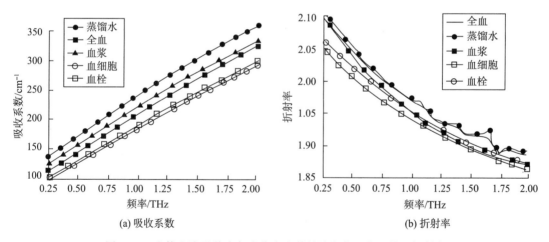

图 3-7　人体血液及其中各成分在太赫兹波段的吸收系数和折射率

将反射式太赫兹成像和光谱技术应用到眼科研究中，发现太赫兹反射率与角膜含水量近似成正比，反射率随频率的增大而单调递减。除软组织医学检测与诊断的应用外，太赫兹技术也用于研究硬组织。如，牙组织和骨骼组织。因为硬组织含水量较低，所以，太赫兹技术在硬组织上的医学应用更加简便。研究人员采用太赫兹时域光谱技术对人牙齿的珐琅质和牙本质的特性进行了研究，发现湿润样本对太赫兹的吸收率高于干燥样本，研究为硬组织临床应用提供了重要信息。

第三军医大学西南医院综合实验研究中心的团队在历时 4 年研究后，成功利用太赫兹光谱首次实现了多种临床致病菌的快速检测，其检测时间只需要 10 s 左右，这意味着太赫兹光谱将有望首次在临床医学上运用，具有划时代意义。

（3）太赫兹用于制药

医学治疗离不开药物，对药物性状、质量的研究十分重要。太赫兹时域光谱技术在制药领域的应用主要体现在制药企业利用太赫兹时域光谱技术检验药品质量、测定药品成分等方面[18]。

在药品成分检测方面，可以利用太赫兹光谱检测药品的成分是否符合设计要求，检测有效成分含量及分解情况，还可以利用太赫兹光谱检测药品中同分异构体的比率，研究药品的多态性和结晶性。在药品的固相转换研究中，观察到了一些药物的固相形式会随着外界温度变化而发生明显改变。

太赫兹时域光谱技术已经在多晶型药物的区分与定量分析，固态药品在外界环境影响下的转换以及药品外包衣层的离线或者在线量化检测等方面展开了应用研究。在药品的多态性以及结晶性方面，Zeitler 等人成功地运用太赫兹指纹谱对磺胺噻唑药品的 5 种多晶形

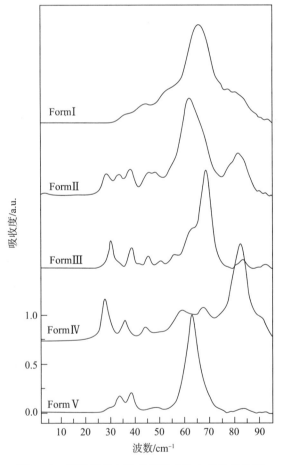

图 3-8　磺胺噻唑 5 种多晶形式的太赫兹指纹谱

式进行鉴别，如图 3-8 所示。可以看出这 5 种多晶形式的太赫兹谱的最高吸收峰位有明显的区别，因此利用这个特点就可以区分多晶形式，也可以进行含量测量。在药品的定量分析方面，通过统计方法的应用，可以实现对混合药品中的某一成分进行定量分析，比如 Strachan 等人对吲哚美辛的无定形和结晶形式混合物实现了不同性状的成分识别；在药品的固相转换方面，Zeitler 等人观察到了卡马西平药物会随着外界温度变化，其固相形式也发生明显的变化。美国雪城大学 M. D. King 等人研究了布洛芬晶体结构的太赫兹波谱特征。目前有关药品在太赫兹频段的光谱研究是太赫兹技术在制药领域应用的研究热点。

中草药是我国的特色医药，是无数中医大夫经验积淀的产物，也是我国制造具有自主知识产权新药的源泉。由于中药的化学成分极为复杂（包括有机物和无机物），中药质量的评价标准一直困扰着中药发展。太赫兹光谱技术可以用于中药材有效成分的检测，为中药质量评价提供一种潜在的途径。中国科学院杨云平等人与美国俄克拉荷马州立大学联合进行了中药复方金雀异黄素和鹰嘴豆芽素 A 的太赫兹光谱特征研究。

3.4.4　在林业研究中的应用

太赫兹光谱技术在林产品品质鉴定，木材加工业及林木生理等方面已有一定的研究进展。太赫兹光谱技术还可应用于林木种质、种苗无损检测，将太赫兹光谱技术与红外、遥感技术等结合，可应用于森林病虫害入侵预警以及珍贵名木的鉴定与分类等。

（1）在林产品品质鉴定中的应用

对林产品品质（如是否有病虫害、农药残留等）的无损检测至关重要。科研人员利用太赫兹光谱对水等极性分子的强吸收特性，初步进行了山核桃虫害检测，结果表明：与无虫害山核桃切片相比，由于活体害虫含水量较高，感染虫害的山核桃切片具有明显的太赫兹光谱吸收。该研究表明太赫兹光谱技术在检测山核桃内部虫害方面具有较好的应用潜力。还有团队探讨了太赫兹光谱技术应用于山核桃变质情况及壳厚测量等的研究，分别从山核桃的物理、化学指标的太赫兹光谱响应特征差异入手，实现了核桃品质的无损检测，并将其应用于山核桃无损分级。此外，植物油的脂类有机大分子对太赫兹辐射具有特异性吸收，具备在太赫兹波段的识别基础，可通过太赫兹技术进行鉴别和定性分析。

太赫兹光谱技术具有能量低、频谱宽等优点，近年来在农药检测方面的应用越来越多。王强等对橙子、香蕉和苹果等水果及其与杀菌剂噻菌灵农药的混合样品进行了太赫兹光谱测试，获得了其在 0.2～1.5 THz 波段的折射率和吸收谱图。结果表明，太赫兹吸收谱中吸收峰的位置和幅值与样品种类和农药含量的不同显著相关。以 3 种水果样品的太赫兹吸收光谱的一阶导数作为特征分类数据，用主成分分析方法进行鉴别，样品分类鉴别正确率达 100%。此外，利用太赫兹光谱技术检测获得橙子和多菌灵混合样品在 0.3～1.5 THz 波段的吸收谱，采用多元线性回归技术对混合物吸收光谱进行分析，可以计算出混合物中多菌灵的含量。

（2）在木材加工业中的应用

木材是一种非极性的非金属材料，在光学频段是不透明的，但其在太赫兹波段是透明的。利用太赫兹波的透视性及空间分辨率高的优势，通过分析太赫兹脉冲透过木材前后光谱特性的变化或通过太赫兹成像可以实现木材的无损检测。水分对太赫兹波有较大吸收率，水扩散到裂缝中，木材的纤维结构与节子会明显地显示出来，因此采用太赫兹波断层成像技术可以判断木材内部是否腐朽、空洞以及木节子的分布情况，但对其内部微小缺陷无法检测。研究人员利用太赫兹成像系统实现了木材密度与厚度的无损检测，采用改进的太赫兹光谱系统，基于应力光学定律，有望实现对木材等材料内部应力的探测。

目前利用太赫兹光谱技术进行木材光学特性的研究主要包括太赫兹波与木材介质的相互作用机理，太赫兹波在木材中的传播特性与木材组织的吸收系数、散射系数和双折射等。加拿大阿尔伯塔大学以云杉为例，利用太赫兹光谱技术测量其双折射特性，实现了对木制品内纤维取向的测定。德国研究人员利用太赫兹成像技术建立了山毛榉亚年轮空间分辨率的密度图，根据投射数据和质量体积法得到的数据，通过线性拟合校正，得到密度和吸收率之间的关系。北英属哥伦比亚大学的物理学家基于太赫兹波可以检测木材内的纤维素构造，通过太赫兹波透视木材，认为在伐木时即可观察到原木中被甲虫等破坏的地方，从而减少木材加工过程中的时间与成本。

太赫兹光谱技术还可以作为木质素检测的工具之一。木质素广泛存在于木材体内，其结构十分复杂，目前对于木质素的生物活性与结构功能之间的关系还不是十分清楚。太赫兹光谱具有瞬态性的特点，而且太赫兹脉冲的典型脉宽在皮秒量级，利用太赫兹射线检测木质素，会大大提高时间和空间分辨率，可以实现对组织内的木质素进行微损或无损探测。

（3）在林木生理研究中的应用

太赫兹射线可以作为一种探针，研究生物体内部物质的化学、生物成分与波谱特性等信息。特别是太赫兹波对水分吸收敏感，因此可以表征树叶等生物组织的水分、叶绿素的含量和分布，据此推断生物体或组织的生物活性。

利用太赫兹光谱技术可以查看植物体内水分的分布和运输去向，了解树叶内部水分含量及不同时段的变化，观测植物根茎水分动态的变化。例如，研究人员利用太赫兹辐射技术研究了叶片水分在 $0.1 \sim 0.5$ THz 频段之间的频谱，获得了不同叶片的水分含量情况及影响因素，并实现了对不同水分含量的叶片的分类。

官能团的太赫兹光谱特性研究也是太赫兹技术的一个重要方向，具有重要的学术与应用价值。叶绿素是一种镁卟啉大分子杂环化合物，研究人员观测了不同棕树叶的叶绿素及类胡萝卜素的太赫兹指纹谱峰，发现 3 种棕树叶的太赫兹吸收峰均主要出现在低波数 $30 \sim 170$ cm^{-1} 范围，并鉴定了太赫兹指纹谱峰。有研究人员[19]利用太赫兹光谱仪和傅里叶变换红外光谱仪研究了叶绿素样品的太赫兹光谱，并采用密度泛函理论计算了叶绿素分子的太赫兹吸收谱，在稳定构型的基础上得到其频率振动光谱，并将其与试验光谱进行了比对。这些研究方法可以作为植物光学研究及太赫兹光谱研究的新方法，有助于科研工作者更加深入地了解植物的相关生理行为及生长状况等。

3.4.5　在食品检测中的应用

太赫兹时域光谱技术在食品领域的主要应用是进行食品检测，检测内容包括水含量检测、有害成分检测、禁用化学成分检测等。通过检测太赫兹吸收谱，可以判断食品的质量、是否含有有害成分（如过期食品）、是否违禁添加其他化学成分（如三聚氰胺、食品添加剂）等[20]。

在食品工业中，水含量的测定具有非常重要的意义。水含量不仅影响食品品质，还影响食品保质期。由于水分子对太赫兹波有强烈的吸收作用，因此使用太赫兹时域光谱技术可以鉴定食品中的水分含量，从而控制食品含水量，达到品质与保质期的平衡[21]。

原材料筛选是食品加工过程中的第一道环节，如何快速筛选出能满足生产需求的原材料对生产企业十分重要，不合格的原材料会导致食品品质下降，甚至出现变质产品。利用太赫兹时域光谱仪，可以实现对食品原材料的快速筛选，提高企业筛检原材料的效率。例如，利用太赫兹时域光谱仪可以检测高油玉米粒的含油量，从而剔除不合格玉米粒，保证玉米油生产企业的产品质量。

时间是导致食品品质变化的重要因素，如新鲜的肉放置一段时间后亚硝酸盐含量上升、含油食品长期接触空气会发生氧化产生异味。利用太赫兹时域光谱仪可以检测食品品质，区分出优质食品。例如，鲜肉中脂肪和肌肉对太赫兹波的吸收率不一样，因此可以通过太赫兹时域光谱仪测定鲜肉中的脂肪含量，确定肉的品质[22]。

太赫兹时域光谱技术在食品安全领域也有较大的应用前景。Hao 等人利用太赫兹时域光谱技术在室温下对两种杀虫剂（伏虫脲和氟氯氰菊酯）进行了吸收谱分析，并用泛函数密度理论模拟方法验证检测结果。结果发现：这两种杀虫剂在 0.2~2.2 THz 频段内出现了特征吸收峰，说明该方法可以用于农产品或食品中农药残留的检测。廉飞宇等人利用太赫兹时域光谱技术测量了大豆油和地沟油在 3.0 THz 范围内的太赫兹吸收谱，分析结果发现两种油在太赫兹波段的特征有显著不同，会随着频率的增加而变化，此研究对检测地沟油有着重要的意义。因此，利用太赫兹光谱以透射或反射方式测量植物油样品的太赫兹脉冲时域波形，结合数据处理方法提取物体参数，建立模型，能够有效地鉴别不同油品的掺假。

3.4.6　在资源勘探中的应用

油气资源作为重要的战略资源，对于国家经济和社会的可持续发展具有十分重要的意义。太赫兹技术作为石油产业中新兴的评价手段，无论是宏观尺度的岩石矿物演化和地壳构造，还是微观尺度的孔隙结构、烃源岩特性、岩性、应力各向异性、吸附等岩石参量的表征，都展现出重要的 应用价值。太赫兹光谱技术作为一项新兴的探测和表征技术，已经从最初的石油化工产品的检测逐步渗透到油气勘探与评价、油气开采与检测等油气领域的中上游环节，显示出良好的应用前景[23]。

起初，太赫兹方法主要用来对油品种类和性能进行识别和预测，由于不同种类的油品对太赫兹波具有不同的折射率和吸收，这就导致了不同油品的太赫兹折射率和吸收系数的差异，通过对这两个参数进行更加深入的分析，可实现油品种类的精确鉴定。由于炼油工艺水平的差异，不同国家的同一油品的太赫兹光谱存在一定的差异，这些差异的原因来自于不同国家油品之间所含成分或杂质的不同，即油品中微量杂质含量能在太赫兹光谱中得到体现。研究结果表明，太赫兹技术既可用于油品种类的鉴别，又可用来实现对油品质量和纯度进行精确鉴定。随着油气领域对新方法和新技术需求的不断增大，太赫兹在石油领域应用研究的广度和深度也在不断扩展，并从油气工业的下游环节逐步走向油气勘探开发、油气输运等中上游环节，成为解决油气探测和生产过程中诸多重要难题的新手段。

（1）油气勘探与评价

80％以上的石油烃是由干酪根转化而来的，干酪根类型的划分对于评价烃源岩生油生气潜能具有重要的意义。研究人员将太赫兹技术引入到干酪根演化过程的研究中，分别对不同演化过程的干酪根进行了太赫兹时域光谱测量，对干酪根的油气生成点进行了判定，并与地球化学中表征干酪根成熟度的镜质体反射率做了对比（如图3-9所示）。研究结果表明，太赫兹频率下干酪根的吸收系数能够指示干酪根演化过程中的油气生成点，实现对干酪根的生油生气阶段和潜能进行快速预测。

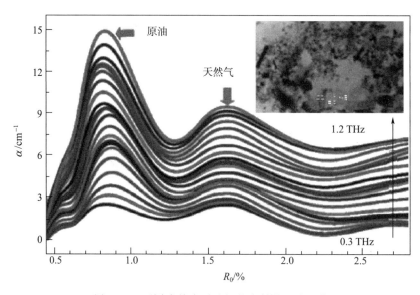

图3-9　不同成熟度干酪根的太赫兹吸收系数

太赫兹作为一种全新的测量方法，也可用来对储层性质及其内部构造形态进行表征。例如，岩石的岩性、电性、物性、非均质性及各向异性等。图3-10为5种不同类型岩石的太赫兹吸收光谱，根据吸收谱的特征能够对岩石类型进行很好的区分和鉴别。

在国外，太赫兹方法也被用来对岩石等进行研究。例如，莱斯大学的研究人员使用单循环太赫兹脉冲，模拟了地球物理勘探的数据采集和成像处理过程，通过克希霍夫偏移对物体进行了太赫兹反射成像，成像结果清楚地重建了物体的位置和形状。此外，基于太赫

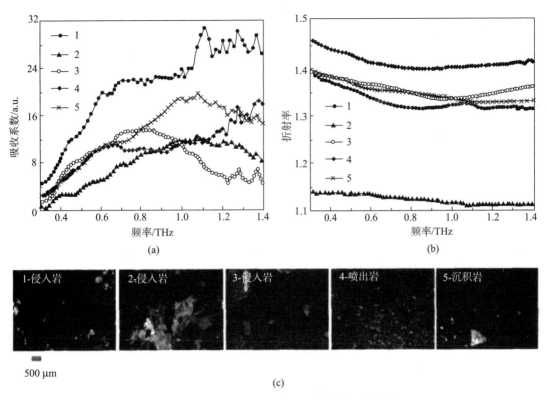

图 3-10　5 种不同类型岩石的太赫兹吸收光谱

兹的建模不像地震波建模那样需要很大的物理模型，整个模拟过程在单个的实验平台上就可以方便地实现。Scales 等人对岩石和岩石内部的流体进行了亚太赫兹波段的介电测量，由于该波段的电磁波波长很短，使得测量结果具备很好的空间分辨率，便于对岩石的组分和微结构进行分析，与此同时，由于测量速度较快，有利于观测岩石内部流体的蒸发和毛细管流动等动态过程。由于具有较高空间分辨率和宽频带的优点，太赫兹方法有望发展成为岩石孔隙结构和各向异性的一种快速评价方法。

（2）油气开采及检测

油气开采中，经常通过井下流体参数的测量来获取油气储藏的产油产气数据，从而为油气井的稳产增产提供保障。无论是井下流体还是采出地面的原油，其含水率的测量都十分重要。实验证明，利用太赫兹技术不仅可以实现原油痕量含水率的检测，图 3-11 表明原油含水率与太赫兹吸收系数之间具有线性经验关系，而且可以检测高含水原油多相体系。

地下原油的开采过程实际上是通过各种物理、化学等方法将储层岩石孔隙、裂缝中的原油驱替出来的过程。根据岩石亲水亲油性和润湿性的不同，需要选择不同类型的驱替液对岩石中的流体进行驱替。这些驱替液通常为油、水、乳化剂相互混合而成的乳状液，其稳定性对于驱替效果有着重要的影响。在乳状液稳定性的评价中，很多时候都是通过目测的方法来观察其油、水分离的快慢程度，并以此来评价所配制的乳状液的稳定性。显然，

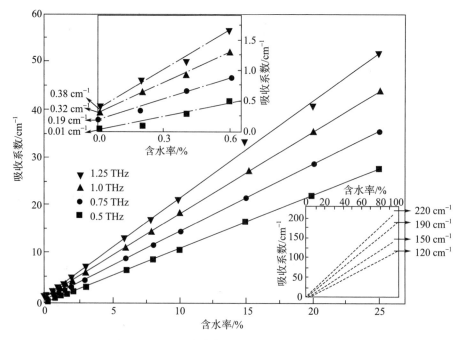

图 3-11　原油含水率与太赫兹吸收系数的关系

这种方法只能做到定性或半定量的评价。研究表明，太赫兹波对乳状液的乳化和破乳过程十分敏感，太赫兹时域光谱技术不仅能给出乳状液破乳过程快慢的定量信息，而且还能给出乳状液中油水液滴的相对分布信息。在破乳的不同阶段，其相对速率可通过太赫兹时域信号的强度直接体现。

参 考 文 献

［ 1 ］ 张存林，牧凯军．太赫兹波谱与成像［J］．激光与光电子学进展，2010，47：023001 - 1．

［ 2 ］ BARTELS A，CEMA R，KISTNER C. Ultrafast time - domain spectroscopy based on high - speed asynchronous optical sampling［J］. Rev. Sci. Instrum.，2007，78（3）：035107．

［ 3 ］ 张兴宁，陈稷，周泽魁．太赫兹时域光谱技术［J］．激光与光电子学进展，2005，42（7）：35 - 38．

［ 4 ］ 刘文权，鲁远甫，冯广智，等．快速扫描太赫兹时域光谱系统的研究进展［J］．激光与光电子学进展，2011，48：123001 - 1 - 123001 - 7．

［ 5 ］ SHIMOSATO H，KATASHIMA T，SAITO S，et al. Ultrabroadband THz spectroscopy using rapid scanning method［J］. Phys. Stat. Sol. （c），2006，3（10）：34843487．

［ 6 ］ KIM K Y，YELLAMPELLE B，GLOWNIA JH，et al. Terahertz - frequency electrical conductivity measurements of ultrashort laser - ablated plasmas［C］. SPIE，2006，6261：62612Q．

［ 7 ］ CHRISTOPHER D. STOIK，MATTHEW J. BOHN，JAMES L. Blackshire. Nondestructive evaluation of aircraft composites using transmissive terahertz time domain spectroscopy［J］. Opt. Express，2008，16（21）：1703917051．

［ 8 ］ CHAU K J，RIECKMANN K M，ELEZZABI A Y. Metallic phase transition investigated via terahertz time - domain spectroscopy［J］. Appl. Phys. Lett.，2007，90（4）：041920．

［ 9 ］ JAMISON S P，SHEN J L，JONES D R，et al. Plasma characterization with terahertz time - domain measurements［J］. Appl. Phys.，2003，93（7）：43344336．

［10］ KIM G J，JEON S G，KIM J I，et al. Terahertz pulse detection using rotary optical delay line［J］. Jan. J. Appl. Phys.，2007，46（11）：73327335．

［11］ KIM G J，JEON S G，KIM ET J I，et al. High speed scanning of terahertz pulse by a rotary optical delay line［J］. Rev. Sci. Instrum.，2008，79（10）：106102．

［12］ BARTELS A，CEMA R，KISTNER C. Ultrafast time - domain spectroscopy based on high - speed asynchronous optical sampling［J］. Rev. Sci. Instrum.，2007，78（3）：035107．

［13］ GREGOR KLATT，RAPHAEL GEBS，HANJO SCHAFER，et al. High - resolution terahertz spectrometer［J］. IEEE J. Sel. Top. Quantum Electron.，2001，17（1）：159168．

［14］ FURUYA T，HORITA K，QUE C T，et al. Development of a fast scan THz - TDS system by using a repetition rate tunable femtosecond laser［C］. The 35th International Conference on Infrared，Millimeter and THz Waves，2010，Mo - P. 51．

［15］ WILK R，HOCHREIN T，KOCH M，et al. Terahertz spectrometer operation by laser repetition frequency tuning［J］. J. Opt. Soc. Am. B，2011，28（4）：592595．

［16］ 张卓勇，张欣．太赫兹时域光谱技术应用研究进展［J］．光谱学与光谱分析．2016，36（10）：54 - 55．

［17］ LIU JINGLE，DAI JIANMIN，CHIN SEE LEANG，ZHANG X C. Broadband terahertz wave emote sensing using coherent manipulation of fluorescence from symmetrically ionized gases. Nature photonics，2010，4：627－631.

[18]　刘尚建，余菲，李凯等. 太赫兹光谱与成像在生物医学领域中的应用 [J]. 物理，2013，42 (11)：788－793.

[19]　李春. 基于太赫兹光谱技术和 DFT 理论的生物分子研究 [D]. 南京：南京林业大学，2014：4.

[20]　QIN J，YING Y，XIE L. The detection of agricultural products and food using terahertz spectroscopy：A review [J]. Appl Spectros Rev，2013，48 (6)：439－457.

[21]　刘欢，韩东海. 基于太赫兹时域光谱技术的饼干水分定量分析 [J]. 食品安全质量检测学报，2014，5 (3)：725－729.

[22]　王亚磊，赵茂程，汪希伟. 太赫兹波光谱成像技术在肉制品检测中的应用 [J]. 农业工程，2013，3 (4)：64－66.

[23]　金武军，赵昆. 油气资源的太赫兹光谱检测与评价 [J]. 物理，2013，42 (12)：855－861.

第4章 太赫兹成像技术

太赫兹波成像的基本原理是将已知波形的太赫兹电磁波作为成像射线，利用透过成像目标或从目标反射的太赫兹波强度和相位信息，并经过适当的数字处理和频谱分析，得到目标的太赫兹电磁波图像。

太赫兹波和其他波段的电磁辐射一样可以用来对物体成像，而且根据太赫兹波的高透性、无损性以及大多物质在太赫兹波段都有指纹谱等特性，使太赫兹成像相比其他成像方式更具优势。太赫兹成像广泛适用于违禁品检查、信件检查、质量检测、分子光谱学、生物和医疗领域。

太赫兹波的两大核心应用是太赫兹成像与太赫兹成谱。太赫兹成像的关键技术是，基于高性能的量子级联激光器出射的位于太赫兹波段的某一单频点激光光束，通过准直、扩束与匀质化之后，直接照射至成像物体上，透射过物体或被物体反射出的光束通过针对太赫兹波段的特定物镜与平面接收阵列，形成具有高分辨率的成像物体空间分布图像。随着量子级联激光器器件以及对应的成像阵列器件的日益成熟，该技术已经有了大量的应用实例且拥有更广泛的发展前景。

4.1 太赫兹成像分类

与其他波段的电磁辐射一样，太赫兹波也可以对物体进行成像，而且由于其高穿透性、低能性、相干性及大多数物质在太赫兹波段有指纹谱等特性，使太赫兹成像更具有优势。

根据不同的组成及原理，太赫兹成像系统可以有以下几种分类方式：

（1）主动式太赫兹成像与被动式太赫兹成像

根据太赫兹信号源辐照的有无，太赫兹成像系统可分为主动式太赫兹成像系统和被动式太赫兹成像系统两类。被动式太赫兹成像系统，不使用信号源辐照，完全依靠被测物体自身的太赫兹辐射或者被测物体反射的自然环境中其他辐射的能量差异进行对比成像；主动式太赫兹成像系统，需要利用信号源辐照被测物体，依靠反射或透射的信号进行处理后成像。因此，太赫兹主动成像系统在组成上除了与被动成像系统一样有太赫兹探测器和光学系统外，还有太赫兹信号源。

尽管被动成像系统结构相对简单，不涉及辐射是否安全的问题，但物体自身的辐射相对微弱，这就会使系统对探测器灵敏度的要求较高，系统受环境的影响也会较大；而主动成像则不存在上述问题。此外，被动式成像的对比度往往较低，成像结果不够清晰。

（2）连续太赫兹波成像与脉冲太赫兹波成像

根据太赫兹信号产生和探测机理的不同，太赫兹成像系统可分为连续太赫兹波成像和脉冲太赫兹波成像两类。1995 年 Hu 和 Nuss 等人首次实现了逐点扫描的脉冲太赫兹时域光谱成像，使脉冲太赫兹时域光谱成像技术成为最早开始并且最为广泛研究的太赫兹成像技术。

脉冲太赫兹波成像，利用飞秒脉冲激发产生太赫兹脉冲，每个像素点对应于一个时域波形，从时域信号或其傅里叶变换谱中选择相位或振幅的任一数据点处理后成像，就可以提取出折射率、吸收系数、厚度及空间密度分布等样品信息。其显著特点是信息量大，仅从单一的扫描点就可以获得丰富的样品光谱信息，提供的信噪比较高，但其数据处理相对复杂，成像速度慢，不利于实时成像。

连续太赫兹波成像则不需要使用飞秒激光器，实质上是一种强度成像。利用连续太赫兹波信号源提供较高的辐射强度，根据样品反射谱或透射谱的光强信息来获得太赫兹图像。相比之下，连续太赫兹波成像辐射率高、所需元件数量少、成像时间短、易于操作，且成本相对低廉，可以提供更高的空间分辨率和更好的成像质量，因此，具有更高的实际应用价值。

在只需提取单一信息，无需对频谱等复杂信息进行研究的情况下，采用连续太赫兹波成像技术，可以在提高系统成像速度的同时降低其复杂程度。

（3）反射式太赫兹成像与透射式太赫兹成像

根据探测样品的不同方式，太赫兹成像系统可分为反射式太赫兹成像系统和透射式太赫兹成像系统两类。图 4-1（a）所示为透射式太赫兹成像系统，太赫兹信号源和探测器位于样品两侧，利用透射过样品的太赫兹信号进行成像；图 4-1（b）为反射式太赫兹成像系统，太赫兹信号源和探测器位于样品的同一侧，利用经样品表面或内部反射的太赫兹信号进行成像。

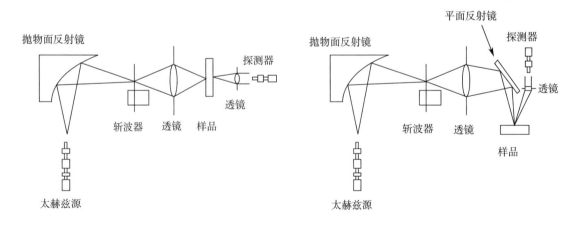

(a) 透射式太赫兹成像系统　　　　　　(b) 反射式太赫兹成像系统

图 4-1　透射式太赫兹成像系统与反射式太赫兹成像系统示意图

在反射式成像系统中，太赫兹信号必须正入射到样品表面，否则经样品反射的太赫兹信号与透镜反射的太赫兹信号会产生干涉，从而引起干涉条纹。而透射式成像系统只需对准太赫兹源和接收器，不需考虑是否正入射到样品上的问题，操作方便且不会产生干涉条纹。尽管透射式成像系统可以提供更好的信噪比和更清晰的图像，但由于太赫兹波对绝大多数介电材料具有强穿透性和对金属及一些导电介质具有高反射性，透射式成像系统会受到样品的限制；在实际应用中，被测物体体积又往往较大，在大视场成像时透射式成像系统实现难度相对较大。而反射式成像系统更易做到收发合一，集成度也较高，更利于实际应用。

（4）实时阵列成像与机械扫描成像

按照扫描方式的不同，太赫兹成像系统可分为实时阵列成像和机械扫描成像两类。实时阵列成像系统，采用多源或多探测器，无需进行机械移动的扫描，利用线阵或面阵探测器接收信号，成像时间短，可实现实时成像。机械扫描成像系统，通常是逐点扫描的，即系统采用单源和单探测器，通过收发探头或目标物体的同步移动，实现对样品的逐点采样，扫描时间相对较长。

机械扫描成像系统采用单源、单探测器，通过逐点采样对整个成像区域进行扫描成像，实际上是一种以时间换取空间的手段，但是考虑到太赫兹信号源与探测器价格昂贵，采用该种方法，可以大大降低系统成本。因此，目前对机械扫描成像系统的研究较为广泛。

4.2　太赫兹成像方式

利用太赫兹成像系统把成像样品的透射谱或反射谱的信息（包括振幅和相位的二维信息）进行处理、分析，得到样品的太赫兹图像。太赫兹成像系统的基本构成与太赫兹时域光谱相比，多了图像处理装置和扫描控制装置。利用反射扫描或透射扫描都可以成像，这主要取决于成像样品及成像系统的性质。根据不同的需要，可以采用不同的成像方式。这里主要介绍几种主要的成像方式。

4.2.1　太赫兹脉冲成像

太赫兹脉冲成像技术利用飞行时间成像原理，采用飞秒激光泵浦光电导器件产生太赫兹辐射，太赫兹辐射射入样品，探测器接收不同深度的样品层反射回来的太赫兹辐射，通过光电取样的方式间接地探测太赫兹辐射信号，通过高斯窗口反卷积可获得样品层析图像。该技术信噪比高，分辨率在亚毫米级。

太赫兹脉冲成像的每一个成像点对应一个时域波形，可以从时域信号或它的傅里叶变换谱中选取任意一个数据点的振幅或位相进行成像，从而重构目标的空间密度分布、折射率和厚度分布。第一个太赫兹成像，是 1995 年由 Hu Bin 等人研究得到的，该成像系统基于时域光谱技术，最初的应用是利用振幅的变化研究塑料封装的集成电路的内部引线等结构和树叶中含水量的分布图像。

　　脉冲成像方法尽管能够获得成像物体上每一点的光谱数据，并可对物体进行光谱成像，但数据获取时间通常较长。尽管可利用电荷耦合元件（CCD）器件作为探测器，同时实现对整个物体的时域波形进行扫描，提高采集速度，但是相对于扫描成像来说信噪比要低得多，成像质量大大降低，应用受限。

　　脉冲式太赫兹成像系统中应用最广的是太赫兹时域光谱系统。太赫兹时域光谱系统是一种非常灵敏有效的光谱测量手段，20 世纪 80 年代由 AT&T，贝尔实验室和 IBM 公司的 T. J. aston 研究中心发展起来。它通常利用光电导或光整流的方法获得宽频太赫兹脉冲。图 4-2 是典型的太赫兹时域光谱系统示意图，图中包含透射探测单元和反射探测单元，实际应用中可根据样品种类及采集数据类型进行选择。太赫兹时域光谱系统主要由飞秒激光器、太赫兹辐射产生装置、太赫兹辐射探侧装置和时间延迟控制系统组成。飞秒激光器产生的光脉冲经过分束镜后被分成两束，一束激光脉冲（激发脉冲）经过时间延迟系统后在空气中或碲化锌、砷化镓晶体、光电导天线处聚焦产生太赫兹辐射，另一束激光脉冲（探测脉冲）和产生的太赫兹脉冲共同入射到碲化锌、砷化镓晶体或光电导天线等太赫兹探测器件上，通过调节探测脉冲和太赫兹脉冲之间的时间延迟探测脉冲的整个波形。目前，脉冲太赫兹辐射通常只有较低的平均功率，但是由于太赫兹脉冲有很高的峰值功率，并且采用了相干探测的技术获得的是太赫兹脉冲的实时功率而不是平均功率，因此有很高的信噪比。在太赫兹时域光谱系统中，太赫兹脉冲产生的峰值电流大约为 1.8×10^{-2} A。其动态范围在 3 000 以上，信号时域峰值处的信噪比超过 600，频谱宽度为 $0.2 \sim 2.0$ THz，具有 10 GHz 以上的频谱分辨能力。

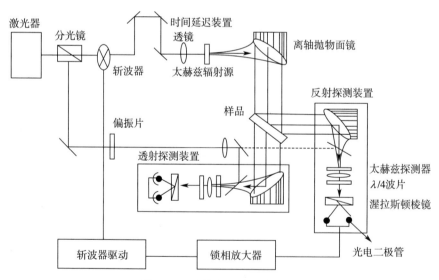

图 4-2　太赫兹时域光谱系统

　　太赫兹时域光谱成像具有探测并识别隐蔽物体的能力。这种成像技术与一般的强度成像不同，它的一个显著特点是信息量大。每一个成像点对应一个时域波形，可以从时域信号或傅里叶变换谱中选择任意一个数据点的振幅或相位进行成像，从而重构样品的空间密度、折射率和厚度分布。并且由于太赫兹脉冲对多数非极性电解质材料（塑料、陶瓷、纸张、衣物等）具有良好的穿透性，某些特定的物质，如炸药、毒品、病毒等，在太赫兹波段存在特征吸收峰（也就是存在指纹谱），可用于材料识别。因此在无损检侧、安全检查、质量检测和病变组织检测等领域具有广阔的应用前景。

目前典型的太赫兹时域光谱系统均采用超短飞秒激光产生、探测太赫兹波，对环境要求较高，且系统比较复杂。此外，太赫兹时域光谱系统对太赫兹波的探测为单点探测，实验中样品被安放在一个二维平移台，置于太赫兹波焦点处。通过对不同时间延迟的扫描，能够在样品二维扫描平面上每一空间点上获得带有样品信息的透射时域波形。时域波形经傅里叶变换后可得到每一点的太赫兹频率响应谱。只要从每个点的光谱中提取选定的振幅或位相信息，就可获得一个二维矩阵进行成像。因而系统通常存在数据获取时间较长的问题。为解决此问题，目前已有学者提出通过采用 CCD 器件作为探测实现同时对整个物体的时域波形进行扫描的方法和采用啁啾脉冲探测实现单脉冲成像的方法提高采集速度。但是，这两种方法相对于扫描成像来说信噪比要低的多，成像质量无法与太赫兹时域光谱系统相比。太赫兹成像技术的进一步发展需求高功率、便携式、可调谐的太赫兹辐射源，宽频谱、高灵敏度、低噪声的探测器和快速、高效的数据处理方法。

太赫兹时域光谱成像系统所获取的数据集合实际是三维时空的数据［二维空间（X，Y）轴向和一维时间轴向］。利用该三维数据集合可得到一系列样品的太赫兹图像，即皮秒量级的电影。另外由于在一个时间点上的太赫兹图像所包含的信息量很少，所以通常要获取整个三维的数据集合。而太赫兹图像的重构通常就是基于太赫兹时域波形的特定参数或方位的延迟时间。

目前对于样品重构的方法主要有以下 5 种：

1）飞行时间成像：利用各像素点对太赫兹信号的时间延迟信息成像，如图 4-3（a）中的 a，b，c 和 d 所示。其中 b 为最大峰值时间成像，该成像方法反映了太赫兹在样品中的折射率。

2）时域最大值、最小值、峰值成像：利用各像素点太赫兹时域信号的最大值、最小值或最大值与最小值的差值成像，分别如图 4-3（a）中的 A，B，C 所示。其中，时域最大值成像反映了样品对太赫兹波的消光系数。

3）特定频率振幅（相位）成像：利用各像素点太赫兹频域信号在某一频率的振幅（相位）值成像，如图 4-3（b）中的 E 所示。

4）功率谱成像：对各像素点太赫兹频域信号在某一段频率范围内的振幅平方值积分的信息成像，如图 4-3（a）中的 D 所示。

5）脉宽成像：利用太赫兹主峰值的脉宽成像，如图 4-3（a）中的 f 所示。该成像模型主要反映物体的色散特性，它可以清晰地呈现物体的轮廓。

1995 年，Hu 等在太赫兹时域光谱系统中增加二维扫描平移台，首次实现脉冲太赫兹时域光谱成像，并成功对树叶、芯片等样品成像。由于这种成像方法获得的是样品的光谱信息，不仅能够实现结构成像，而且能够实现功能成像。随着对太赫兹波新特性的深入了

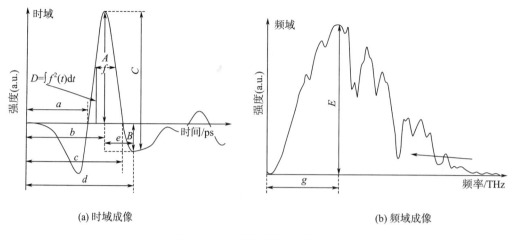

(a) 时域成像　　　　　　　　　　　　　　(b) 频域成像

图 4 - 3　太赫兹成像的重构方法

解，太赫兹成像技术快速发展起来，涌现出了许多诸如太赫兹二维电光取样成像、层析成像、太赫兹啁啾脉冲时域场成像、近场成像及太赫兹连续波成像等，可应用于生物医学、质量检测、安全检查及无损检测等众多应用领域。

4.2.2　太赫兹时域逐点扫描成像

太赫兹时域光谱成像系统与许多远红外系统不同，它可以摆脱低温的限制，并且太赫兹脉冲在亚皮秒量级，对位相探测十分敏感。

太赫兹脉冲时域光谱成像技术与一般的强度成像不同，它的一个显著特点是信息量大。每一个像素点对应一个时域波形，可以从时域信号及傅里叶变换频谱中选择任意一个数据点的振幅或相位进行成像，从而重构样品的空间密度分布、折射率和厚度分布。并且由于太赫兹脉冲对大多数非极性电解质材料（塑料、陶瓷、纸张和衣物等）具有良好的穿透性，而炸药、毒品与病毒等危险品在太赫兹波段存在特征吸收峰，因此这一技术具有探测并识别隐蔽物体的能力。

太赫兹逐点扫描成像系统就是在太赫兹时域光谱成像系统中将样品放置在二维扫描平移台，样品可以在垂直于太赫兹波传输方向的 X 平面移动，从而使太赫兹射线通过样品的不同点，记录样品不同位置的透射和反射信息，实现对样品上每一个像素点提取太赫兹时域波形，利用各个点的样品信息实现物体重构。以葵花籽逐点扫描成像为例，图 4 - 4 中列举了 3 种太赫兹时域逐点扫描成像处理结果。其中，图 4 - 4（a）为飞行时间成像，图 4 - 4（b）为时域最大值成像，图 4 - 4（c）为频域最大值成像。

太赫兹时域光谱二维逐点扫描成像适用于高精度测量。该方法测量结果分辨率高，受背景噪声的干扰小，信噪比高（可达 10）。但同时它也存在一些问题，如扫描时间过长，成像时间取决于像素点的多少，成一幅像需要几十分钟甚至几个小时，所以要提高成像速度必须改进方法。另外，该方法也不适合用于大样品的成像，不能对动态变化的信息进行测量和监控。

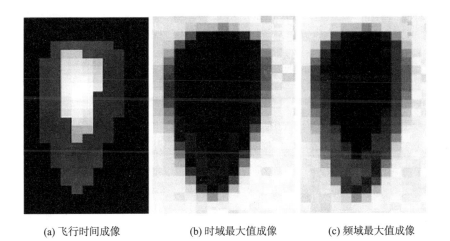

(a) 飞行时间成像　　　　　　　(b) 时域最大值成像　　　　　　(c) 频域最大值成像

图 4 - 4　葵花籽太赫兹逐点扫描成像

4.2.3　太赫兹实时焦平面成像

太赫兹实时焦平面成像技术可以克服成像时间过长的缺点。样品被放在一个成像系统中，而后利用大尺寸的碲化锌晶体和 CCD 相机作为接收装置，由此无需对样品进行二维扫描就能直接获取整个样品的光谱信息，因而可克服逐点扫描时间过长的缺点，如图 4 - 5 所示，该装置为反射式太赫兹实时成像系统的一种。

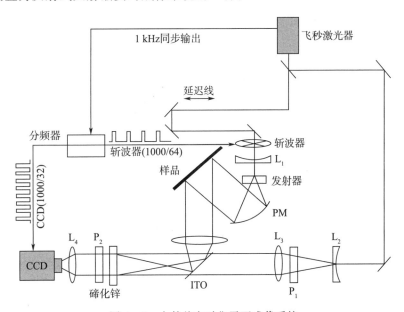

图 4 - 5　太赫兹实时焦平面成像系统

实验中太赫兹脉冲在样品表面的入射角度为 15°，焦距为 150 mm 的聚乙烯透镜将物体成像在大尺寸（40 mm×40 mm×2 mm）的碲化锌探测晶体上。探测光束被扩束为直径 25 mm（大于太赫兹脉冲直径），与太赫兹脉冲共线通过探测晶体。捕获图像使用的是

CCD 相机（系统中的曝光时间为 32 ms）。系统的信噪比大于 200，图像的空间分辨率为 2 mm。当探测光束透过一对相互垂直的起偏器、检偏器后，电光晶体中的太赫兹二维电场分布就转化为探测光的二维光强分布，于是太赫兹图像间接地被 CCD 相机记录。

此系统不但可以对样品进行一次成像，而且可以对样品进行实时监控，它没有数据采集上的限制，理论上可以实时采集，但是由于 CCD 的响应速度的限制，高灵敏度的 CCD 的响应速度可达到 70 f/s。尽管此法的信噪比较小，但如果与单脉冲太赫兹成像相结合，将非常有前景。另外，在实际的实验当中，由于实时成像系统不能利用锁相放大器降噪，所以需要几十甚至上千幅太赫兹图像而后求平均降噪（成像的幅数根据需要而定）。

实时二维太赫兹成像技术利用 CCD 相机间接读出太赫兹信号，获得对样品的太赫兹图像。利用该方法可对运动物体或活体进行成像，另外该技术在国土安全领域也具有很大的应用前景，可以探测隐蔽的危险物品或人物，图 4-6 所示是对塑料玩具手枪进行的太赫兹实时成像。

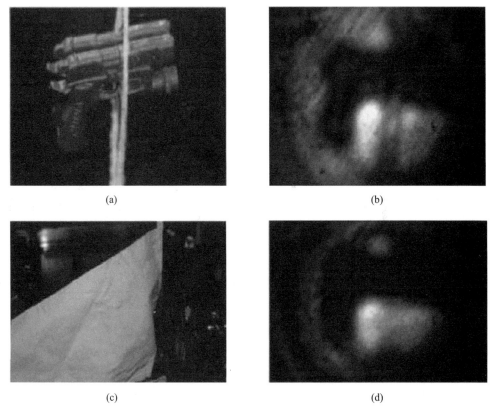

图 4-6　（a）塑料玩具手枪的光学照片；（b）太赫兹图像；（c）覆盖帆布的实物照片；
（d）可以清晰辨认隐匿物体的太赫兹图像

4.2.4　太赫兹波计算机辅助层析

太赫兹波计算机辅助层析成像是一种新型的成像形式，采用太赫兹脉冲和新的重构计算方法。该技术能够描绘被测物的三维结构。太赫兹波计算机辅助层析成像系统从多个投影角度直接测量宽波带太赫兹脉冲的振幅和相位，而后通过图像重构算法从被测样品中提取大量的信息，包括三维结构和与频率有关的太赫兹光学性质。

　　每一步计算机辅助层析成像扫描会发射一个平面波，而后会在一个二维平面内记录下透过样品或被样品反射回来的一系列的波形。重复这样的计算机辅助层析成像扫描，并改变扫描的角度 B，就会得到多幅太赫兹二维图像。假设所接收的信号为直接路径的线积分，则傅里叶投影理论可在此应用。在随后的太赫兹图像重构的过程当中，根据实验测量所得样品的特征参数而后利用滤波反投影算法或其他算法就可重构出整个物体的太赫兹层析图像。其中，太赫兹脉冲的振幅和峰值的时间延迟是重构算法所用的重要参数。重构的振幅图像可反映出样品在太赫兹波段吸收的三维情况，而重构的时间图像则可反映出样品折射率的三维分布。

　　图 4-7 是利用连续太赫兹波对空心泡沫球所进行的三维层析成像。球的直径为 40 mm，侧面中央部位有一不规则的洞口，球的底部有一固定螺丝。实验时太赫兹源（耿氏振荡器）和探测器（肖特基二极管）固定不动，样品被置于旋转台上。旋转台每旋转 2° 就对样品成一幅投影，因此一周共得到 90 个投影像。每个投影的分辨率为 1 004 像素× 754 像素，将这 90 幅投影作为空间投影函数，而后对其进行逆 Radon 变换就可得到样品的空间分布函数。

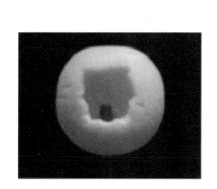
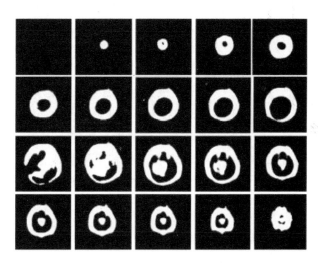

图 4-7　太赫兹波计算机辅助层析成像对泡沫球样品的部分层析断层图像（水平切面）

　　上述层析成像所用的太赫兹源为连续太赫兹波源，在实际的实验中也可以换成脉冲宽带太赫兹波源。另外，如果物体的不均匀行尺度与成像波长相近时，则光束的衍射效应必须予以考虑，直接的线积分在这种情况下就不太适用，由此需要对物体进行衍射层析成像。这种情况在太赫兹层析成像中经常发生，这是因为太赫兹波长为亚毫米量级与许多目标物的特征尺寸相近。

　　太赫兹透射计算机辅助层析成像技术是最早提出也是目前最为成熟的太赫兹三维成像技

术。这项基于计算机辅助的层析成像技术，其原理是一束射线或者射线束群穿透被成像物体后，其光强被记录下来，通过平动和转动使射线得以从不同位置和不同角度穿过被成像物体。透射光的光强记录了物体对透射光的吸收率信息，通过积分变换，可以计算出待测物体吸收率的三维空间分布，从而得到物体的三维结构并用计算机将其显示出来。此技术要求待测样品对太赫兹具有较好的穿透性，尤其是对具有轴对称的物体具有较好的成像效果。

2009 年，Christian 等人提出一种快速的连续太赫兹反射层析成像技术。其使用电子倍频产生的中心频率为 300 GHz，频带宽度为 90 GHz 的太赫兹源，根据参考光与自样品反射回来的回波混频后得到频率差与光程差成正比，可测量出待测物体距离，从而对样品进行三维图像重构，该技术纵向分辨率由扫频范围决定，在毫米量级内，具有较快的成像速度。

光学相干层析成像技术是一种类似超声成像的高分辨率光学成像技术，通过样品对光线的反射来获取样品信息，得到样品截面图像。光学相干层析成像技术利用了光的干涉原理，一般使用近红外光作为光源，由于选用的光线波长较长，可以穿透样品一定的深度。与其他成像技术相比，光学相干断层扫描可以提供拥有微米级分辨率的活体组织形态图像，因此，在基础与临床医学研究和应用领域有着巨大的应用潜力。1991 年，D. Huang 首次提出光学相干层析成像技术的概念，使用基于波长为 830 nm 超辐射发光二极管光源的光纤迈克尔逊干涉仪对视网膜和冠状动脉壁进行了活体成像，纵向分辨率达到 10 μm。此后光学相干层析成像技术发展迅速，开发出了多种成像模式，如光谱光学相干层析成像技术、差分吸收型光学相干层析成像技术、多普勒光学相干层析成像技术等，同时分辨率与成像性能也得到很大的提高。但是若使用近红外波段作为光源，光学相干层析成像探测深度仍然只有 2～3 mm，极大地限制了这项技术的应用。利用太赫兹具有良好穿透能力的特点，光学相干层析成像技术可以获得较大的探测深度，同时由于光学相干层析技术纵向分辨率是由相干长度而不是瑞利判据决定，因而能获得比上述 3 种技术更高的分辨率。2011 年日本大阪大学首次在光学相干层析成像技术中用中心频率为 350 GHz，带宽为 120 GHz 的太赫兹作为光源对样品做三维成像探测深度可达 10 mm，纵向分辨率达到 1 mm。相比前述 3 种成像方式，分辨率并无明显改善。

4.2.5　太赫兹连续波成像

和迅速发展的太赫兹脉冲成像一样，太赫兹连续波成像也引起了人们的注意。太赫兹连续波成像系统可以提供相对于脉冲成像系统更好的空间分辨率和成像质量。

连续波成像系统与脉冲成像系统相比仍采用逐点扫描方法进行成像，不同的是连续太赫兹成像系统省去了泵浦—探测成像装置，所需元件数量很少，大大降低了光学复杂性。同时系统也无需时间延迟扫描，成像速度得到了大幅度提升。只是当太赫兹产生源的频率一定，且只有一个探测器时，连续太赫兹成像系统只产生能量数据，不提供任何深度、频域或者时域信息，但连续太赫兹成像系统具有小型、简单、快速和相对低廉的特点。连续波成像系统有透射式和反射式两种不同的成像模式，如图 4-8 所示。

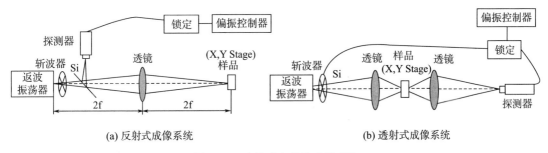

(a) 反射式成像系统　　　　　　　　　　　(b) 透射式成像系统

图 4 - 8　连续式太赫兹成像系统

连续式太赫兹成像系统主要由 4 部分组成：太赫兹辐射源、探测器、光学控制器件和二维平移台。其中太赫兹辐射源是系统的核心，目前已经市场化的连续太赫兹源有行波管、返波振荡器、耿氏振荡器、量子级联激光器和气体激光器。连续式太赫兹成像系统中，太赫兹波从太赫兹源出射后经光学系统聚焦在被测物体上，经被测物体反射或透射后再聚焦在太赫兹波探测器上进行探测成像。

由于连续式太赫兹成像系统依旧采用单点太赫兹波探测方式，系统仍然采用逐点扫描方法进行成像，记录太赫兹波透过样品及经样品反射后的强度信息，不需要时间延迟装置，不需要在扫描点上暂停，使得成像速度比采用的光谱扫描成像的速度提高了许多倍，配合相应的二维平移台，可以对大尺寸进行快速成像。成像的分辨率由太赫兹射线聚焦光斑决定，为毫米量级，可以根据不同需要，通过改变光学系统的参数适当的改变。应用到物体的缺陷检测时，是根据物体内部的缺陷或损伤的边缘对太赫兹光的散射效应，从而会影响到太赫兹电场的强度分布，反应到物体的太赫兹图像上显示为图像的明暗不同，即相应的强度不同，据此推出物体内部缺陷或损伤所在的位置。虽然相比于脉冲式太赫兹成像系统，连续式太赫兹成像系统有如上所述的诸多优点，但若不加任何额外的系统装置，此系统不具备光谱成像能力，只产生能量数据，不提供任何深度频域或者时域信息。

太赫兹连续波成像技术的发展在很大程度上会受到太赫兹连续源和探测器发展的影响。但是太赫兹连续波成像通常是非相干成像，这是因为大多数太赫兹连续波源都是非相干性的。在太赫兹连续波成像系统中，也通常是利用非相干探测器或探测阵列来直接成像的。

太赫兹连续波成像和太赫兹脉冲成像相比，具有以下优势：光谱功率高、系统集成度高、体积小、成本相对较低、成像速度快。图 4 - 9 为首都师范大学太赫兹实验室的太赫兹连续波成像系统示意图。图中的连续波源为返波管或耿氏管，探测器为热释电探测器、高莱探测器或肖特基二极管。样品被置于一个二维平移台上，通过计算机控制平移台，可实现对样品的二维成像。另外，肖特基二极管的动态范围高于热释电探测器，大致与高莱探测器相当，但是它的响应速度却是三者中最快的，所以可以进行高速成像。由此可将耿氏管和肖特基二极管集成为一个太赫兹单元，如图 4 - 9 虚线框中所示，既缩小了系统尺寸，又可进行高速反射式成像。

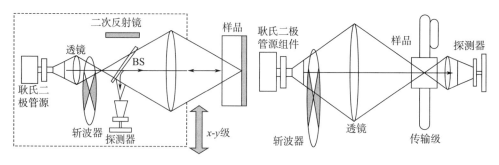

图 4 - 9　太赫兹连续波成像系统

返波管和耿氏管的发射功率都在毫瓦量级，功率相对较高，可以进行一些透射、反射甚至远距离成像。利用太赫兹连续波成像系统可以快速进行相关的安全检查、无损探伤、质量检测、雷达扫描等应用，如图 4 - 10 所示。图 4 - 10 中（c）为（a）的成像结果，是返波管的透射测量结果。成像目标为装在信封（7.3 cm×6.3 cm）中的硬币、曲别针和用铅笔写的字母"THz"；（d）为（b）的成像结果，是耿氏管的反射远距离（25 m）测量结果，成像目标为一架波音客机模型。

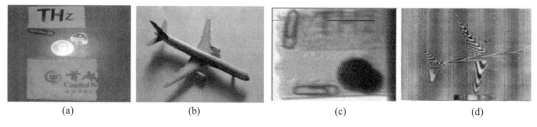

(a)　　　　　　　(b)　　　　　　　(c)　　　　　　　(d)

图 4 - 10　信封内隐蔽物体（a）和飞机模型（b）及它们的太赫兹连续波成像结果（c）（d）

4.2.6　混合式太赫兹成像

为解决脉冲式太赫兹成像系统传播距离短及连续式太赫兹成像系统只有强度信息无相位信息的缺点。混合式太赫兹成像的基本工作原理为飞秒激光脉冲与连续太赫兹波进行混频以实现探测。系统可分为探测路和参考路，两路光分别通过混频产生相同频率的信号。其中参考路用于给锁相放大器提供参考信号频率，其不携带成像物体信息；探测路则含有成像物体的相关信息，该信号被输送至锁相放大器实现最终探测成像。

图 4 - 11 为混合式太赫兹成像系统的原理图。混合式太赫兹成像系统可以理解为利用电光取样的探测方法探测连续太赫兹。整个系统主要由两部分组成。首先是连续太赫兹源部分，由耿氏振荡器产生的连续太赫兹波经高阻硅片（高阻硅片相当于分束器，可以同时透过和反射太赫兹波）分为两束：一束作为参考路太赫兹波，经过氧化铟锡晶体（对太赫兹波全反，对激光全透）反射后由太赫兹透镜聚焦在参考路的碲化锌晶体上；另一束作为信号路的连续太赫兹波经由样品反射，经过离轴抛面镜准直后的反射光同样经由氧化铟锡晶体及太赫兹透镜聚焦在探测路的碲化锌晶体上。激光部分是由钛宝石激光器产生的

800 nm 激光经由偏振分束镜分束，两束激光分别聚焦入射到参考路和探测路的碲化锌晶体上。聚焦在探测晶体碲化锌上的太赫兹波在碲化锌晶体处产生电光效应，太赫兹波的电场使电光晶体碲化锌的折射率发生各向异性的变化，因此，与太赫兹波同时聚焦在碲化锌晶体上的飞秒脉冲激光通过碲化锌时，偏振状态将会发生变化。激光偏振状态的改变量与入射太赫兹波的强度成正比，因而可以通过检测探测光在晶体中发生的偏振变化获得太赫兹电场波形。

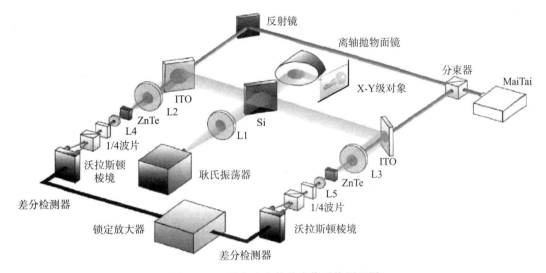

图 4-11　混合式太赫兹成像系统原理图

系统中飞秒脉冲激光偏振状态的探测采用偏振分光与差分探测相结合的方式，该方式与传统的太赫兹时域光谱系统的探测机制相同，透过 ZnTe 的激光通过 1/4 波片后由渥拉斯顿棱镜分为 o 光和 e 光，分光后的两个偏振分量经光电转换后作差，当探测单元无太赫兹波入射时，调节 1/4 波片，使两偏振状态分量强度相等，当再引入太赫兹波时，两偏振分量的差值变化即反应了激光偏振状态的改变量，也就是太赫兹波的强度。由于太赫兹时域光谱系统的脉冲太赫兹信号由激光产生，太赫兹脉冲与激光脉冲的重复频率是相同的，所以参考信号与探测信号之间没有同步问题。作为参考输入锁相放大器的信号不能使用激光与晶体作用结果，应该使用连续太赫兹、激光和晶体三者共同作用结果作为参考信号，这样才能保证与探测信号的同步性。所以系统采用双路探测加锁相放大的方式进行探测。

混合式系统相对于传统系统的最大优势在于可以极大提高系统的信噪比，从而提高成像结果的成像对比度和动态范围。基于耿氏振荡器的混合式成像系统中，耿氏振荡器与其他连续太赫兹相比有较高的能量输出及较高的稳定度，可以实现高信噪比高动态范围的测量。

综上所述，混合式太赫兹成像系统集脉冲式太赫兹成像系统与连续式太赫兹成像系统的优势于一身，并且有所改进，将为太赫兹成像提供一种新的呈现形式。

4.2.7 太赫兹近场成像

由瑞利判据可知,传统太赫兹波成像受长波长对应的衍射极限的影响,分辨率低于可见光,只有几百微米数量级,远大于微纳结构材料或生物组织与细胞的尺度,无法满足高精度观测的需求。

空间分辨率不足限制了太赫兹成像技术的实用化,所以需要突破衍射极限,提高太赫兹成像系统的空间分辨率。如果太赫兹成像系统能够在收集传输波的同时还能采集到瞬逝波,则就能获得亚波长量级的分辨率。另外,由于瞬逝波仅存在于成像样品的表面附近,它会随距离的增加而指数递减,无法抵达像平面,所以如果将探测器放置于样品附近(一个波长之内),就可探测到瞬逝波,由此就可对样品进行亚波长高分辨率的成像,此即近场成像技术。

(1)太赫兹近场成像技术概况

近场成像是突破衍射极限,获得亚波长分辨图像的研究热点之一,自设想提出以来,陆续在微波、可见光、红外与太赫兹波等领域得到了验证。太赫兹波近场成像是在可见光等波段较为成熟的思想和方法上发展而来的,它既继承了后者对样品表面形貌进行高分辨无损扫描的功能,又具备对一些内嵌样品成像而获取亚表面信息的独特能力,在载流子浓度测量、微纳结构显微、晶体特性研究及生物医学成像诊断等领域颇具应用价值。

该技术的实现主要得益于隐失波的产生和利用,性能的提升取决于太赫兹的局域、增强或者增透程度,方法大致有四类,分别为:利用亚波长大小物理孔径或虚拟孔径局域的太赫兹波、亚波长大小针尖局域和增强的太赫兹波、激光聚焦后产生的亚波长尺寸太赫兹辐射源、微纳结构材料局域和增透的太赫兹波进行近场成像。

研究内容在理论上包括太赫兹波经微孔衍射和微纳结构传输、调控等过程模型的建立,样品表面近场太赫兹波电场与能流分布的求解,样品与针尖耦合系统的相互作用及其对太赫兹波探测信号影响的探究等;在实验上包括探针、微纳结构其材料和结构的选择与设计,近场条件的实现与稳定控制,基于探测方式改进和辐射源、探测器优选的成像性能优化等。关于辐射源,早期多借助相对成熟的太赫兹时域光谱系统,选用光电导天线法或光学整流法产生的脉冲太赫兹波作为光源。

但是近年来,返波管、气体激光泵浦的太赫兹激光器、自由电子激光器、太赫兹参量振荡器、量子级联激光器及耿氏振荡器等产生的太赫兹波,也在该领域得到利用,便于输出功率的增加,频谱范围的扩展,结构的紧凑和成本的降低。关于探测,基于光电导取样和电光取样的相干探测方法较为普遍,但基于热效应积累的辐射热计和高莱探测器也见诸报道,而且借助迈克尔逊干涉仪等还能提取太赫兹波的振幅和相位信息,提高系统的信噪比。关于成像方式,尽管现有报道多集中于逐点扫描这一较慢的方法,但是实时成像研究也正逐渐展开,如 Blanchard 等人以妮酸锂晶体倾斜波前激发产生的高功率太赫兹脉冲为光源,结合电光取样技术和 CCD 相机探测,设计而成的实时太赫兹波近场显微系统,可实现每秒 35 帧,空间分辨率达 $\lambda/150$ 的成像。

（2）近场机制与成像基本原理

近场通常指距离在波长甚至是亚波长量级的区域。典型的太赫兹波近场成像多指扫描近场太赫兹波显微，即利用局域太赫兹波在样品近场区域进行二维网格状扫描，收集所有待测点处信息后，交由计算机处理和重构出最终图像，该过程所获图像分辨率不受波长限制，而主要取决于局域孔径或针尖的大小。

根据海森堡测不准原理，为实现扫描平面方向上亚波长量级物体的分辨，该方向上的波数分量必须大于入射太赫兹波的波数，而垂直平面方向上的分量为虚数，这导致太赫兹波在其近场区域除存在传播分量外，还同时存在隐失分量。其中，传播场有能流传播，但不携带样品的细节信息，振幅与传播距离成反比；而隐失场虽无能流传播，但携带样品的细节信息，振幅随距离的增加而指数衰减。近场成像可以突破衍射极限正是因为对隐失波的获取、利用和探测，这与受到衍射极限限制的传统方法中，利用透镜等光学元件对太赫兹波聚焦来提高分辨率有着显著区别。

近场成像分为两种模式：近场照明和近场收集。两者区别在于用来获取或耦合转化隐失波的亚波长尺寸物体相对样品的位置不同。近场照明是利用微孔或针尖局域太赫兹波，近场照射样品；近场收集是近场直接探测受样品精细结构散射而得的隐失场，或远场探测其经近场微孔或针尖转化而成的传播场。前者的实用和推广需先解决信号的大小问题，即如何对太赫兹波进行有效局域和增强增透；后者伴随隐失场的衍射，故需解决近场距离的控制及太赫兹波的高效耦合与转化。根据太赫兹源与信号接收装置相对位置的不同，近场成像还分为透射和反射两种类型。透射成像通常只适用于薄且对太赫兹波透过率较高的样品；而反射成像虽可解决样品厚度大、太赫兹波透过率低的问题，但多存在背景噪声及照明接收光路相互干扰等缺点，系统信噪比有待提高，分辨率普遍不及前者。

太赫兹近场成像最早实现于 1998 年，此后太赫兹近场成像技术得到了迅速的发展。目前太赫兹近场成像技术主要有基于亚波长孔径的近场成像、基于探针技术的近场成像和基于高度聚焦光束的近场成像 3 种。图 4-12（a）为太赫兹近场焦平面实时成像系统，该系统将太赫兹焦平面技术和近场成像技术结合在一起，提高了实时成像技术的分辨率。探测晶体碲化锌与被成像样品（金属板）紧贴着放置在一起，以使它们之间的距离控制在一个波长范围内。其中，成像金属板的孔阵列的相关参数都在亚波长量级。在其太赫兹近场成像结果图 4-12（c）中可以清晰地看到所有的圆孔和方孔。

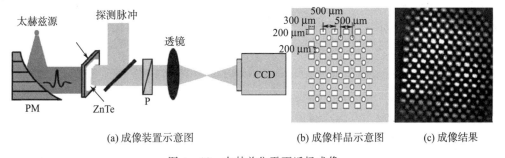

(a) 成像装置示意图　　　　　(b) 成像样品示意图　　　　　(c) 成像结果

图 4-12　太赫兹焦平面近场成像

4.2.8 太赫兹被动成像

由于太赫兹波段的探测器受加工工艺限制，制作困难且造价昂贵，所以被动太赫兹成像还不能达到 CCD 相机或红外焦平面阵列那样方便的形成二维图像。因此，采用较少的太赫兹波探测单元和光学机械相结合的扫描模式是目前现实的被动太赫兹快速扫描成像技术。这种扫描方式不仅可实现速度快、分辨率高、视场大等需求，而且显著地降低了系统成本。图 4-13 为被动太赫兹成像系统原理示意图及其对人体的成像结果。

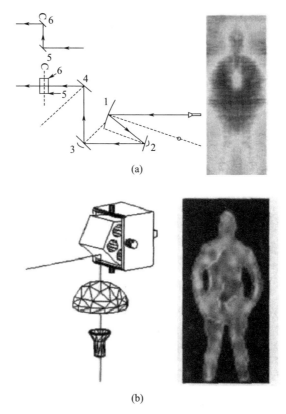

图 4-13　被动太赫兹成像系统原理与结果

被动太赫兹成像系统主要由光机扫描部分、成像前端、高速数据采集和传输部分以及基于计算机的图像显示部分组成。其中核心的是光机扫描部分，主要功能是完成对物方空间的二维快速扫描；成像前端的主要功能是将太赫兹信号转换成直流电压信号，以供数据采集。高速的数据采集和传输部分主要功能是完成对光机扫描部分的控制，并且对来自成像前端的输出信号进行采集和传输；图像显示部分的主要功能是将来自光机扫描部分的同步信号和来自成像前端的输出信号进行处理，重构出被测人体的图像。图 4-13 中，图 (a) 为双转镜式被动太赫兹成像系统原理示意图与成像结果。该系统中采用了一对对转的平面镜进行行扫描，这两块平面镜的法线与旋转轴之间均有一定夹角。另一块平面镜进行帧扫描，从而实现对被测目标的二维扫描。该系统成像距离为 1.5 m，成像范围为 0.5 m×1.8 m，成像时间为 12 s，探测频率为 0.1 THz，图像分辨率为 10 cm。图 4-13（b）为多面体镜式被动太赫兹成像系统原理示意图与成像结果。该系统通过一块多面体转镜的旋转完成竖直列扫描，同时该多面体转镜绕其竖直摆动轴进行往复摆动，从而完成帧扫描。该系统成像距离为 1.5 m，成像范围为 1 m×1.8 m，成像时间为 4 s，探测频率为 0.2 THz，图像分辨率为 5 cm。

4.2.9　太赫兹共焦扫描显微成像

随着太赫兹成像技术的不断发展，多种新体制太赫兹成像技术应运而生，如太赫兹数字全息成像、太赫兹飞行时间成像等。理论上，太赫兹共焦扫描显微成像兼具太赫兹成像与激光共聚焦扫描显微成像的优点，是太赫兹成像技术体制的一种新尝试，按照成像方式来划分，可分为透射式和反射式两种方式。

在实际中，许多不能通过透射式来成像的情况，可以通过反射式成像来实现，并且反射式共焦扫描技术能够实现光学断层成像，即能成物体三维像，所以相比于透射成像方式，反射式更具研究意义。在显微光学中，高分辨率成像是人们追求的一个重要指标，然而，由于现有太赫兹激光器输出功率尚不稳定，针孔的加入增加了系统对准难度，造成图像质量受到较大影响。

太赫兹共焦扫描成像技术已经引起了各国太赫兹研究人员的重视，并且通过不断改进成像实验装置，增强太赫兹辐射强度，提高太赫兹波段探测器的灵敏度，使用新型材料透镜，提高了图像对比度、空间分辨率，取得了一些成绩，表明了太赫兹波段独特的成像性质与激光共焦扫描成像技术结合的可行性。另外，国外已经开始了太赫兹共焦扫描成像技术在动植物组织成像检查方面的研究工作。

2006 年，德国 M. A. Salhi 等首次实现了半共焦透射式扫描显微成像，他们所使用的激光器为二氧化碳的连续太赫兹激光器，光路图如图 4-14 所示，共焦针孔的加入，起到了空间滤波的作用，提高了图像分辨率，样品放置在二维移动台上，可实现样品二维成像，然而在半共焦装置中，样品被直接放于针孔后面，所以成像物体尺寸被限制，后续改进的共焦实验中，样品会有所加厚。

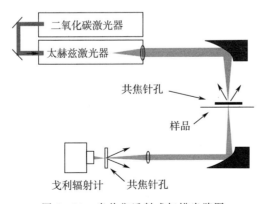

图 4-14　半共焦透射式扫描光路图

如图 4-15 所示，为几种置于信封中的金属物体的实物图及半共焦扫描成像结果，每像素宽度为 1 mm，成像效果比较好。

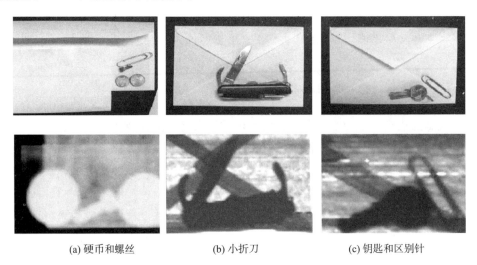

(a) 硬币和螺丝   (b) 小折刀   (c) 钥匙和区别针

图 4-15　几种信封中的金属物体的实物图及半共焦扫描成像结果

2008 年，M. A. Salhi 等改进了其成像装置，在半共焦扫描显微成像系统的基础上，设计了透射式共焦扫描成像系统，以远红外气体激光器泵浦产生 2.52 THz 激光，探测器为高莱探测器，实验装置如图 4-16 所示。

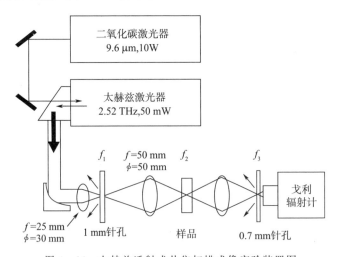

图 4-16　太赫兹透射式共焦扫描成像实验装置图

其中，前针孔尺寸为 1 mm，探测针孔尺寸为 0.7 mm，聚焦透镜的 $f = 50$ mm，$\phi = 50$ mm，为了展示该系统的空间分辨率，他们进行了新鲜叶片成像对比实验，如图 4-17 所示，图（a）为普通的新鲜叶片照片，图（b）为透射式共焦扫描显微成像结果，叶脉因含水较多，太赫兹辐射吸收严重，所以叶脉的透射图像呈现深色。并且，通过太赫兹扫描成像后，可以看到更精细的脉络，这是可见光照片所不能达到的。

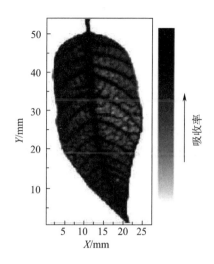

(a) 普通的新鲜叶片照片　　　　　　　　　(b) 共焦扫描显微成像结果

图 4-17　新鲜叶片成像对比实验

为进一步展示其高分辨率，又进行了 0.3～0.4 THz 时域谱成像和共焦方式成像的对比，如图 4-18 所示，对高密度聚乙烯板中夹有的砂砾进行成像对比实验，很明显共焦方式所成的像能够更清晰地显示砂砾的位置。

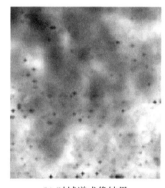
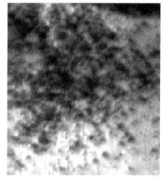

(a) 样品照片　　　　　　　(b) 时域谱成像结果　　　　　　(c) 共焦扫描成像结果

图 4-18　时域谱成像和共焦方式成像的对比实验

2008 年，M. A. Salhi 等通过实验报道了他们已建立的 2.52 THz 太赫兹气体激光器共焦扫描成像系统的空间分辨率可达到 0.26 mm。该激光器以甲醇为激活介质，激发得到 2.52 THz 的激光，功率可达 50 mW，用高莱探测器来收集成像光信息。他们以镶有金属芯片的聚乙烯卡片作为样品进行成像，通过比较中心频率是 0.35 THz 的时域谱成像和透射式共焦扫描显微成像所得的结果，证明了共焦方式所成的像，分辨率明显高于时域谱成像。从图 4-19 中可以看出，相比于原始照片，该方法能够显示出芯片原有的缺陷。通过对太赫兹光束的直径进行测量，得到整套系统的空间分辨率可达 0.26 mm。

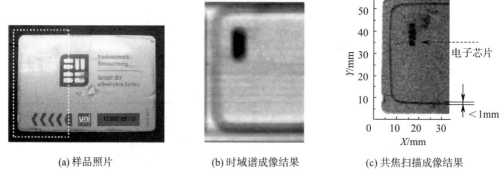

(a) 样品照片　　　　　　(b) 时域谱成像结果　　　　　(c) 共焦扫描成像结果

图 4-19　时域谱成像和共焦方式成像的对比实验

2008 年，N. N. Zinovev 等提出了太赫兹透射成像实验装置，利用飞秒激光器激发光导天线产生太赫兹辐射，样品为镀在硅基片上的铬层构成的不同频率的光栅阵列，实验结果给出了太赫兹脉冲波形和频谱，实验得出针孔的加入并没有改变太赫兹脉冲的频率成分。

2008 年，韩国 M. Lim 等人提出了太赫兹反射式共焦扫描显微成像实验装置如图 4-20 所示，成像装置由太赫兹源、透镜（L1，L2，L3）、分光片（BS）、针孔（PH）和探测器组成。3 个透镜中，L1 用于准直光束，L2 为物镜，L3 为采集镜，实验用太赫兹源波长为 0.3 mm，样品是带有矩形槽的良导体，主要通过物镜的振动调节辐射在良导体上的太赫兹光束，振幅和相位信息同时被测量，在图 4-20（b）中可看到矩形槽的结构信息。经计算，该系统的分辨率可达 400 μm。

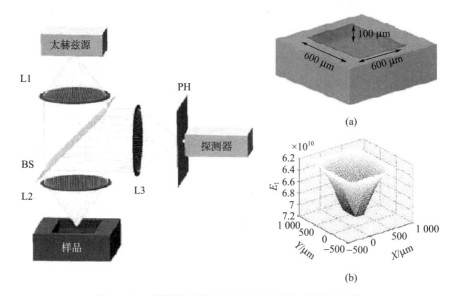

图 4-20　太赫兹反射式共焦扫描成像装置图及结果

2009 年，M. A. Salhi 等改进其共焦扫描显微成像实验装置，将探测针孔的尺寸改为

0.5 mm，结果进一步提高了其空间分辨率，实验中对放在刻有划痕的塑料板前的 100 元纸币进行共焦扫描成像，分别加入和移除探测针孔，得到了两张对比图，通过对同一水平线上的灰度进行比较，加入针孔后的分辨率更好，这证明共焦成像分辨率高于普通光学显微成像系统。

2009 年，N. N. Zinovev 等对他们所提出的太赫兹透射式共焦成像装置进行了理论探讨和深入的实验研究，给出了能够证明加入共焦针孔后，横向分辨率和轴向分辨率均得到增强的结果。通过比较图像同一水平线上振幅最大值和最小值的比率，可以知道共焦针孔的加入使得成像系统的轴向分辨率及对比度均得到加强。

2012 年，意大利 De Cumis 等设计了一套基于 2.9 THz 量子级联激光器的共焦显微成像系统，如图 4 - 21 所示，装置中使用多种能够高度透射太赫兹辐射的透镜，如 Picarin 透镜和 TPX 透镜，用以更好地准直和收集太赫兹辐射信息，根据瑞利准则，该成像装置能得到高达 67 μm 的横向分辨率，以及小于 400 μm 的轴向分辨率，通过对新鲜叶片的实物成像，在所选取的像素数 200×200、步长 50 μm 的叶片区域内，脉络高度清晰可见，并且能够看到更为精细的结构，横向分辨率很高，并且通过对写有铅笔字迹的层叠纸张的成像，证明了该系统轴向分辨能力较强。

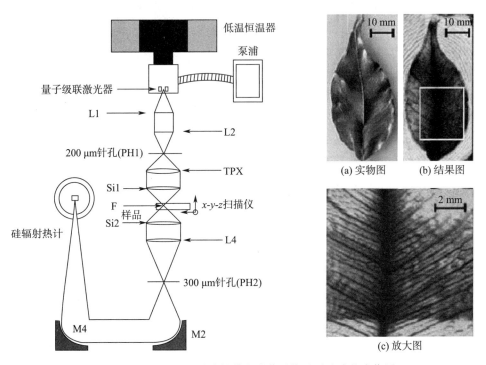

图 4 - 21　De Cumis 设计的共焦成像系统及对叶片的成像图

2014 年，韩国 Yoonha Hwang 等设计了一套基于自由电子激光脉冲太赫兹源的透射式太赫兹成像实验装置，辐射频率为 2.7 THz，对活体小鼠耳部皮肤以 260 mW/cm^2 的功率辐射近 30 min，通过观察细胞等级的炎症反应，得到了小鼠细胞对太赫兹辐射具有动态炎症反应的结论。

　　国内关于太赫兹共焦扫描显微成像的研究工作刚刚起步，相关文献较少，目前开展这项工作的单位主要有哈尔滨工业大学、首都师范大学和电子科技大学。

　　2008 年，首都师范大学张艳东等通过相干探测获得了太赫兹反射式共焦扫描显微图像，通过耿氏振荡器激发得到了 0.2 THz 辐射，所用共焦针孔尺寸为 2 mm，实测轴向分辨率约为 25.5 mm。获得的图像空间分辨率不高，是由于该太赫兹辐射波长较长，共焦针孔直径较大，图 4 - 22 为所设太赫兹共焦显微成像装置。

图 4 - 22　张艳东设计的太赫兹共焦显微成像装置图

　　2010 年，哈尔滨工业大学丁胜晖等利用型号为 SIFIR - 50 的二氧化碳抽运连续太赫兹激光器搭建了太赫兹透射式共焦扫描显微成像系统，所用探测器为 P4 - 42 型热释电探测器，其光源处针孔和探测针孔分别为 1.2 mm 和 0.6 mm，实验所得图像的横向分辨率明显提高，图 4 - 23 为金属片的太赫兹透射式共焦扫描显微成像结果，由图 4 - 23（b）看到，对金属片小于 0.25 mm 的微小区域也可成像。

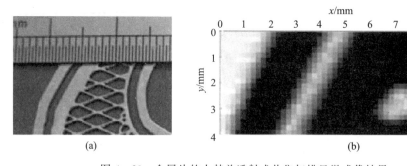

图 4 - 23　金属片的太赫兹透射式共焦扫描显微成像结果

　　2011 年，天津大学邸志刚等提出了一种基于连续扫描的新型太赫兹成像系统，所用太赫兹光源为 FIRL - 100，输出 2.52 THz 辐射，探测器为基于钽酸锂的热释电探测器，通过对带针孔的金属板成像实验结果表明，此系统的横向分辨率小于 0.5 mm。

4.3　太赫兹成像技术发展现状

随着信息化的不断提高，太赫兹成像作为一个全新波段的成像技术，将在军事、民用等领域有很大的应用前景。近年来，人们已经对太赫兹技术有了一定的认识，但是，太赫兹仍然是一个尚未被完全开发的研究领域，是一个极具研究和应用价值的频段资源，尤其是在特殊条件下的高分辨成像方面，有着巨大的科研和军事应用价值。目前越来越多的国家和研究者对太赫兹成像技术进行深入研究，太赫兹图像的成像质量得以逐步提高，世界各国的公司及研究所都投入了大量的人力物力进行太赫兹成像研究。

4.3.1　太赫兹成像技术发展历程

自从 1995 年美国贝尔实验室第一次利用太赫兹辐射对树叶、芯片等样品进行成像以来，美国国家基金会、国家航空航天局、国防部、能源部和国家卫生学会等机构对太赫兹技术相关的研究项目进行了持续的、较大规模的资金投入。图 4 - 24 为贝尔实验室搭建的透射型太赫兹成像系统原理图。该系统没有使用锁相放大器，因此信噪比很低，数据处理部分采用语音识别算法提取振幅和位相信息。图 4 - 25 为 415 cm×213 cm 树叶的成像结果，共取了 30 000 像素，频谱分辨率为 0.02 THz，空间分辨率为 0.25 mm。

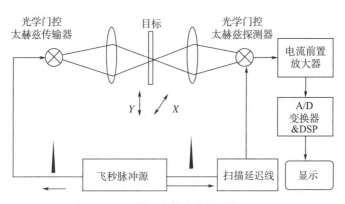

图 4 - 24　透射型太赫兹成像系统原理图

图 4 - 25　扫描结果

　　1997—2001 年间，Dorney 等人对太赫兹反射成像系统进行了研究。为了提高深度分辨率，他们利用了位相转换的干涉仪装置去除背景噪声，从而可以大大提高信噪比。图 4-26 为他们所研究的反射型太赫兹扫描成像系统原理图。

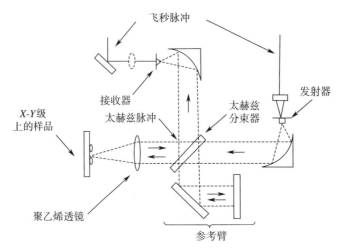

图 4-26　反射型太赫兹扫描成像系统原理图

　　1996—2003 年间，美国伦斯勒大学太赫兹研究中心张希成等人对太赫兹实时成像、太赫兹计算机辅助成像及便携式连续波成像系统进行了研究。图 4-27 为他们利用电光晶体和 CCD 实现实时太赫兹成像系统的原理图，与扫描成像相比，该系统可以大大提高信息的提取速度。图 4-28 为太赫兹射线计算机辅助成像系统的原理图，为了提高成像速率，他们在实验中采用了啁啾探测光的技术探测太赫兹波，从多个投影角度直接测量宽波带太赫兹脉冲的振幅和相位，能够实现物体的三维成像。图 4-29 为连续太赫兹成像系统，该系统通过记录太赫兹波透过泡沫板后的强度信息，实现对缺陷的有效检侧。目前该技术已被应用于飞船外部燃料箱上绝缘泡沫的无损检测。

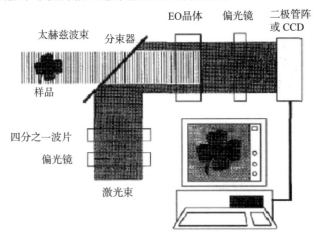

图 4-27　太赫兹实时成像系统

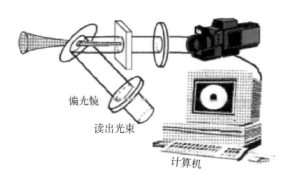

图 4 - 28　太赫兹射线计算机辅助成像系统

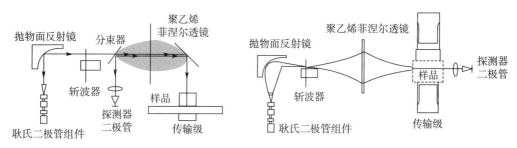

图 4 - 29　连续太赫兹波成像系统（左图为反射式右图为透射式）

2008—2011 年间，美国喷气推进实验室在 662～691 GHz 频段上采用调频连续波体制实现了 25 m 处的三维成像，深度分辨率为 7 mm，平面分辨率为 1 cm，40 cm×40 cm 视场范围成像时间 1 s（66 像素×48 像素），2009 年，美国西北太平洋国家实验室在 345.2～354.8 GHz 频段上实现了 5 m 处的三维成像，分辨率达到 1.5 cm，1.25 m× 2.5 m 视场范围成像时间为 10 s（80 像素×160 像素）。

在欧洲，多个国家都有自己支持的研究项目，其中英国和德国最为突出。英国的 ThruVision 于 2009 年实现了多通道外差接收列阵的无源焦面阵成像产品 T5000，成像距离＞20 m，帧速＞10 Hz，可实现车载成像，是第一款投入安检领域的太赫兹无源检测系统。德国在电子学太赫兹领域中占有重要地位，在太赫兹成像和通信领域中研发了多套太赫兹系统，部分研究成果也已经走出实验室形成产品。

2007 年，德国法兰克福大学搭建了"hybrid"系统，系统中将连续太赫兹波分成两束，一束用于对物体进行探测，不携带物体信息，仅作为参考。通过两束太赫兹波的比较，实现了较高分辨率的连续太赫兹波成像。图 4 - 30 为该系统的成像原理图，图 4 - 31 为硬币的成像结果。

2008 年，德国弗劳恩霍夫研究所采用"调频连续波＋逆合成孔径雷达"工作体制，在 206～214 GHz 频段上，利用目标转动，实现了 150 m 距离处的二维成像，分辨率达到 1.8 cm。

2009 年，德国 RPG 公司在 230～320 GHz 频段上采用调频连续波体制实现了 0.5～ 1.5 m 距离的三维成像，深度分辨率为 1.4 mm，在 0.5 m 处的平面分辨率为 4 mm，

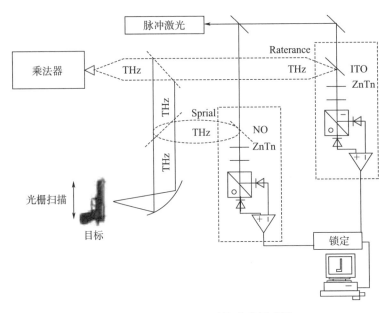

图 4 - 30　"hybrid"系统成像原理图

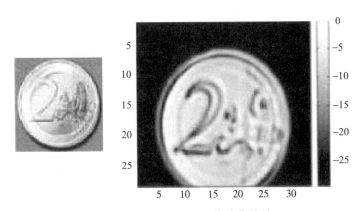

图 4 - 31　"hybrid"系统成像结果

30 cm×20 cm 视场范围成像时间 9 s（75 像素×50 像素）。此外德国的 SynView 公司基于调频连续波体制，研发了适合近距离精细扫描的三维成像系统，空间分辨率可以达到 1 mm。该系统如图 4 - 32 所示。

2011 年，德国法兰克福大学在 220～320 GHz 频段上采用调频连续波体制，用 8 个发射模块和 16 个接收模块组成了一个线阵列，实现了 8 m 处的快速成像，成像时间为 0.5 s。其实验装置如图 4 - 33 所示。

此外，欧洲还组织了多学科、跨国家的大型太赫兹合作项目。日本、加拿大、韩国、澳大利亚也相继建立太赫兹科学研究机构，许多微波及光学的研究所都把研究重心转到太赫兹领域。

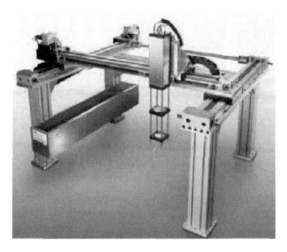

图 4-32　SynView 三维成像系统　　　　　　　　图 4-33　三维快速成像实验装置

2010 年日本 Kato E 等人利用超短脉冲光纤激光器激发光电导开关产生 3.0 THz 脉冲太赫兹波，实现了光谱三维层析成像。图 4-34 为成像原理图，该系统使用光纤激光器和光电导开关产生和探测太赫兹波，可以测得整个频带内的振幅和相位投影信息。图 4-35 为通过综合投影数据重建获得的三维重建图像。样本是装有乳糖、酪氨酸以及乳糖酪氨酸混合粉末的聚乙烯杯状物。

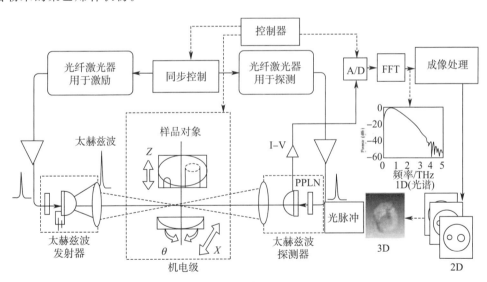

图 4-34　三维光谱层析成像原理图

2014 年，日本的微系统集成实验室用电光相位调制对太赫兹波相位进行调制，并缩短光路的方法实现了基于 1.5 μm 光纤单向光敏二极管及铟镓砷光电导接收器的光谱矢量成像系统，分别在 300 GHz 和 1 THz 频率上得到了 100 dBHz 和 75 dBHz 的动态范围。相位稳定度达到 1.5°/min。在吸收率及介电常数测量中可实现实时成像，可以在几分钟内对药片内的合成晶体进行探测。图 4-36 为实时成像系统原理图，图 4-37 为其成像结果。

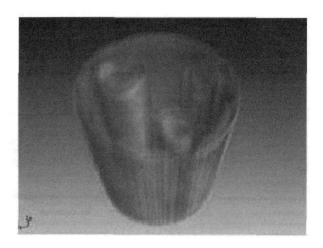

图 4 - 35　三维重建图像

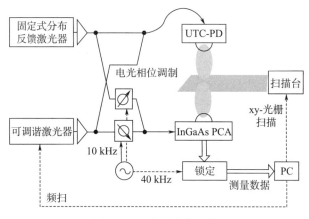

图 4 - 36　实时成像系统

(a)
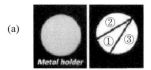

①：100% PE

②：20% Caf:Oxa co-crystal + 80% PE

③：40% Caf:Oxa co-crystal + 60% PE

④：Ref.air path

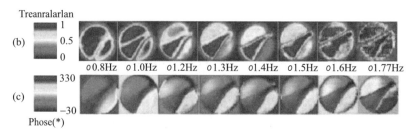

图 4 - 37　实时成像结果

　　2014 年，韩国食品安全机构，将运用高斯光束的太赫兹光栅扫描成像系统对食品中的异物进行检测，达到了太赫兹衍射成像极限，并与 X 射线的成像结果进行了对比。在稀疏异物检测方面得到了比 X 射线更好的成像结果。图 4 - 38 为该系统原理示意图，图 4 - 39 为几种异物的检测结果。该装置在扫描补偿为 0.5 mm 时，通过点对点的扫描可以实现 95 mm×65 mm 范围成像时间为 58 min/fram。

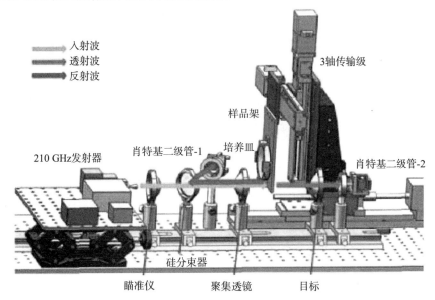

图 4 - 38　太赫兹光栅扫描成像系统示意图（见彩插）

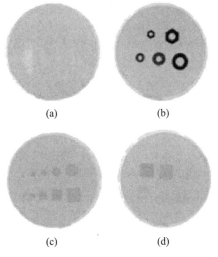

图 4 - 39　光栅扫描成像结果

　　2014 年韩国实物安全监测机构通过在聚焦光束扫描中引入光束控制工具，实现了基于连续太赫兹光谱的快速扫描成像系统，通过平场聚焦透镜的设计，检流计及线扫描形式的引入，使该系统在成像分辨率及扫描范围上均得到了提高。图 4 - 40 所示为其成像系统光路及成像结果。

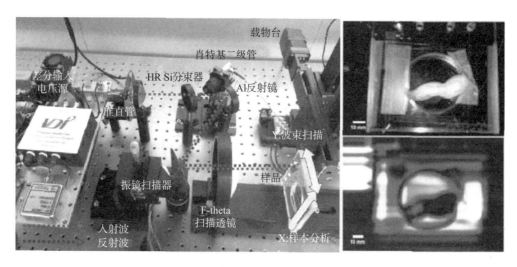

图 4 - 40　高速连续太赫兹成像系统光路及成像结果

在国内，以 2005 年的"香山科技会议"为转折点，太赫兹技术逐步受到重视，首都师范大学、天津大学、成都电子科技大学、中国工程物理研究院、中科院、哈尔滨工业大学、吉林大学、深圳大学和南京大学等一大批科研院所投入到了相关研究中，取得了多项研究成果。

首都师范大学作为国内最早从事太赫兹研究的单位之一，在太赫兹时域光谱成像、连续波成像等多种成像方式上进行了深入的研究，研发了国内首台无源成像系统，在 220 GHz 频率上，设计了多套成像系统，并且对 300 mm×300 mm 成像所需时间为 1 s，成像分辨率达到 3 cm×3 cm，能够识别出皮带扣，所研发的仪器及成像结果如图 4 - 41 所示。

图 4 - 41　首都师范大学太赫兹安检仪

除中国工程物理研究院、首都师范大学以外，中科院电子学所、成都电子科技大学、华中科技大学、北京理工大学等都设计或者购买了电子学太赫兹成像系统；哈尔滨工程大学、深圳大学、南京大学等多家单位都在进行光谱太赫兹成像技术的研究。

4.3.2　太赫兹成像技术限制因素

虽然太赫兹成像具有很多优势且应用前景广泛，但是也有其局限性：

1）大部分生物组织中含水量丰富，而水对太赫兹波的吸收性极强，因此，无法清晰地获得含水量较多的样品的太赫兹图像，这就限制了太赫兹成像在生物医学上的某些应用。同时，空气中的水蒸气也会使太赫兹波在空气中的远距离传播受到限制，从而直接影响实验的结果。

2）大多数太赫兹探测器对温度变化极为敏感，外部温度的变化可能会使探测器的测量结果失真，所以实验时要注意保持温度的恒定。

3）将逐点扫描成像系统应用于对生物样品的探测时，可能会由于系统获取数据的时间过长而导致样品变性。

4）反射式成像系统必须保证太赫兹信号正入射到样品表面，否则经样品反射的太赫兹波与透镜反射的太赫兹波会产生干涉，引起干涉条纹而对成像结果造成极大的影响。

4.4　太赫兹成像技术应用

利用太赫兹波对物质进行分析鉴别的技术近年来备受关注。太赫兹波具有适合公共安检领域危险品检测的诸多特性：

1）对绝大部分非金属及非极性的包装材料具有良好的穿透性和相对的透明性，适合对隐匿物品的检测；

2）常见的危险品，如爆炸物、毒品和生化病菌等，在太赫兹波段具有明显的吸收特性，可构建准确的指纹吸收谱数据库；

3）电离能很小，既不会引起检测物的电离破坏，也不会危及到使用人员的健康。因此，相比于传统的安检技术，太赫兹波在危险物的科学分析上具有更大的优势。

太赫兹波成像是太赫兹科学技术最主要的应用之一，一定程度上可以获得较其他光源更丰富的信息，比如材料的折射率与空间密度分布、生物体的水含量与分布及隐藏物的辨别等，在生物医学成像、食品药品质检、材料无损检测、文物地质探测、反恐安全检查与目标雷达成像等领域具有重要意义。

太赫兹波的特性决定了发展太赫兹技术拥有重要的学术价值和广阔的应用前景，随着太赫兹信号源及探测器研究的不断发展，太赫兹成像技术逐渐成为了太赫兹领域的研究热点。许多研究小组及公司纷纷投入到太赫兹成像的开发研究中，更是令太赫兹成像的相关应用得以迅速发展。

4.4.1　安全检查

在安全检查和质量控制应用中要考虑到两个重要因素：其一，太赫兹辐射不能穿透金属，金属表面几乎可以 100% 的反射太赫兹辐射，因而太赫兹波不能用于探测金属容器内的物体，但可以用于对隐藏金属武器探测；其二，极性物质（液态水等）对太赫兹波有强烈的吸收，当探测如树叶、生物组织等含有水分的物质时，可表征水分的含量和分布，因而可用于生物医学成像和光的检测等。况且被吸收后太赫兹对人体的影响也仅仅限于表皮而已，对人体毫发无损，可安全应用。

太赫兹辐射处于亚毫米波量级，由于自身的特殊性质，利用太赫兹波而研制的大型安检设备可成为当前应用设备的有效补充，在有些方面可以取代旧有设备。比如由于太赫兹波的强穿透能力和低辐射性，随着技术的成熟，太赫兹成像就可以完全替代 X 射线透视、计算机辅助层析成像扫描等用于医学检测。

基于 X 射线的全身扫描因涉及人身健康及隐私等问题，一直不能为公众所接受。而水对太赫兹波的吸收性极强，太赫兹波无法穿透人体皮肤，相较于 X 射线，太赫兹辐射更具有安全性，这就使其在安全检查领域将发挥越来越大的作用。

太赫兹波的低能安全性，使我们可以利用太赫兹波进行活体检测，而且太赫兹波段包含了大多数毒品及违禁品的指纹谱；基于此，可以将太赫兹成像应用于车站、机场等人员较稠密的场合，对人体携带的毒品或违禁品进行检测、预警等。此外，由于太赫兹波具有穿透包装盒、书包、陶瓷及衣服等非极性物质的性质，可以将太赫兹成像应用于邮局，对信封、包裹等包装物内隐蔽的违禁品进行快速检查。

根据成像模式的区别，太赫兹安检成像可分为被动式和主动式。被动式成像系统自身并不发射任何射线或者能量，利用物体和人身体自身产生和反射环境的太赫兹波的差异进行对比成像，其理论基础是普朗克黑体辐射定律；主动式成像系统发射太赫兹波信号并对目标散射的回波信号进行处理，从而获得目标图像，其基本规律可借助雷达原理进行分析。主被动成像各有优劣，被动成像结构简单，无辐射安全问题，不存在隐私侵犯，但受环境影响大，例如在室外空旷处的成像效果要远好于室内有其他辐射体的情况；而主动成像不受温度和周围辐射的影响，环境适应性要远强于被动成像，且主动成像分辨率高，可实现三维成像，图像更清晰，但系统结构复杂，成本高，所成图像会显示人体生理特征，需要在图像处理中遮挡或模糊化以保护人体隐私。

美国投入大量人力研究太赫兹成像反恐安检系统，并取得了较大的进展。然而目前已投入使用的大部分产品还处于毫米波频段。太赫兹频段的被动成像安检仪已有相应产品问世，例如英国 Digital Barriers 公司的 THRUVISION 系列产品，其应用场景及实物图见图 4-42，产品工作于 0.25 THz 频段，探测距离为 3～15 m，8 通道机械扫描，成像速度可以达到 6 frames/s，已在美国纽约警察局人体隐藏爆炸物检测、亚洲乘客安检、中东和非洲国家政府重点部位监护等场合获得应用。

太赫兹主动成像样机目前还处于实验室研发阶段，目前采用最多的还是逐点扫描式，这种方法可进行阵列扩展，具有成像速度快的优势，其代表为美国喷气推进实验室。美国喷气推进实验室从 2006 年开始，先后研制四代样机，第一代产品工作频段为 576～589 GHz，发射频率调制连续波配合扫描获得三维图像，在 4 m 处的分辨率约为 2 cm，但成一帧图像时间需要 5 min（50 像素×50 像素），其主要不足为模拟锁相环调频率低，线

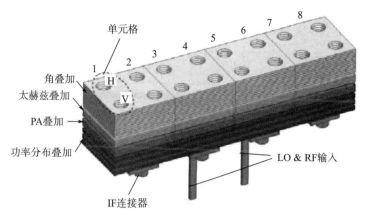

图 4 - 42　太赫兹阵列具有实现视频成像帧速率的潜力

性度差,以及特氟龙折射镜射线吸收率大,其后产生大量杂波,因此成像效果不理想;第二代针对第一代的问题进行了改进,一方面将带宽提升为 28.8 GHz,另一方面采用"直接数字式频率合成器+模拟锁相环",并配合铝制椭圆反射镜,改善了成像效果,但其成一幅图像时间仍需 5 min(50 像素×50 像素),第二代存在的主要问题为成像速度慢,作用距离近,信号线性度差;第三代将频率提升为 660~688 GHz,并将主反射镜直径增至 1 m,且在光路中增加一个小平面镜代替主反射面完成旋转扫描,并采用极化复用技术,使成像速度得到极大提升,达到 1 帧/s,系统采用算法补偿信号非线性度,在 25 m 处获得了优于 1 cm 的成像分辨率;第三代已基本具备应用条件,但是美国喷气推进实验室认为成像速度还需获得进一步的提升,其设想的改进措施为形成 8 发 8 收阵列,见图 4 - 43,从而获得近视频帧率的成像速度;美国喷气推进实验室的第四代一开始采用收发阵列技术,其报道的 0.34 THz 频段 2 发 2 收的阵列形成的主动扫描成像系统,在 16.5 m 处的分辨率约 1.8 cm,成像帧速率可达到 4 帧/s,使太赫兹视频帧速率成像技术又向前迈进了一大步,其样机及成像结果见图 4 - 43。

　　除了美国喷气推进实验室,国外还有其他诸多单位开展扫描式成像研究,美国太平洋西北国家实验室开发了 0.35 THz 频段主动扫描式太赫兹成像技术,其特色是采用圆锥扫描装置,具有高速扫描的潜质,但图像处理会相对复杂,该装置发射功率为 4 mW,扫频带宽为 19.2 GHz,在 10 m 的距离上分辨率约 1 cm,成像时间在 10 s 以上,还有较大改进空间。2009 年德国 RPC 公司 0.23~0.32 THz 调频连续波扫描三维成像系统,分辨率达到毫米量级,成像速度约为 1 frame/s(4 000 像素)。2010 年以色列国立中央大学设计的 330 GHz 线性调频连续波太赫兹成像系统,可以对 40 m 以内的隐藏物进行探测,纵向成像分辨率达到 1 cm。2012 年,苏格兰圣安德鲁大学研制了 340 GHz 超外差三维成像雷达,该雷达发射共极化、接收共极化和交叉极化用于处理和显示,其目标是实现在20 m 处获得 10 frames/s 的成像帧速率。

　　早在 1993 年,美国 Millitech 公司就研制了 2~3 mm 波段的 FPA 成像系统。2000 年初,美国 NGC 公司从毫米波 FPA 成像的领导公司 TRW 获得毫米波成像技术,推出了一

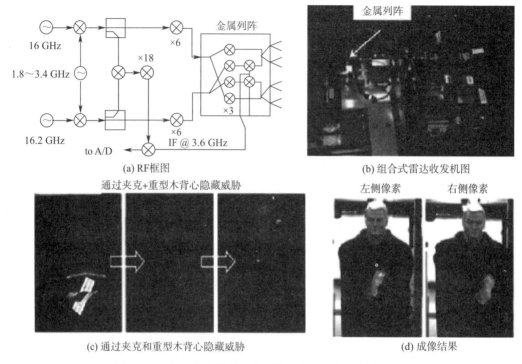

(a) RF框图　　　　　　　　　　　　　(b) 组合式雷达收发机图

通过夹克+重型木背心隐藏威胁　　　　　左侧像素　　　右侧像素

(c) 通过夹克和重型木背心隐藏威胁　　　　(d) 成像结果

图 4-43　美国喷气推进实验室第四代太赫兹安检成像系统

系列 3 mm FPA 成像系统，并将应用从初期对低能见度条件下飞机着陆推广到室内人体隐匿物品探测。为了降低 FPA 的研制成本，实际中多采用焦面阵技术和机械扫描相结合，在此基础上 Millivision 公司利用楔形透镜旋转研制了 Vela 125 型被动成像仪。Brijot 公司利用凸轮驱动扫描镜的机械结构推出了 GEN1/2 系列产品，英国 QinetiQ 公司则利用折叠光路研制了 iSPO 30 等被动成像仪。为了兼顾成像距离和分辨率，被动太赫兹成像仪的工作频率逐渐升高。Thruvision 公司利用 8 通道的外差接收机结构研制了工作频率为 250 GHz、作用距离为 3~25 m 的 T4000 等系列产品。德国 Jena/IPHT 的 Safe Visito 成像仪工作在 350 GHz 频段，利用卡塞格伦天线结构和 0.3 K 吸附制冷机大大提高了 1 mm 波段的辐射计接收灵敏度。芬兰的 VTT/KIST 则利用超导天线耦合微测辐射计实现了 640 GHz 波段 5m 探测距离处温度分辨率为 0.5 K，空间分辨率为 4 cm 的被动成像仪。

　　主动成像的另外一种方式是（逆）合成孔径式，其研究的代表单位是德国弗劳恩霍夫。2013 年，弗劳恩霍夫在米兰达-94 基础上推出米兰达-300，在 0.26~0.3 THz 频段获得了 3.75 mm 的分辨率，成像时间约为 10 min，由于掌握了太赫兹低噪放技术，其利用 5 dBm 的发射功率实现了 140 m 以上的探测距离。其实物照片及成像结果见图 4-44。尽管其产品介绍中宣称可用于安检，但分析可知其安检上应用存在一定的缺陷：1）检测过程中需要目标配合，并按要求旋转，或者成像装置本身转动；2）成像时间可太长。这种方式的优势在于可以获得很高的成像分辨率。2010 年，瑞典国防研究署设计了 210 GHz 三维合成孔径雷达系统，用于非接触式扫描成像，分辨率 1.2 cm 的成像时间约为 10~

20 min。2016 年红外毫米波太赫兹波会议上，德国伍珀塔尔大学展示了基于 0.1 μm 锗化硅异质结双极晶体管技术的高集成全极化调频连续波雷达，工作在 240 GHz。雷达前端是采用集成片上天线并组装在低成本印制电路板上的单个芯片，前端还配有调制信号发生器和基带数据采集，提供了完整的雷达功能。系统采用反射模式扫描，在 60 GHz 扫频范围内，距离分辨率为 2.57 mm，横向距离分辨率达到 1 mm。2016 年国际毫米波会议上西班牙马德里理工大学展示了目前研究的用于安检的近距离快速成像系统，工作在 300 GHz，采用高速信号处理，最大能允许 5 frame/s 的视频传送速率，将在机场、火车站等敏感地点实现更快速、更安全的人员物品检查。

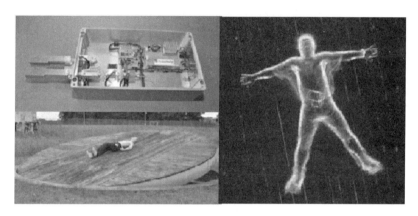

图 4-44　弗劳恩霍夫的米兰达-300 雷达及其逆合成孔径雷达成像结果

　　中科院电子所将扫描和综合相结合，开发出一套工作于 0.2 THz 的"扫描+合成孔径雷达"工作方式的成像系统，可实现对目标的三维成像。

　　成像速度和成像分辨率是太赫兹成像安检技术的重要指标，随着太赫兹技术的发展，高频段器件已逐步达到实用化的水平，随着频段的提高，成像分辨率已基本可满足应用需求，然而成像速度距离视频帧速率（约 30 frame/s）的要求还有较大差距，特别是主动式成像，目前的成像帧速率水平在 4 Hz 左右。而提升成像帧速率的一个重要方法就是阵列化技术。

　　阵列化、多频段及主被动复合将是太赫兹成像安检技术的发展趋势。一方面提升成像帧速率，另一方面，通过多频段多模式的信息融合提高探测和识别能力。其关键技术为太赫兹收发阵列及其集成技术、多频段数据的融合与识别技术等。

　　随着太赫兹技术的飞速发展，其辐射源、检测器等关键器件已基本可满足成像安检的需求。在成像系统构建上，国内外尝试了多种不同的成像体制，主动式成像系统近年来逐渐占据研究的主导地位，然而要解决主动成像系统的实用化问题，还必须提升其成像速度，而阵列化技术是解决成像速度的一个有效途径，其关键技术为太赫兹收发阵列设计与集成技术。另外，为了获得较好的成像效果和识别能力，包含不同传感器技术的探测系统可能是反简易爆炸装置的有效策略，若能与光谱技术相互配合，还可实现对人员携带的炸药、毒品等的有效监测。太赫兹成像安检技术不仅可应用于机场、地铁、车站等的安检，而且可扩展应用于广场、集会场所、要害部门对恐怖分子等非合作目标的监视与预警，具有重要的经济效益和社会价值。

4.4.2　无损探伤

由于样品材料和有缺陷材料的折射率、吸收率和反射率等参数不同，样品内部或边缘的缺陷对太赫兹波的散射效应，会对太赫兹波的强度分布产生影响，将强度信号量化后，得到明暗不同的灰度图像，就可以定位到样品内部或边缘缺陷的位置，从而实现对样品的无损探伤。

许多航天材料在太赫兹波段的透明度很高，利用太赫兹无损探伤技术可以探测这些材料是否存在缺陷，就可以为航天器的安全飞行提供一道保障。太赫兹无损检测已经被列为美国国家航空航天局的四大常规检测技术之一。太赫兹成像检测或光谱检测技术在航天飞机机体疲劳检测、隐患排查，复合树脂、陶瓷、塑料、自然材料和其他非金属材料的检测，汽车仪表盘、建筑物内的墙后和地板材料表面检测，印刷电路板的脱层问题、密封性检测、瓷砖和纸张等的生产检测领域具有广泛的应用前景。

航天泡沫材料、吸波涂层及玻璃钢等航天材料在太赫兹波段的透明度很高，利用太赫兹无损检测技术可以探测这些材料缺陷，为航天器的安全提供保障，如图 4-45 所示。其中，图 4-45 (a) 为火箭燃料箱泡沫板内的缺陷的太赫兹成像，图中的 4 个缺陷是用锡箔纸做的人工缺陷，从泡沫板的太赫兹图像中可以清晰地看出 4 个缺陷的边缘以及缺陷的凸起和凹陷；图 4-45 (b) 为碳纤维基板和吸波层间所预埋的缺陷，样品中预埋了 12 个大小不同的缺陷，在太赫兹图像中均可清晰地分辨出它们的位置和形状；图 4-45 (c) 为铝板和漆层间预埋的人工缺陷聚四氟乙烯，太赫兹波穿透了防护漆层对所有缺陷的大小和位置进行清晰地成像。因为太赫兹不能透过铝板和碳纤维，这里所做的成像都是反射式连续波成像，即太赫兹波透过泡沫（涂层）朝向铝板（碳纤维板）入射。

  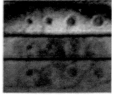

(a) 铝板和航天泡沫材料之间的人工缺陷　　　　(b) 碳纤维基板和吸波涂层之间的缺陷

(c) 铝板和漆层间的缺陷

图 4-45　太赫兹无损检测

4.4.3　生物医学

太赫兹辐射具有低能性、安全性，而且很多生物大分子以及 DNA 分子的旋转能级和振动能级多处于太赫兹波的频带范围内，因此生物体对于太赫兹波便具有独特的频谱响应，这点被广泛应用在生物医学方面的成像、检测、疾病诊断等，比如在医学中的烧伤诊断、癌细胞的表皮成像等。当太赫兹波穿过病变组织和正常组织时，具有不同的振幅、波形和时间延迟，通过对组织器官进行太赫兹成像，可以从中检测肿瘤的大小和形状，进而对肿瘤进行早期诊断。甚至可以分析肿瘤向周围的扩散情况、判断肿瘤的位置及深度。

自从美国的 Hu 和 Nuss 等人在 1995 年首次建起太赫兹成像装置以来，太赫兹时域光谱技术已广泛运用在生物样品探测上，因为其不仅可测量由材料吸收而反应的空间密度分布，还可以通过位相测量得到折射率的空间分布，获得了材料的更多信息。

目前国际上利用太赫兹时域光谱技术对生物大分子的研究阶段处于刚刚起步，尤其是利用太赫兹成像技术进行识别研究更是在探索性阶段，但是其识别技术比当前常用的作物品种鉴定的方法，如简单重复序列标记、同工酶电泳方法、盐溶蛋白质电泳方法等技术更显简单、快捷、准确，所以具有很大发展意义。

太赫兹成像具有独一无二的谱特性，穿透性以及高分辨率，为医疗应用提供了前所未有的机遇。利用太赫兹技术进行太赫兹医学成像和层析成像，可以快速定位癌细胞、病变组织等，从而进行疾病诊断。目前，利用太赫兹技术进行的关于乳腺癌和皮肤病检测的研究已经取得了一定的进展。

相比于当前主流的核磁共振和计算机辅助层析成像技术，太赫兹波对癌症病变组织与正常组织具有更好的区分度和更高的安全性。因此"健康中国 2030"战略对高性能的医疗仪器，尤其是太赫兹诊断仪器提出了更高的需求。早在 2000 年，欧盟首先看到了太赫兹在生物医疗方面的巨大潜力，率先设立了国际联合项目"THz‑bridge"，并连续 10 年将其作为首要研究方向。近年来，美国加州理工学院等在太赫兹技术的生物医疗应用方面也走在世界的前沿。英国剑桥大学与日本东芝公司联合成立的公司 TeraView 是行业的先驱，推出了第一个商用的太赫兹时域光谱系统，并率先开展了乳腺癌研究，证明了用太赫兹波进行癌变组织诊断的可行性。

目前太赫兹技术对癌症的检测研究还停留在实验室阶段，样品为经处理的切片，安全非侵入式的检测属空白阶段，尚无法获得皮肤组织的深层信息。中国科学院沈阳自动化研究所光电信息技术研究室开展了利用太赫兹成像技术实现皮肤癌早期精确诊断的研究。

从技术角度来看，需要能够克服组织细胞水分对能量的吸收障碍，以实现太赫兹的三维探测成像，从而为临床提供全方位、多层次的皮肤表面及深层信息。在此基础上，通过多种方法进行图像区分、理解，可以达到早期发现、精确诊断皮肤癌的目的。

人体皮肤组织中正常的表皮和真皮层单个细胞尺寸约 $20~\mu m$，皮肤组织中的黑色素结构尺寸甚至更小，因此若要实现对细胞的"仔细观察"，并实现对组织间的层析成像，需要研究基于高频太赫兹波的超分辨率技术。

　　超分辨率是指超过常规光学显微成像的最小尺寸，利用新材料和新设计实现对微小物体更为精细的成像，超分辨率能观察到普通分辨系统"视而不见"的微小结构。当前的太赫兹皮肤癌/乳腺癌检测报道基本集中于二维成像进行平面观测。皮肤真皮细胞中70%为水分，而水对太赫兹波的衰减很大，目前绝大部分太赫兹医疗研究都回避了水分影响，对样品采用脱水、切片和浸蜡等处理，实验效果很好，但是回避了实际非侵入医疗检测中必须面对的高水分含量导致的大衰减问题。因此，该项目在高分辨率二维成像的基础上，对三维成像展开探索，将探测范围扩展至皮下一定深度，以全面提供皮肤信息。多参数调制能够获得对目标组织和细胞团的多角度图像和数据信息，进而利用先进的信号处理技术，减少场景的不确定性和误差，最大限度利用源图像的信息，以实现图像增强、特征提取、去噪及目标的分类识别，从而实现对目标对象甚至是三维图像的清晰还原，帮助医生准确判断病情。

　　随着现代计算技术的发展，基于有限元、时域有限差分等算法的电磁计算技术已经能够实现对波长或亚波长尺寸结构的精确分析（如图4-46所示）。因此可从电磁学角度分析比较正常皮肤组织和癌变组织的差异，分析不同物质成分下导致的分立电磁行为，通过不断调整、优化皮肤电磁模型，探索细胞癌变产生的独特电磁变化。

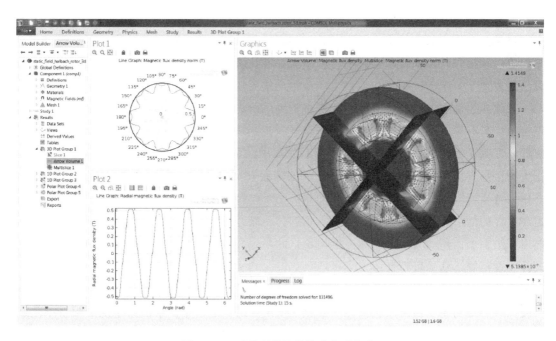

图4-46　对微观结构的精确电磁仿真

　　另一方面，电磁计算平台一旦搭建，无需耗费大量的实验成本，通过对不同皮肤层组织的建模和探索，能够更快捷、更直观地给出较为信服的电磁场解对不同皮肤层组织的建模和探索，能够更快捷、更直观地给出较为信服的电磁场解释。因此，结合皮肤生物特征和物理化学特性，利用电磁计算技术对皮肤模型的分析能够构建多参数下的理论结构数据库，最后通过与同一参数的实验结果对比，并进行数据挖掘整理，对癌变组织的有效甄别提供电磁方面的解析。

4.4.4　毒品识别

电磁波最重要的应用之一是成像。太赫兹辐射对于大多数非透明的电介质材料都具有很好的穿透效果，因此太赫兹成像技术引起了国内外学者的广泛关注。太赫兹光源的光子能量极低，不具有电离性质，不会对材料（尤其是活性材料）造成破坏，可以对生物体或物品进行无损成像，极大地弥补了 X 射线检测及其他检测技术的缺陷。因此，各种太赫兹成像技术也就成为太赫兹波应用技术中最重要也最为活跃的研究方向。

2003 年，日本的 Kodo Kawase 等将成像技术与指纹光谱相结合，对信封内包在聚乙烯袋里的三种样品进行研究，不仅准确检测出包装袋的形状和样品的位置，而且还得到了样品浓度等相关信息。研究表明：利用太赫兹成像技术，在能够得到毒品特征光谱数据的同时，还可以从多种物质的混合物中分离并获得各组分的空间分辨。因此，利用太赫兹技术进行邮件检测，将会在极大程度上遏制了将毒品藏匿在信封中以合法的途径进行运输。

目前太赫兹成像技术多应用于医疗检测、环境监测、安全检查等领域，应用时主要受以下几方面因素的影响：

1）水吸收的影响：水对太赫兹辐射吸收能力很强，大大降低了成像的灵敏度。

2）温度的影响：大多数太赫兹探测器对温度极为敏感，外部温度的变化会使探测器发生很大的失真。

3）探测器的影响：对于太赫兹激光仍缺少有效的探测手段，功率计有很好的线性，但是响应时间过长，普通针对太赫兹波段的探测器在灵敏度和线性方面都有待提高。

4）信噪比的影响：目前所产生的太赫兹激光都在毫瓦量级，加上探测器的灵敏度不高，使得探测到的信噪比较低，要获得更好的成像效果，必须提高光源的能量。

5）分辨率的影响：成像得到的空间分辨率在太赫兹成像中主要取决于光束的束腰半径，由于目前太赫兹激光产生的束腰半径都比较大，直接影响了成像质量。

6）功率稳定性影响：对于气体泵浦太赫兹激光器，输出光功率和体积方面性能较好，但是泵浦二氧化碳的激光器输出波长的不稳定会造成太赫兹激光的功率不稳定，对成像有很大影响。

参 考 文 献

［1］ 谭志勇，张真真，周涛，等. 太赫兹量子器件及其成像实验研究［J］. 现代科学仪器，2012，6：18－19.

［2］ 梁宝雯，叶利民，吕照顺，等. 二维太赫兹探测成像光学系统设计［J］. 强激光与粒子束，2015，27（5）：053103.

［3］ TAN Z Y，ZHOU T，CAO J C，et al. Terahertz imaging with quantum－cascade laser and quantum－well photodetector［J］. IEEE PhotonicsTechnology Lettcrs，2013，25（14）：1344－1346.

［4］ ZAN Z Y，ZHOU T，FU Z L，et al. Reflection imaging with terahertz quanturrrcascadc laser and quantum－well photodetector［J］. Electronics Letters，2014，50（5）：389－391.

［5］ 郭旭光，顾亮亮，符张龙，等. 太赫兹量子阱探测器研究［J］. 激光与光电子学进展，2015，52（9）：092302.

［6］ ODA N，LSHI T，MORIMOTO T，et al. Real－time transmission－type terahertz microscope，with palm－size terahertz camera and compact quantum cascade laser［C］. SPIE，2012，8196：81960Q.

［7］ ODA N，LEE A W M，LSHI T，et al. Proposal for real－time terahertz imaging system，with palm－size terahertz camera and compact quantum cascade laser［C］. SPIE，2012，8363：83630A.

［8］ 赵自然，王迎新. 便携式太赫兹时域光谱仪的研制［J］. 太赫兹科学与电子信息学报，2013，11（1）：57－61.

［9］ 朱亦鸣. 太赫兹技术在药物检测中的应用［J］. 现代科学仪器，2012，6：30－32.

［10］ MITTLEMAN，DANIEL M，etc. Applications of terahertz imaging［J］. Materials，Fundamentals and Applications，1998：294－296.

［11］ 徐利民. 高分辨太赫兹图像处理［D］. 西安：中科院西安光学精密机械研究所物理电子学科硕士论文，2013：1－15.

［12］ SALHI M A，KOCH M. Semi－confocal imaging with THz gas laser［C］. SPIE，2006，6194：61940A4.

［13］ SALHI M A，KOCH M. Confocal THz imaging using a gas laser［J］. Proc. IEEE，2008，133－134.

［14］ SALHI M A，KOCH M. High resolution imaging using a THz gas laser［C］. EOS Topical Meeting on Terahertz Science and Technology，2008.

［15］ ZINOVCEV N N，ANDRIANOV A V，GALLANT A J，et al. Contrast and resolution enhancement in a confocal terahertz video system［J］. JETP Letters，2008，88（8）：492－495.

［16］ LIM M，KIM J，HAN Y，et al. Perturbation analysis of terahertz confocal microscopy［C］. The 33rd International Conference on Infrared and Millimeter Waves and the 16th International Conference on Terahertz Electronics，2008：757－758.

［17］ SALHI M A，PUPEZA I，KOCH M. Confocal THz laser microscopy［J］. J. Infrared Milli Terahertz Waves，2010，31（3）：358－366.

[18] ZINOVCEV N N，ANDRIANOV A V. Confocal terahertz imaging [J]. Appl. Phys. Letters，2009，95 (1)：011114.

[19] DE CUMIS UGO，JI - HUA XU，et al. Terahertz confocal microscopy with a quantum cascade laser source [J]. Optics Express，2012，20 (20)：21924 - 21931.

[20] YOONHA HWANG，JINHYO AHN，et al. In vivo analysis of THz wave irradiation induced acute inflammatory response in skin by laser - scanning confocal microscopy [J]. Optics Express，2014，10 (22)：11465 - 11475.

[21] 张艳东 . 连续太赫兹波成像技术的检测应用研究 [D]. 北京：首都师范大学光学学科硕士学位论文，2008，34 - 36.

[22] 丁胜晖，李琦，等 . 太赫兹共焦成像的初步研究 [J]. 光学学报，2010，s1 (30)：1004021 - 4.

[23] 邸志刚，贾春荣，等 . 太赫兹成像技术在无损检测中的实验研究 [J]. 激光与红外，2011，10 (41)：1163 - 1166.

[24] FERGUSON B，WANG S，CRAY D，et al. T - ray computed tomography [J] Optic Letters，2002，27 (15)：1312 - 1314.

[25] 李运达，李琦，丁胜晖，等 . 太赫兹计算机辅助层析成像发展近况 [J] 激光与红外，2012，42 (12)：1372 - 1376.

[26] AM WEG C，VON SPIEGELW，HENNEBERGER R，et al. Fast active THz cameras with ranging capabilities [J]. Journal of Infrared，Millimeter，and Terahertz Waves，2009，30 (12)：1281 - 1296.

[27] TAKAYANAGI J，JINNO H，ICHINO S，et al. High resolution time - of - flight terahertz tomography using a femtosecond fiber laser [J]. Optics express，2009，17 (9)：7533 - 7539.

[28] HUANG D，SWANSON E A，LIN C P，et al. Optical coherence tomography [J]. Science，1991，254 (5035)：1178 - 1181.

[29] BEAUREPAIRE E，MOREAUX L，AMBLARD F，et al. Combined scanning optical coherence and two - photon - excited fluorescence microscopy [J]. Optic Letters，1999，24 (14)：969 - 971.

[30] ISOGAWA T，KUMASHIRO T，SONG H J，et al. Tomographic imaging using photonically generated low coherence terahertz noise sources [J]. Terahertz Science and Technology，IEEE Transactionson，2012，2 (5)：485 - 492.

[31] NISHII H，IKEOU T，AJITO K，et al. Terahertz tomographic imaging with sub - millimeter depth resolution [C] //Microwave Conference Proceedings（APMC），2013 Asia - Pacific. IEEE，2013：65 - 67.

[32] HU B B，NUSS M C. Imaging with terahertz waves [J]. Opt. Lett. ，1995，20：1716 - 1718.

[33] GOLDSMITH P F，HSIEH C T，HUGUENIN R，et al. Focal plane imaging systems for millimeter wavelengths [J]. IEEE Trausactiousou Microwave Theory and Techiques，1993，41 (10)：1664 - 1675.

[34] YUJIRI L. Passive millimeter wave imaging [J]. IEEE Microwave Magaziue，2006，4 (3)：39 - 50.

[35] WILLIAMS T D，VAIDYA N M. A compact，low - cost，passive MMW security scanner [J]. Defense and Security international Society for Optics and Photonics，2005：109 - 116.

[36] GARY V T. Millimeter wave case study of operational deployments：retail，airport，military，courthouse，and customs [J]. SPIE，2008，6948：694802 - 16.

[37] ANDERTON R N，APPLEBY R，BEALE J E，et al. Security scanning at 94GHz [J]. SPIE，

2006，6211：62110.

[38] WIKNER D A. Progress in millimeter wave imaging [J]. SPIE，2011，7936：13924398.

[39] MANN C. A compact real time passive terahertz imager [J]. SPIE，2006，6211：62110E - 5.

[40] MAY T, ZIEGER G, ANDERS S, et al. Safe VISITOR：visible，infrared，and terahertz object recognition for security screening application [J]. SPIE，2009，7309：73090E - 8.

[41] LUUKANEN A A, GRONBERG L, GRONHOLM M, et al. Realtime passive terahertz imaging system for standoff concealed weapons imaging [J]. SPIE，2010，7670：767004.

[42] LUUKANEN A, APPLEBY R, KEMP M, et al. Millimeter wave and terahertz imaging in security applications [J]. Terahertz Spectroscopy and Imaging，2012：491 - 520.

[43] 金伟其，田莉，王宏臣，等 . THz 焦平面探测器及其成像技术发展综述 [J]. 红外技术，2013，4：187 - 194.

[44] JOHN WOOLLHEAD. Annual report and accounts [EB/OL]. [2013 - 05 - 28] （2014 - 10 - 05）. http：//www. digitalharriers. com/ThruVision/Annual - Report - 2013. pdf.

[45] COOPER K B, DENGLER R J, CHATTOPADHVAV G, et al. A high - resolution imaging radar at 580GHz [J]. IEEE Microwave and Wireless Components Letters，2008，18 (1)：64 - 66.

[46] COOPER K B, DENGLER R J, LLOMHART N, et al. Penetrating 3 - D imaging at 4 and 25 meter range using a submillimeter - wave radar [J]. IEEE Transactions on Microwave Theory and Techniques，2008，56 (12)：2771 - 2778.

[47] COOPER K B, DENGLER R J, LLOMHART N, et al. THz imaging radar for standoff personnel screening [J]. IEEE Transactions on Terahertz Science and Technology，2011，1 (1)：169 - 182.

[48] THEODORE RECK, JOSE SILES, CECILE JUNG, et al. Array technology for terahertz imaging [C] //Proceedings of SPIE. Baltimore：[s. n.]，2012：836202 - 1 - 836202 - 8.

[49] COOPER K B, THEODORE A RECK, CECRLE JUNG - KUHIAK, et al. Transceiver array development for suhmillimeter - wave imaging radars [C] //Proceedings of SPIE. Baltimore，Marvland，USA：[s. n.]，2013，8715：87150A - 1 - 87150A - 8.

[50] DAVID M SHEEN, DOUGLAS L MCMAKIN, JEFFIEV BARHER, et al. Active imaging at 350GHz for security applications [C] //Proceedings of SPIE. Orlando，FL，United States：[s. n.]，2008：69480M - 69480M - 10.

[51] DAVID M SHEEN, TE HA11, RH SEVERTSEN, et al. Standoff concealed weapon detection using a 350GHz radar imaging system [C] //Proceedings of SPIE. Orlando，FL，United States：[s. n.]，2010：767008.

[52] SPREGEL WV, WEG C A, HENNEHERGER R, et al. Active THz imaging system with improved frame rate [C] //Proceedings of SPIE. Orlando，FL，United States：[s. n.]，2009：3712299336.

[53] KAPILEVICH B, PINHASI Y, ARUSI R, et al. 330GHz FMCW image sensor for homeland security applications [J]. International Journal of Infrared and Millimeter Waves，2010，31 (11)：1370 - 1381.

[54] ROBERTSON D A, MARSH P N, BOLTON D R, et al. 340GHz 3D radar imaging test bed with 10Hz frame rate，passive and active millimeter - wave imaging XV [C] //Proceedings of SPIE. Baltimore：[s. n.]，2012：836206 - 1 - 836206 - 11.

[55] STEPHAN STANKO, MICHAEL CARIS, ALFRED WAHLEN, et al. Millimeter resolution with

radar at lower terahertz [C] //14th International Radar Svmposium (IRS). Dresden, Germany: [s. n.], 2013: 235 – 238.

[56] TESSMANN A, MASSLER H, LEWARK U, et al. Fully integrated 300 GHz receivers – MMICs in 50 nm metamorphic HEMT technology [C] //2011 IEEE Compound Semiconductor Integrated Circuit Symposium (CSICS) Waikoloa, USA: [s. n.], 2011: 1 – 4.

[57] STEPHAN STANKO. The ultra – high resolution radar MIRANDA 30 [EB/OL]. [2013] (2014 – 10 – 05).

[58] SVEDINA J, RUDNERA S, THORDARSSON G, et al. An experimental 210 GHz radar system for 3D stand – off detection [C] //35th International Conference on Infrared, Millimeter, and Terahertz Waves. Rome, Italy: [s. n.], 2010: 1.

[59] GU SHENGMING, LI CHAO, GAO XIANG, et al. Terahertz aperture synthesized imaging with fan – beam scanning for personnel screening [J]. IEEE Transactions on Microwave Theory and Techniques, 2012, 60 (12): 3877 – 3885.

[60] G U SHENGMING, LI CHAO, GAO XIANG, et al. Three – dimensional image reconstruction of targets under the illumination of terahertz Gaussian beam – theory and experiment [J]. IEEE Transactions on Geoscience and Remote Sensing, 2013, 51 (4): 2241 – 2249.

[61] NAOMI E ALEXANDER, BVRON ALDERMAN, FERNANDO ALLONA, et al. TeraSCREEN: Multi – fiequencv multi – mode terahertz screening for border checks [C] //Proceedings of SPIE. Baltimore, Maryland, USA: [s. n.], 2014, 9078: 907802 – 1 – 907802 – 12.

[62] NAOMI ALEXANDER, FERNANDO ALLONA. High throughput passive mm – wave (Body) security scanners in FP7 Alfa imaging involvement [C] //2nd EUCDE. Rome: [s. n.], 2013: PP29AA11.

[63] WOODWARD R M, COLE B, WALLAEE V PETAL. Terahertz Pulse Imaging of in – vitro basal cell carcinoma samples [J]. Washington, Optical Society of America, 2001: 329 – 330.

[64] WOODWARD R M, WALLACE V P, ARNONE D D. Terahertz pulsed imaging of skin cancer in the time and frequency domain [J]. Biological Physics, 2003, 29 (2): 257261.

[65] RONNE C. KEIDING S R. Low frequency spectroscopy of liquid water using THz – time domain spectroscopy [J]. Molecular Liquids, 2002, 101 (1): 199218.

[66] WOODWARD R M, WALLAEE V P, PYE R J, et al. Terahertz Pulse Imaging of ex vivo Basal Cell Carcinoma [J]. Investigative Dermatology, 2003, 120 (1): 72 – 78.

[67] 杜晓晴, 常本康, 汪贵华, 等. NEA 光电阴极的激活工艺研究 [J]. 光子学报, 2003, 32 (7): 826829.

[68] 途美红, 沈京玲, 郭景伦, 张存林. 太赫兹成像技术对玉米种子的鉴定和识别 [J]. 光学技术, 2006, 32 (3): 361366.

[69] 张振伟, 崔伟丽, 张岩, 等. 太赫兹成像技术的实验研究 [J]. 红外与毫米波学报, 2006, 25 (3): 217220.

[70] LIANGLIANG ZHANG, NICK KARPOWICZ, CUNLIN ZHANG, et al. Real – time nondestrucitive imaging with THz waves [J]. Opt. Commun 2008, 281 (6): 14731475.

[71] HE J W, YE J S, WANG X K, et al. A broadband terahertz ultrathin multi – focus lens [J]. Sci. Rep, 2016, 6 (28800): 1 – 8.

[72] SAFRAI E, BEN ISHAI P, POLSMAN A, et al. The correlation of ECG parameters to the sub - THz reflection coefficient of human skin [J]. IEEE Trans Terahertz Sci Technol, 2014, 4 (5): 624 - 630.

[73] ZHANG M Y, YEOW J T. Nanotechnology based terahertz biological sensing: a review of its current state and things to come [J]. IEEE Nanotechnol Mag, 2016, 10 (3): 30 - 38.

[74] KAWASE K, SHIBUYA T, HAYASHI S, et al. THz imaging techniques for nondestructive inspections [J]. Regresar Al Numero, 2010, 11 (7): 510 - 518.

[75] ZAYTSEV K I, GAVDUSH A A, CHERNOMYRDIN N V, et al. Highly accurate vivo Terahertz spectroscopy of healthy skin: variation of refractive index and absorption coefficient along the human body [J]. IEEE Trans Terahertz Sci Technol, 2015, 5 (5): 817 - 827.

[76] YAMAGUCHI S, FUKUSHI Y, KUBOTA O, et al. Brain tumor imaging of rat fresh tissue using terahertz spectroscopy [J]. Sci. Rep, 2016, 6 (30124): 1 - 6.

[77] HEVTZSCHE H, STOPPER H. Effects of terahertz radiation on biological systems [J]. Crit Rev Environ Sci Technol, 2012, 42 (22): 2408 - 2434.

[78] HANGYO M. Development and future prospects of terahertz technology [J]. Jpn J Appl Phys, 2015, 54 (12): 1 - 16.

[79] ECHCHGADDA I, GRUNDT J E, CERNA C Z, et al. Terahertz radiation: a non - contact tool for the selective stimulation of biological responses in human cells [J]. IEEE Trans Terahertz Sci Technol, 2016, 6 (1): 54 - 68.

[80] CAGLAYAN C, TRICHOPOULOS G C, SERTEL K. On - wafer device characterization with non - contact probes in the THz band [C]. IEEE Antennas and Propagation Society International Symposium, 2013.

[81] 何明霞, 陈涛. 太赫兹科学技术在生物医学中的应用研究 [J]. 电子侧量与仪器学报, 2012, 26 (6): 471 - 483.

[82] WILMEVK G J, GRUNDT J E. Current state of research on biological effects of terahertz radiation [J]. J Infrared Millim Terahertz Waves, 2011, 32 (10): 1074 - 1122.

[83] XIE Y Y, HU C H, SHI B, et al. An adaptive super resolution reconstruction for terahertz image based on MRF model [J]. Applied Mechanics and Materials, 2013, 373 (6): 541 - 546.

[84] TITOVA L V, AYESHESHIM A K, GOLUBOV A A, et al. Intense THz pulses cause H2AX phosphorylation and activate DNA damage response in human skin tissue [J]. Biomed Opt Express, 2013, 4 (4): 559 - 568.

第5章　太赫兹雷达技术

太赫兹雷达技术是典型的军用太赫兹应用技术。太赫兹雷达工作波段为太赫兹波段，可以实现传统雷达对目标的测距、测角、测速及成像等功能，其基本原理与传统毫米波雷达相似。

与传统雷达系统的组成与实现方式相类似，太赫兹雷达系统主要基于太赫兹电真空器件源、太赫兹固态电子学器件源以及太赫兹量子级联激光器源等方式实现，并采用外差式接收方式。太赫兹电真空器件以其高功率输出优势在太赫兹雷达系统发展中具有重要作用，全固态电子学器件则以其超宽带工作和小型化集成等优势成为目前太赫兹雷达实验系统收发通道的主要实现途径。

太赫兹雷达包括非成像雷达（测速测距雷达、捷变频雷达等）和成像雷达，战术导弹武器系统中使用的主要逆合成孔径成像雷达。逆合成孔径成像雷达是主动反射成像的一种，同扫描成像相比，其系统构成简单、实时性高。逆合成孔径成像雷达一般采用混频相干检测方式，高频率稳定度的相干太赫兹源和混频器是太赫兹逆合成孔径成像雷达的难点和瓶颈。对于二维逆合成孔径成像雷达，高精度测距的大带宽对信道补偿和信号处理提出了很高的要求。逆合成孔径成像雷达可在太赫兹的低频段和高频段实现，但采用的技术途径和能够达到的性能指标差别较大。在太赫兹低频段可采用宽带线性调频的全电子学方式，高频段要采用光子学（如量子级联激光器）和电子学相结合的方式。

太赫兹雷达基于独特的太赫兹技术，较微波雷达可以探测出更小的目标，实现更精确的定位，具有更高的分辨率和更强的保密性，是未来高精度雷达的发展方向。与红外雷达和激光雷达相比，太赫兹雷达具有穿透沙尘、烟雾的能力，可以实现全天候工作。基于太赫兹特有的穿透能力，太赫兹雷达可以探测到敌方隐蔽的武器、伪装埋伏的武装人员以及烟雾、沙尘中的军事装备。因为太赫兹雷达工作在隐身利用的工作波段之外，可以轻易接收到飞行器的回波，不管是基于形状隐身还是涂料隐身，甚至基于等离子体隐身的飞行器，都可进行反隐身探测。太赫兹雷达还可远程探测空气中传播的有毒生物颗粒或化学气体并利用强太赫兹辐射穿透地面，探测地下的雷场分布，还可以进行远程炸弹探测等。因此太赫兹雷达技术有望在军事装备，特别是精确制导武器上发挥其独特的作用。

5.1　太赫兹雷达技术优势

现代战争是信息化战争，夺取和保持制信息权成为作战的中心和焦点。太赫兹波作为新的电磁频谱资源，具有重要的战略价值和广阔的军事应用前景，开发利用太赫兹波对国防和维护国家安全起到了重要的作用。

太赫兹雷达的工作波段为太赫兹波段，具有传统雷达对目标的测距、测角、测速及成像等功能，其基本原理与传统毫米波雷达相似。

相比传统的微波雷达系统，太赫兹雷达系统更短的工作波长使得其对运动目标的多普勒特征测量更加有效，多普勒分辨能力显著提升。同时较高的工作载频可实现更大带宽信号的发射，为太赫兹雷达带来了更高的距离向分辨能力。

太赫兹雷达具有优越的反隐形能力，很高的距离分辨率、超大信号带宽、较强环境适应能力、低截获率、强抗干扰性和穿透等离子体能力等诸多优点，在军事上有很好的应用前景，对国防和国家安全具有重要的应用价值。

与微波雷达相比，太赫兹雷达系统具有下列技术优势：

1）分辨率更高。太赫兹频段的波长小于现有微波、毫米波，适合用于成像探测，成像分辨率可达毫米级别。而由于太赫兹波信号带宽大，因此太赫兹雷达具有较高的距离分辨率。

2）发散角小。太赫兹波长比毫米波短，易实现极窄的天线波束。对于一个固定的天线孔径，X 波段雷达的发射波束宽度比太赫兹雷达发射天线的波束宽度大 20 倍以上。较小的发散角既可以提高太赫兹波发射功率的有效部分比例，也可降低被敌方反雷达系统探测到的概率。

3）抗干扰能力更强。现有的电子战干扰手段主要集中在微波段及红外段，对太赫兹波段难以进行有效干扰。并且由于太赫兹雷达的天线波束窄，减少了干扰机注入雷达主瓣波束的机会。此外，高增益太赫兹天线可以抑制旁瓣干扰。

4）反隐身能力更强。雷达主要靠接收目标的反射信号来发现目标。通常隐身技术主要靠形状、吸波涂层、形成等离子云吸收或改变雷达波的传播方向来实现隐身，但目前的隐身技术主要集中在微波频段，隐身材料对太赫兹波的吸收率较低，难以进行有效的隐身。太赫兹波还包含了丰富的频率，带宽大，能以成千上万种频率发射纳秒以至皮秒级的脉冲，大大超过现有隐身技术的作用范围。形状隐身、涂料隐身、等离子体隐身等各种目标都无法逃过太赫兹雷达的探测。此外，太赫兹波可以在等离子体中传播，所以等离子体隐身技术在太赫兹雷达面前是无能为力的。太赫兹雷达会成为未来高精度、反隐身雷达的发展方向之一。

与激光雷达相比，太赫兹雷达具有视场范围宽、搜索能力好的优点。对于同样尺寸的天线，太赫兹雷达的波束宽度大于激光雷达的波束宽度，因此能实现比激光雷达更宽的探测视场。对于同样的视场范围，太赫兹雷达能更快地完成整个视场的扫描，具有更快的搜索能力。表 5-1 为典型频段的太赫兹雷达特点及应用前景。

总体来说，相对于微波雷达和激光雷达等其他波段，太赫兹雷达探测系统具有适中的搜索能力和覆盖范围，空间分辨率和角分辨能力较好，并且具有良好的抗干扰能力，是现有雷达系统的有力补充。

表 5 - 1　典型频段的太赫兹雷达特点及应用前景

频　段	特　点	应用前景
0.14 THz/ 0.22 THz	1)大气衰减量:0.14 THz 为 2～5 dB/km,0.22 THz 为 5～ 　10 dB/km; 2)可看做更高频段的毫米波雷达; 3)厘米级分辨率; 4)目前可实现大功率	1)大功率:基地中远距离雷达、空基雷达; 2)小功率:安检
0.58 THz/ 0.6 THz/ 0.675 THz	1)大气衰减量:＞40 dB/km; 2)毫米级分辨率; 3)发射功率毫瓦级	近距离应用:安检、违禁品检测
1.56 THz	1)大气衰减量:(相对湿度 52%)0.5～0.8 dB/m; 2)气体激光源,更接近光学; 3)稳定度高,相干性好; 4)发射功率毫瓦/微瓦级; 5)分辨率毫米级	1)缩比模型测量; 2)隐藏物高分辨成像
2.5 THz	1)大气衰减量:(相对湿度 52%)0.5～0.8 dB/m; 2)气体激光源,更接近光学; 3)稳定度高,相干性好; 4)发射功率毫瓦/微瓦级; 5)分辨率毫米级	

5.2　太赫兹雷达技术主要内容

　　太赫兹雷达技术的研究内容主要包括以下几部分:太赫兹电子学器件、太赫兹雷达收发阵列、太赫兹雷达目标散射特性测量与计算、太赫兹雷达的空间应用及关键指标分析等。

5.2.1　太赫兹电子学器件

　　对于雷达来说需要探测远距离目标,而在地面太赫兹波衰减严重,因此太赫兹雷达最先可能应用于空间或机载平台,这要求太赫兹雷达发射机具有功率高、体积小与质量轻等特点。固态电子学器件集成度高,易于实现小型化单片集成电路,是太赫兹雷达发射机与接收机的构成基础。另一方面,部分真空电子学器件如行波管放大器和扩展互作用速调管放大器等均可实现小型化,目前开发功率高、带宽大、质量轻、体积小及实用型的电真空放大器件是一个重要研究方向。电真空放大器件与固态器件的结合将实现紧凑型高功率太赫兹雷达发射机。

　　固态电子学器件是指基于半导体材料的二极管与三极管实现的功能器件,如基于肖特基二极管的倍频器和混频器、基于晶体管技术的低噪放大器、功率放大器以及 CMOS 集成电路和太赫兹单片集成电路等。其中倍频器链路源是目前诸多太赫兹试验系统信号源的主要选择之一。美国喷气推进实验室通过自己的砷化镓薄膜技术、设备制造工艺技术和低温冷却技术成功实现了 2.7 THz 的全固态源。美国弗吉尼亚二极管公司常温工作的砷化镓肖特基二极管倍频器已达到商业应用水平，最高工作频率高达 1.5 THz。另一种倍频技术异质结双极晶体管倍频器主要用来设计高阶奇次谐波倍频器，比如三倍频器和五倍频器，适合于高功率产生，但转换效率与工作频率都比较低。美国国防高级研究计划局已经于 2008 年完成"亚毫米波成像焦平面技术"项目支持的 330 GHz 主动电子学器件（如振荡器、低噪放大器和功率放大器）的研发演示，目前交由美国陆军研究实验室继续支持该项目的后续应用研究。基于晶体管的太赫兹固态放大器技术在过去几年发展迅速，2012 年，美国诺·格公司基于 30 nm 磷化铟高电子迁移率晶体管研制成功了 0.65 THz 的固态功率放大器，输出功率为 1.7 mW，基于磷化铟基异质结双极晶体管的截止频率则达到 520 GHz。同时基于磷化铟高电子迁移率晶体管技术的太赫兹频段低噪声放大器最高工作频率已经达到 670 GHz，增益为 8 dB，噪声系数为 13 dB。太赫兹低噪放大器作为太赫兹雷达接收机的重要组成部分，对于改善接收机灵敏度和作用距离具有重要作用。

美国国防高级研究计划局在 2009 年启动了太赫兹电子学计划开发 0.67 THz、0.85 THz 和 1.03 THz 三个频点的集成接收与发射模块。其中"固态功率放大器＋电真空高功率放大器"模块在 2012 年取得重要进展，诺·格公司分别在 0.67 THz 和 0.85 THz 频点实现了 108 mW 和 141 mW 的功率输出，带宽高达 15 GHz。之前诺·格公司已经成功研制出 0.67 THz 和 0.85 THz 的固态接收机，这为美方太赫兹雷达走向实用奠定了基础条件。太赫兹电真空器件研究的另外一个重点是 220 GHz 折叠波导行波管放大器，主要受美国国防高级研究计划局的"高频真空集成电子学"基金项目资助，目标是在 220 GHz 频率获得 50 W 功率放大，带宽大于 5 GHz。

随着国内外各机构在研的太赫兹信号源项目的进展及相关混频器、低噪放大器件技术的突破，高功率、大带宽、紧凑型与可实用的太赫兹源将逐步应用于雷达系统，并进一步推动太赫兹雷达的军事化应用进程。

5.2.2　太赫兹雷达收发阵列

考虑到太赫兹雷达的成像视场小与成像速度慢等不利因素，研究集成的太赫兹收发阵列或配置不同布阵的收发阵列是太赫兹雷达的一个热点。美国喷气推进实验室研究了集成天线的外差式收发阵列，并利用微机械加工等纳米制造技术实现了一个 600 GHz 接收机前端，该前端集成了 100 GHz 本振、磷化铟功率放大器、基于砷化镓肖特基二极管的三倍频器、次谐波混频器、中频配置电路与直流偏置电路，整个接收器集成封装大小仅为 20 mm×25 mm×3 mm。这一结构可以轻松地用来进一步实现外差式阵列接收机设计，也为多频点成像阵列和波束控制外差式接收阵列的实现提供了可能性。太赫兹雷达孔径合成阵列配置也是太赫兹成像雷达一个值得关注的研究方向，合成孔径技术可以实现快速相干成像，而改进合成孔径成像质量的主要努力方向集中在优化收发阵元的分布方面。

5.2.3　太赫兹雷达目标散射特性测量与计算

太赫兹频段介于微波与红外之间，目标的散射特性也必然与微波频段和红外存在区别。研究太赫兹频段下目标散射特性测量方法与电磁散射计算理论已引起国内外的广泛关注，其中基于高分辨二维成像与三维成像进行目标散射特征识别与提取是一种可行的研究方法，因为太赫兹成像本身具有高分辨率优势。此外，太赫兹波散射与目标粗糙特性、介质参数、几何特性和物理特性等性质之间存在的关系也是需要具体加以研究的内容。对太赫兹频段目标散射特性的准确理解有利于太赫兹技术在安检成像、无损检测、雷达与通信等领域的深入应用。

5.2.4　太赫兹雷达的空间应用及关键指标分析

基于太赫兹波以及太赫兹波应用于雷达所具有的特点与优势，太赫兹雷达在军事中产生了许多可能的应用方向，包括复杂战场环境作战、反隐身、空间目标监视与精确制导等。太赫兹雷达的地面军事应用必须正视大气衰减严重、辐射功率低以及技术优越性等问题。正如太赫兹技术早期发展受益于在射电天文与空间科学研究中的优势，这里主要针对太赫兹雷达在空间目标探测和拦截引导头两个可能应用的方面进行阐述。

目前空间目标探测、监视与识别主要依靠天基红外系统与地基宽带微波雷达，空间目标拦截主要依靠红外导引头。从空间碎片、诱饵等目标群中可靠识别弹头和卫星等空间目标是空间监视和导弹防御需要解决的重点问题。空基太赫兹雷达可以实现对空间目标的远距主动探测、精确测距测速测角、高分辨率成像以及精细结构特征反演，而且可以利用材料在太赫兹频段丰富的特征谱线提取目标的"指纹特征"，可以弥补现有微波和红外探测系统的不足，是空间态势感知系统的有力补充。太赫兹拦截导引头相比红外导引头可穿透等离子体鞘套，对热环境不敏感，受气动光学效应小，在远距离即可进行高分辨成像，选择目标关键部位打击；同时太赫兹拦截导引头相比毫米波导引头也将带来高分辨成像、高精度跟踪、强抗干扰能力以及阵列化实现体积小等优势，可以更轻易地实现精确制导与打击。

太赫兹雷达应用于空基或弹载平台，其核心部分由发射机与接收机组成，目前面临如何采用小型化的太赫兹发射机实现有效水平的功率输出，并采用低噪高灵敏度接收机实现目标信号检测的问题。

5.3　太赫兹雷达技术发展现状

目前，太赫兹主要应用于中远距离探测和成像，包括对危险品的探测和对藏匿物品的成像。近地太赫兹雷达还处在实验室阶段。太赫兹雷达是国内外太赫兹技术研究的重要方向之一。近几年，国际上主要的太赫兹雷达实验系统有美国喷气推进实验室的几部太赫兹雷达成像系统、德国应用科学研究所高频物理与雷达研究中心的 0.22 THz COBRA 逆合成孔径成像雷达系统、美国马萨诸塞大学的 1.56 THz 成像系统、美国太平洋西北国家实验室的 0.35 THz 成像系统，这些太赫兹近程成像雷达系统都是基于线性调频连续波体制。此外，英国伦敦大学玛丽女王学院在太赫兹雷达方面也有一定的成就。最近，美国国防高级研究计划局正在进行基于视频合成孔径雷达方面的工作。

5.3.1　美国大学中太赫兹雷达技术研究

美国马萨诸塞大学是最早开展太赫兹雷达研究的大学。最早关于太赫兹雷达系统的报道是 1988 年该大学的 McIntosh 等人基于真空器件扩展互作用振荡器研制了一部 0.215 THz 的高功率非相干脉冲雷达。从 1993 年该大学开始承担美军专门雷达特征解决方案工程，同时开展太赫兹器件和系统的研发，搭建了多部基于抽运气体激光源和全固态电子光源的太赫兹抛物面紧缩场测量系统。2008 年该大学开发了基于 1.56 THz 的太赫兹雷达成像系统，可以对隐藏在人体内的危险品进行探测，探测距离为 2.5 m，可以以 2 帧/s 的速度对 0.5 m×0.5 m 的场景进行可视化。2010 年，该大学利用 0.16 THz 与 0.35 THz 全极化紧缩场测量系统分别对表面光滑圆柱、表面周期粗糙的导体与介质涂层圆柱、带细小刻痕圆柱以及光滑焊接圆柱进行了测量和成像，通过成像可以观测到不同特征引起的目标二维像变化，揭示了太赫兹波识别目标细微结构特征的能力。

1991 年，佐治亚理工学院的 McMillan 等[1]为美国军方研制了 0.225 THz 脉冲相干试验雷达，发射脉冲峰值功率达到了 60 W，全固态接收机基于 1/4 次谐波混频器实现，并对以 2.6 m/s 速度移动的坦克目标进行了多普勒回波测量，是当时第一部高频段锁相的相参雷达。但是受限于真空器件本身无法实现大带宽信号发射的限制，只能利用该雷达进行目标多普勒回波测量（雷达测速），如图 5-1 所示。

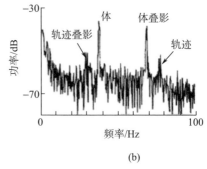

(a)　　　　　　　　　　　　　　　(b)

图 5-1　0.225 THz 脉冲相干雷达和移动坦克目标的多普勒回波

上述雷达系统受限于收发硬件与信号体制等因素未能进一步走向实用。此后一段时期，太赫兹技术发展仍然面临可实用太赫兹源与太赫兹探测器的实现问题。当传统电子学器件源的发射频率增加至太赫兹频段时，可获得的发射功率急剧下降，作用距离受限，同时太赫兹波在大气中传输损耗严重，这些都使得太赫兹雷达技术进展缓慢。

20 世纪 90 年代末，美国弗吉尼亚大学的 T. W. Crowe 等人在砷化镓肖特基二极管倍频技术方面获得突破，使得基于固态电子学倍频源的太赫兹雷达技术向前迈进了一大步。

2004 年，T. W. Crowe 所在的 VDIC Virginia Diode Inc. 公司从弗吉尼亚大学分离，成为商业界在固态电子学倍频源方面的主要代表。

　　2000 年，马萨诸塞州立大学与美国陆军国家地面智能中心合作，研制了一套频率为 1.56 THz 的小型雷达系统，如图 5 - 2 所示，系统采用二氧化碳激光器为抽运光源，抽运气体远红外激光器产生 1.56 THz 的辐射。该雷达对典型战术目标的缩比模型（按照电磁波的波长比例缩放）进行了雷达散射截面特性测量，包括 T - 80 坦克、F - 16 飞机、BMP - 2 步兵战车和米格-29 飞机等。图 5 - 3 为 F - 16 1/48 缩比模型和 T - 80 坦克缩比模型的成像结果。根据缩比模型的测试结果可以推断实际目标在 W 波段的雷达散射截面。

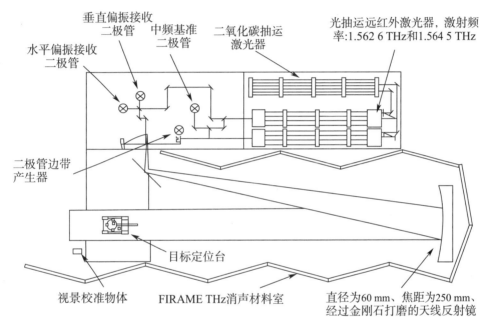

图 5 - 2　1.56 THz 小型雷达系统示意图

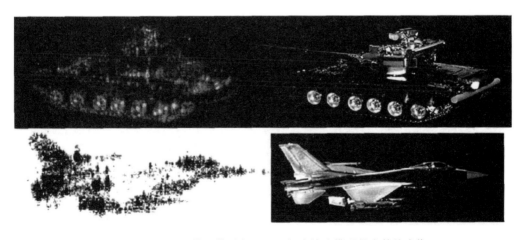

图 5 - 3　F - 16 1/48 缩比模型和 T - 80 坦克缩比模型的太赫兹成像

2010 年美国马萨诸塞大学的亚毫米波技术实验室基于太赫兹量子级联激光器实现了一部频率为 2.408 THz 的相干雷达成像系统，它利用光抽运分子激光器做为本振并将太赫兹量子级联激光器锁频到其上，保证发射与接收信号的相位稳定性，接收端与参考通道采用一对肖特基二极管混频器，保证系统实现对旋转目标的相干成像，图 5 - 4 为该雷达系统组成原理图以及系统对 1/72 的缩比 T - 80BV 坦克模型的逆合成孔径成像雷达成像结果。

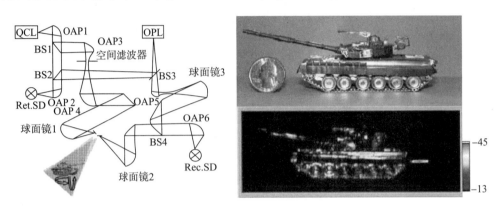

图 5 - 4　美国亚毫米波技术实验室 2.4THz 成像雷达收发原理图与 1/72 的缩比 T - 80BV 坦克模型二维成像结果

2016 年 12 月，美国犹他州立大学公布了其天地协同一体化太赫兹雷达技术发展，该技术通过地面和太空部署的太赫兹雷达与地面传统雷达协同，有效识别出依靠涂层和外形隐身的现役猛禽（F - 22）等五代机，能准确识别目标的大小、数量、速度与方位等信息，较现役雷达准确度提升数倍。

5.3.2　美国喷气推进实验室研制太赫兹雷达成像系统

美国加州喷气推进实验室在砷化镓肖特基二极管倍频技术方面也处于领先地位，并在太赫兹雷达系统研制方面取得重要进展。

2006 年美国喷气推进实验室报道了研制的 0.675 THz 的高分辨率测距雷达探测系统，这是首次报道的有雷达测距能力的雷达成像系统[2]。该雷达对距离 4 m 的目标，可实现 2 cm 的一维测距分辨率（该雷达测量 4 m 源的目标，误差小于 2 cm）。该雷达工作频率为 0.56～0.635 THz，动态范围为 60 dB，图 5 - 5 为该成像系统的三维成像结果。

2008 年，喷气推进实验室又展示了改进的太赫兹三维成像探测系统，系统成像分辨率小于 0.6 cm，对 4 m 距离上的目标，测距分辨率约为 0.5 cm。该系统可以有选择性地提取所需目标回波信号，排除背景中其他物体反射的信号，提高测距准确度。该系统中心工作频率为 0.585 THz，信号体制采用调频连续波技术，调频带宽近 20 GHz，可以实现距离向高分辨，方位向利用窄波束扫描实现厘米级别的分辨率。雷达输出功率为 0.3～0.4 mW，可以实现对人体及隐匿物体的三维成像，图 5 - 6 是 0.58 THz 雷达对人体图像的重建，左图是对暴露在人体外的放在塑料容器里的滚珠进行成像，右图把容器隐藏在衣服下面进行成像。2010 年，该实验室进一步研制了太赫兹快速高分辨雷达，实现了 5 s 时间内对 25 m 外隐藏武器的探测。

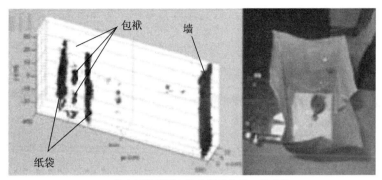

(a) 放在纸袋子里鱼钩上的重物的三维成像

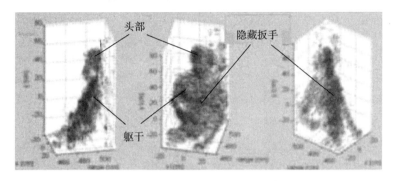

(b) 隐藏在人衣服里的扳手的三维成像

图 5-5　美国喷气推进实验室研制太赫兹雷达成像系统的三维成像

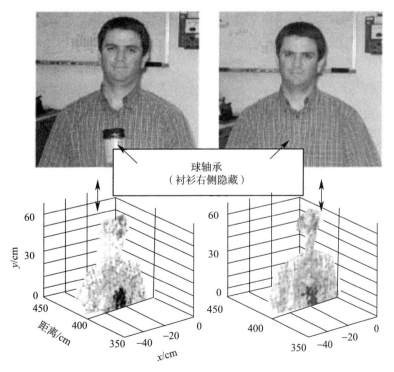

图 5-6　0.58 THz 系统对人体三维图像的重建

随后美国喷气推进实验室对该雷达进行了改进，用一个混合的直接数字频率合成/锁相环合成器代替铁氧体合成器产生线性调频信号，使其频率稳定性能更好，同时新系统的波束聚焦与扫描通过安装在双轴旋转台上的偏轴椭球反射镜来完成，进一步提高光学效率。该系统可对 4～25 m 远的隐藏目标进行三维成像，最高分辨率小于 1 cm，可实现对衣服下隐藏枪支的清晰成像。这样的成像效果主要归功于以下三个原因：第一是近30 GHz 的带宽带来了距离向高分辨率，第二是相位的稳定性为相参信号处理提供保证，第三是 675 GHz 的载频能轻易地穿透衣服。为实现更高分辨率和更高帧速的隐匿目标成像，同时美国喷气推进实验室实现了中心频率 675 GHz 的太赫兹成像雷达带宽达 29 GHz，作用距离达 25 m。该系统采用了两种方法实现更高帧速的成像：一是通过时分复用多径技术将单波束变成双波束先后照射目标，成像时间缩短一半；另一种方法通过设计前端集成阵列收发器实现多像素点同时扫描成像，成像时间大大缩短。如图 5 - 7 所示为675 GHz 雷达和它的系统框图。

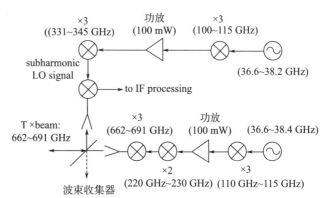

(a) 675 GHz 成像雷达　　　　　　　　　　　　　(b) 雷达的系统简图

图 5 - 7　美国喷气推进实验室 675 GHz 成像雷达及雷达系统框图

2012 年，喷气推进实验室利用 0.675 THz 扫描成像雷达探测到了隐藏在厚衣服下面的聚氯乙烯管，图 5 - 8 是对隐藏在不同厚度衣服下面的聚氯乙烯管成像的结果。同年，该实验室通过等离子体腐蚀硅技术，制造了二维太赫兹雷达成像阵列，显著加快了成像速度。2014 年 2 月，喷气推进实验室称，其研制的工作频率为 0.6 THz 的雷达能迅速探测出 25 m 外隐藏武器的人员。该太赫兹雷达有如此高的分辨率，是因为采用了频率调制连续波雷达技术。美国喷气推进实验室的太赫兹雷达的研究主要集中在近程快速实时成像方面，正在研究进一步提高太赫兹雷达扫描与成像的速度。

5.3.3　西北太平洋国家实验室

美国太平洋西北国家实验室实验室开发的 0.35 THz 主动式雷达成像探测系统基于带宽、超外差混频体制、准光学聚焦系统以及高速圆锥扫描装置，发射功率为 4 mW，扫频带宽为 19.2 GHz，探测距离大于 10 m，每 10～20 s 获得一幅图像，并能得到 1 cm 的分

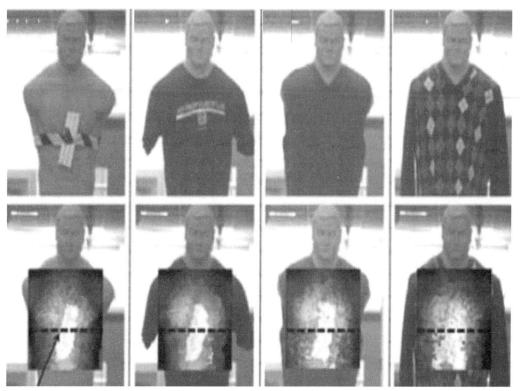

(a) 没有穿衣服的结果　(b) T恤下的聚氯乙烯管成像　(c) 厚羊绒背心下的成像　(d) 羊毛毛衣加厚羊绒背心下的成像

图 5-8　不同厚度下聚氯乙烯管的成像结果

辨率，以及对隐藏在合作目标中的武器进行探测。图 5-9 分别为远距离非接触 0.35 THz 探测系统的概念图和试验系统图。

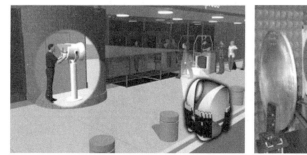

图 5-9　远距离非接触 0.35 THz 探测系统的概念图及试验系统图

5.3.4 美国国防高级研究计划局的太赫兹电子计划和视频合成孔径雷达

　　由于缺乏生成、探测、处理和发射所必需的高频信号，毫米波、亚毫米波频带中的成像、雷达、光谱和通信系统很难实现。为了操控射频频谱的发射，必须开发出可在超过 1 THz 环境工作的电子器件。亚毫米波频带起始于 300 GHz，波长小于 1 mm。截至目前，由于晶体管性能达不到，利用固态技术的活性电子不能直接进入亚毫米波频率。折衷的办法是利用频率转化，倍增电路的工作频率使其达到毫米波频率以上。但这个方法限制了设备的输出功率和可实现的信噪比，同样也限制了设备的台面面积和质量。

太赫兹电子器件项目旨在开发结构紧凑且中心频率超过 1 THz 的关键设备和集成电路技术。美国国防高级研究计划局早在 2009 年就斥资 6 000 多万美元着手该项目第一阶段的研究。工作频率为 1 THz 的集成电路将增强亚毫米波技术，实现更加隐蔽的小孔径通信和高分辨率成像，同时提高爆炸物探测能力。

该计划的目标是开发结构紧凑且中心频率超过 1 THz 的设备和集成电路技术，重点在两个方面：太赫兹高功率放大器模块和太赫兹镜头管电子器件。2010 年，诺·格公司开发了运行在 670 GHz 的单片集成电路。2012 年 7 月，诺·格公司成功研发出工作频率在 0.85 THz 的集成接收器，创造了新的性能纪录，达到了美国国防高级研究计划局太赫兹电子器件项目第二阶段的技术要求。2014 年，诺·格公司推出了工作频率在太赫兹的固态功率放大器，成为当时世界速率最快的固态芯片被记入吉尼斯世界纪录。该芯片有磷化铟材料制成，能够使输出信号速率提高 30 倍。

太赫兹雷达在军事领用的应用前景也引起了美国军方的高度关注。2012 年 5 月，美国国防高级研究计划局开展"视频合成孔径雷达"项目，如图 5 - 10 所示。其总体目标是能够透过云层、灰尘和其他遮蔽物进行视频合成孔径成像，并能够定位机动目标。视频合成孔径雷达在提供高清高帧图像的同时能够降低尺寸、质量和功率。由于该系统需要具备穿透云层对目标定位的能力，同时还需要在 100 m 直径的监视范围，以 5 frame/s 的速率得到近 20 cm 的分辨率，因此美国国防高级研究计划局最终选择 0.231～0.235 THz 的频段作为该雷达的工作频段。

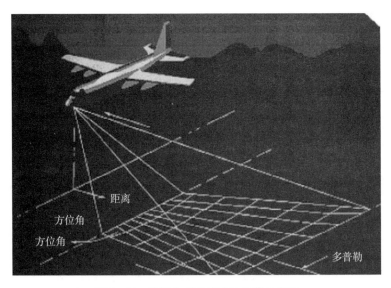

图 5 - 10　视频合成孔径雷达成像示意图

5.3.5　德国和以色列的太赫兹雷达技术研究

欧洲以德国为首也开展了太赫兹雷达技术的相关研究，瑞典、丹麦、英国、以色列和荷兰等国的研究机构也纷纷加入该领域。

（1）德国太赫兹雷达技术研究

太赫兹雷达系统发展的另一个代表是德国应用科学研究所高频物理与雷达研究中心和德国夫琅和费固态物理研究所，2007 年，他们基于固态电子学器件实现了一部 0.22 THz 成像实验雷达 COBRA-220，雷达作用距离 500 m，成像分辨率达到 1.8 cm。用于实现转台目标的高分辨率逆合成孔径雷达成像，如图 5-11 所示。该雷达系统的关键组成器件包括低噪放大器、110 GHz 二倍频器与功率放大器等，可基于合成孔径雷达成像方法和逆合成孔径雷达成像方法对实际目标进行成像，作用距离最远达 170 m。该系统可以在 9 s 的时间内获得大于 55 000 像素的图像，且动态范围超过了 35 dB。典型的物体距离为 75～150 cm，图像的尺寸为几百个平方厘米，适用于对隐蔽武器的探测。太赫兹雷达能够获得更高的成像分辨率，同时获取更多的目标图像细节信息，在高分辨率雷达图像中能够清晰地分辨人体是否携带了隐蔽武器，如图 5-12 所示。

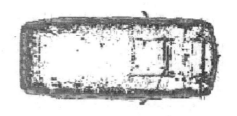

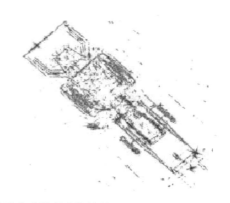

图 5-11　COBRA-220 雷达逆合成孔径成像结果

2009 年，德国 PRG 公司研制了 0.23～0.32 THz 调频连续波扫描三维成像系统，每秒可以获得 4 000 个点，达到了毫米级的分辨率。

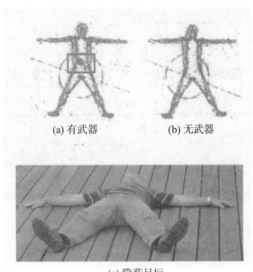

(a) 有武器　　　　(b) 无武器

(c) 隐蔽目标

图 5-12　COBRA-220 雷达系统对隐蔽目标的高分辨成像

2011 年，德国 Keil 等开发出一部工作于 0.23~0.306 THz 的雷达，并采用嵌入式图形处理单元实现合成像的实时重构。

2013 年，德国应用科学研究所高频物理与雷达研究中心又成功研制米兰达-300 实验雷达，工作频率 0.3 THz，采用逆合成孔径雷达成像方式实现了最远 700 m 处的隐匿目标成像，分辨率达到 3.75 mm，如图 5-13 所示。

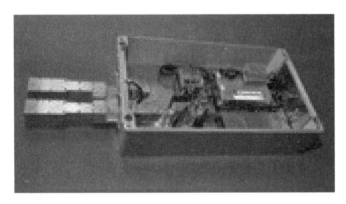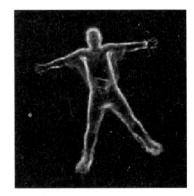

图 5-13　米兰达-300 实验雷达硬件结构图与隐藏手枪的人体逆合成孔径雷达成像

（2）以色列等国太赫兹雷达技术研究

随着太赫兹雷达技术的发展受到越来越多的重视，国外其他研究机构也在太赫兹成像雷达系统实现方面开展了诸多研究，典型系统如以色列艾瑞尔撒玛利亚中心大学搭建的 330 GHz 试验雷达系统，瑞典查尔姆斯理工大学基于倍频链路与外差接收链路实现的 340 GHz 成像雷达，美国太平洋西北国家实验室设计研制的 350 GHz 雷达成像系统，英国圣安德鲁研制的多极化、超外差结构、具有高帧速率的 340 GHz 成像雷达 IRAD 等。

以色列撒玛利亚大学 2010 年基于美国弗吉尼亚二极管公司的固态电子学器件搭建了一部 0.33 THz 的太赫兹雷达实验系统，用于隐藏目标探测与成像。通过采用高增益天线，该雷达成像距离可达 40 m。

2010 年以色列国立中央大学设计了 0.33 THz 线性调频连续波太赫兹雷达成像系统，可以对 40 m 以内的隐藏物体进行探测。该系统采用了两个喇叭天线透镜，距离向达到 1 cm 的分辨率。

瑞典查尔姆斯科技大学在 2010 年基于倍频链路与外差接收链路制造了一部 0.34 THz 的太赫兹成像雷达。

2012 年，苏格兰圣安德鲁大学研制了 0.34 THz 超外差三维扫描成像雷达。该雷达采用线性调频连续波体制，带宽为 3.6 GHz，该雷达发射共极化、接收共极化和交叉极化用于处理和显示。该项目始于 2008 年，并不断进行改进，目标是实现在 20 m 的距离处理近实时（10 frame/s）的信号。图 5 - 14 是 340 GHz 的成像结果，图 5 - 14（a）为实物照片，图 5 - 14（b）分别为 4 个不同距离门的成像结果，右图上面一行为共极化成像，下面一行为交叉极化。

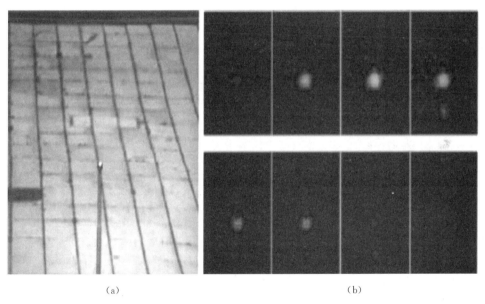

（a）　　　　　　　　　　　　　　　　　（b）

图 5 - 14　340 GHz 雷达置于 20 m 处塑胶杆上直径 25 mm 的金属小球的成像结果

2010 年，瑞典国防研究署设计了 210 GHz 雷达系统进行非接触三维逆合成孔径雷达成像，该系统采用扫频信号，扫频带宽为 12.8 GHz，可以达到 1.2 cm 的分辨率，如图 5 - 15 所示。该系统实现的是三维成像，数据量可以达到 14 Gbit。

2013 年 5 月 1 日，欧盟第七框架计划安全主题部开始运行一项 TeraSCREEN 项目，该项目组已具备一个用于站开式安检的实时毫米波成像系统。除此之外，一个 220 GHz 接收机阵列正在搭建，TeraSCREEN 还将研制一套 360 GHz 接收机阵列，工作带宽为 30 GHz，上述三套系统将采用数据融合的方式实现高效实时安检成像。

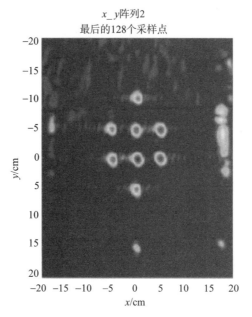

图 5-15　逆合成孔径成像雷达对一个点阵的成像结果

5.3.6　国内太赫兹雷达技术研究

国内近年来有多家单位开展了太赫兹雷达系统实现与成像技术的研究并取得了一些重要成果。

（1）中国工程物理研究院太赫兹雷达技术研究

中国工程物理研究院早在 2011 年基于倍频发射链路和谐波混频接收方法实现了 140 GHz 的成像雷达实验系统，这也是国内首部实现成像功能的固态电子学太赫兹实验雷达，随后在 2013 年又实现了 670 GHz 全固态成像实验雷达，工作带宽 28.8 GHz，成像分辨率达到 1.3 cm。2012 年中科院电子所设计实现了一种 0.2 THz 三维全息成像系统，可对人体携带的隐藏目标进行三维扫描成像，系统工作带宽 15 GHz，方位向分辨率达到 8 mm，如图 5-16 所示为该成像雷达对 T 恤内隐藏塑料玩具手枪的人体模特成像结果。

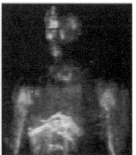

图 5-16　对 T 恤内隐藏塑料玩具手枪的人体模特的成像结果

（2）成都电子科技大学等机构的太赫兹雷达技术研究

成都电子科技大学在太赫兹雷达系统实现与成像方面开展了持续的研究，并在雷达系统的器件研制以及系统实现方面取得了进展。2012 年电子科技大学基于固态电子学源实现了 220 GHz 的太赫兹雷达成像系统，工作带宽为 4.8 GHz，距离向分辨率达到 3.125 cm，并完成了对飞机模型目标的逆合成孔径雷达成像实验，图 5-17 为该雷达对 A380 飞机模型的多视角下成像结果。2014 年电子科技大学进一步实现了 0.3 THz 的成像实验雷达，工作带宽达到 10.08 GHz，成功实现对飞机模型等目标的逆合成孔径雷达成像实验。此外，国内的首都师范大学、东南大学、国防科技大学和航天科技集团公司 802 所等多家单位也开展了太赫兹雷达系统研究与成像实验。

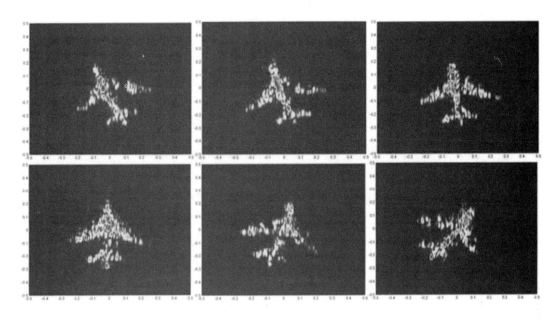

图 5-17　成都电子科技大学 220 GHz 雷达对 A380 飞机模型的成像结果

总体来看，虽然国内外已有太赫兹雷达成像实验系统，但受限于太赫兹源功率、重复频率、太赫兹波在大气中的传输损耗等诸多问题，太赫兹雷达技术目前依然处于实验室探索研究阶段，还有许多技术难点需要解决，而太赫兹雷达体制、运用策略等尚缺乏研究。

国外的太赫兹探测系统仍处于原理试验阶段，尚未实现工程化应用。我国在该领域的研究同样处在起步阶段，取得了一定进展，与国外相比技术差距并不大。但国内目前的研究主要集中在太赫兹理论及大功率太赫兹源等方面，在太赫兹系统及关键技术方面研究尚处于起步阶段。

5.3.7　太赫兹雷达成像技术发展现状

太赫兹雷达的主要优势之一在于其可以实现对目标的高分辨成像，穿透衣服等包装探测隐匿目标。太赫兹雷达系统的实现方式不同，相应的图像重建算法也各不相同。太赫兹雷达成像的主要方式包括机械扫描成像、合成孔径成像（包括实孔径与虚拟孔径）、逆合成孔径雷达成像与焦平面阵列成像等，在不同的情况下上述方法各具优势。

太赫兹机械扫描成像是通过光路系统控制太赫兹波束对目标进行光栅扫描，并对扫描数据进行处理获得目标图像，缺点在于扫描时间与成像处理时间共同导致成像速度缓慢，典型太赫兹机械扫描成像雷达是美国喷气推进实验室的太赫兹成像雷达为了提高实时成像能力，美国喷气推进实验室通过在系统中设计快速光路扫描结构，实现了 1 Hz 的成像速率，快速扫描的关键部件是一个直径 13 cm 的轻质旋转平面反射镜，在俯仰方向上快速旋转的同时在方位方向以稍慢速度旋转扫描。太赫兹机械扫描成像方式本身的特点决定了其若要达到较高的实时性要求，则需以复杂机械扫描结构为代价。

太赫兹合成孔径成像包括实孔径合成成像和虚拟孔径合成成像两种方式。通常的阵列实孔径合成成像方式的优势是没有机械活动构件，对高速数据获取有利，从而形成一次"快拍"数据可以对目标进行成像处理，缺点是需要大量的阵列天线，图像重构的计算量巨大，存在各阵元的相位一致性难以保证的问题。虚拟孔径合成成像则需要雷达与目标之间的相对运动形成虚拟的观测孔径来实现。借鉴微波频段相控阵与合成孔径成像系统概念，丹麦科技大学基于集成光电导收发器提出了一种可以实现合成孔径成像的宽带多阵元太赫兹成像雷达，发射与接收天线分别由 32 个阵元的平面阵列组成。德国研究人员则通过对机械扫描式的太赫兹成像系统 SynViewScan 进行改造，将系统中的光学聚焦镜去掉，太赫兹波束直接照射目标，在不同观测位置测量目标的相位和幅度信息，最后利用合成孔径成像算法重建目标图像。为进一步提高太赫兹雷达成像能力，国内外研究人员提出了上述几种不同成像技术相互组合的实现方式。德国研究人员提出的太赫兹阵列雷达成像系统在水平方向采用线性阵列实现合成孔径而在垂直方向采用机械扫描方式，二者的结合可完成对视场内目标的回波录取与三维成像。在太赫兹合成孔径成像的仿真研究方面较早就有人开展了工作，比利时的 R. Heremans 将微波频段合成孔径技术扩展到太赫兹频段，通过仿真验证了太赫兹时域合成孔径重建算法。美国特拉华大学的 Z. P. Zhang 等人则利用单周期太赫兹脉冲进行成像，提出了基于虚拟孔径合成技术与相干加权方法来获得大景深范围内的高分辨图像，克服了通常成像方式存在的高空间分辨率与大聚焦景深的矛盾，并提出了基于稀疏阵列的太赫兹脉冲成像方法。

太赫兹干涉阵列合成孔径成像也是一种重要的太赫兹合成孔径成像方法，具有较高的空间分辨率，且普遍采用可大大减少阵元数量的稀疏阵列技术。K. Su 等人研究了太赫兹干涉阵列的合成孔径成像方法以及探测器阵列配置对成像分辨率与质量的影响，并搭建了由 1 个发射器与 4 个探测器构成的干涉成像系统，对不同形状的扩展目标进行了二维成像，随后又进一步实现了该太赫兹干涉成像系统的视频速率成像，每帧图像仅用时 16 ms。

逆合成孔径雷达成像是一种针对非合作目标的转台成像方式，在微波雷达中广泛被应用。转动目标被波束完全照射时，利用经典的二维傅里叶变换分别对距离向与方位向进行聚焦获得目标图像。但是在太赫兹雷达成像应用中，逆合成孔径雷达成像由于受成像视场大小与远场条件限制，通常只能对物理尺寸很小的目标进行成像，且有时需要采用近场逆合成孔径雷达成像方式。对太赫兹逐点扫描成像雷达进行改进，将系统光路中直径 40 cm 的反射镜用一个直径更小的替换，从而实现对整个目标的覆盖照射，然后采用逆合成孔径雷达成像方法，对回波信号进行距离压缩实现距离向高分辨，然后利用目标转台的旋转实现方位向高分辨。与波束逐点扫描成像相比，逆合成孔径雷达成像所需时间减小，适合于高动态场景成像。为达到理论上的分辨率水平，同样在成像过程需要进行运动补偿与相位校正。美国马萨诸塞大学亚毫米波技术实验室在多个太赫兹频点的散射测量系统中均采用了逆合成孔径雷达成像方式获得目标的高分辨图像，成为研究目标散射特征的重要方法。德国的 220 GHz 太赫兹实验雷达也利用逆合成孔径雷达成像方式实现了对实物卡车、自行车与人体的高分辨成像。太赫兹波波长短的特点和逆合成孔径雷达成像特点的结合显示出太赫兹逆合成孔径雷达在隐蔽、小型等目标的监视与高分辨成像方面具有美好的应用前景。随着太赫兹雷达功率提高，作用距离增加，逆合成孔径雷达成像将会成为太赫兹快速监视成像的最佳实现方式之一。

太赫兹焦平面阵列是被期盼为具有高灵敏度、快速响应、室温工作、既可用于功率探测亦可实现外差探测的接收阵列。美国麻省理工学院的 Q. Hu 与法国的 W. Knap 团队在太赫兹焦平面阵列发展方面做了奠基性工作。美国国防高级研究计划局早在 2004 年的"太赫兹成像焦平面技术"计划和 2005 年的"亚毫米波成像焦平面技术"计划中就将太赫兹焦平面成像阵列技术列为重点研究内容。一部工作频率为 650 GHz、基于单片集成硅的场效应晶体管焦平面阵列太赫兹系统已经实现了快速成像。目前硅基晶体管焦平面阵列以及 III - V 族化合物材料的晶体管焦平面阵列成为太赫兹接收器的研究热点。太赫兹焦平面阵列成像同样无需大量的信号处理，即可实现实时成像，可以用于对实时性要求较高的军事侦察、场面监控、安全检查和导引头制导等领域。

目前太赫兹雷达成像技术仍有许多困难需要解决，首先太赫兹信号源输出的有用功率非常低，限制了整个成像系统工作的动态范围，虽然低噪放大器技术取得了一定进展，但相比微波雷达 100 dB 以上的动态范围，太赫兹成像雷达的动态范围限制在 40～70 dB。同时太赫兹成像雷达的实现方式多样化为开发太赫兹雷达成像算法带来困难。实时成像也成为太赫兹雷达成像面临的一个主要问题，需要基于灵活的系统结构设计、先进的信号处理技术应用以及高效的成像算法开发等措施来解决，以降低成像算法的复杂度与所需时间。为此，近年来兴起的压缩感知、孔径编码与稀疏成像理论等被应用到太赫兹成像中来，促进了太赫兹雷达成像技术的多元化向前发展。

5.3.8　太赫兹雷达技术的发展瓶颈

由于太赫兹雷达重要的军事应用价值，美、英、德、俄、日等国都投入了大量人力和财力开展太赫兹雷达的研究。太赫兹雷达技术已成为了太赫兹技术研究的重要发展方向。当前，太赫兹雷达技术的发展仍然受限于太赫兹基础器件的发展水平，即缺乏高效的太赫兹源和高灵敏的太赫兹探测器。

太赫兹技术经历了 20 年来的发展，高功率、稳定可靠的太赫兹源已经能够在实验室里实现。研制出高功率、高效率且能在室温下稳定运转的太赫兹源，并将其运用于实际生活和科研工作中，是太赫兹源技术未来的重要科研目标。根据太赫兹波产生的机理及它所处电磁波谱中的位置，太赫兹波可以利用光子学和电子学两种方法产生。其中电子学太赫兹源主要包括微波倍频、真空电子学方法和相对论器件等。光子学太赫兹源主要包括太赫兹气体激光器、空气等离子体太赫兹源、光电导天线以及基于非线性光学效应的光学整流、光学差频及参量振荡等。近年来真空电子学太赫兹源有了很快的发展并取得了重要的成果，特别是在大功率太赫兹辐射源方面，美、德、日、俄相继研制成功功率兆瓦级的太赫兹回旋管。与电子学太赫兹源相比，光子学太赫兹源的功率虽然不高，但具有相干性好、结构简单和室温工作等优点。应雷达系统对太赫兹源可控性的需求，当前的太赫兹雷达实验系统中的太赫兹源主要采用微波倍频的方式，该方式的主要特点是电磁波功率随倍频级数指数降低，难以获得大功率。

与太赫兹源技术一样，太赫兹探测技术也是制约太赫兹技术应用的主要瓶颈。太赫兹探测方法依照探测方式可分为非相干探测和相干探测。前者是对太赫兹能量响应，常见的器件有热释电探测器、高莱探测器和低温热辐射计等。后者则对太赫兹电场响应，常见的方式有以外差检测、应用于飞秒脉冲泵浦系统中的电光采样、光电导等。外差检测是传统微波雷达中的探测方式，其灵敏度依赖于本振源和混频器的性能。太赫兹波段常用的混频器件主要有肖特基二极管、超导-绝缘体-超导结和热电子辐射计，其中肖特基二极管的探测灵敏度最低，但能够在常温下工作。热电子辐射计是最灵敏的太赫兹外差接收器，其噪声温度几乎达到了量子极限，但需要液氦冷却。

除去在太赫兹产生和探测上的瓶颈外，太赫兹的大气传输也是制约太赫兹雷达发展的因素。由于水气对太赫兹波有着较强的吸收，太赫兹波在大气中传播时衰减严重，这将严重影响太赫兹雷达的作用距离。由于大气中水气的浓度随海拔的升高迅速降低，在 7 km 以上的高空，大气对太赫兹波段衰减基本忽略不计，因而太赫兹雷达更适合于探测高空及临近空间目标。此外，选择太赫兹波的水气吸收窗口，可有效降低水气的吸收作用。

5.3.9　太赫兹雷达技术发展趋势

（1）发展方向

随着电真空器件和固态电子学器件设计与工艺技术的发展，"固态电子器件＋电真空高功率放大器"的结构形式将成为未来太赫兹雷达系统发射机的主要实现方式，并将大大提高太赫兹雷达的应用能力。同时，基于阵列/多通道技术的太赫兹雷达系统也成为了当前的一个重要发展方向，包括分布式的多发多收天线阵列和基于太赫兹单片集成电路的集成收发阵列。

2011 年查尔姆斯理工大学与德国夫琅和费固态物理研究所合作研制成功频率为 220 GHz 的单片集成外差低噪接收机与发射机模块，并且在收发模块上融合了基于 0.1 μm 砷化镓异质场效应晶体管技术的片上集成天线，该集成收发模块在主被动雷达成像与高速数据通信等方面具有重要应用价值。德国法兰克福大学与丹麦科技大学合作在太赫兹阵列雷达实验系统建设方面取得了进展，他们基于固态电子学信号源提出一种太赫兹阵列雷达成像系统，水平方向利用线性收发阵进行扫描，垂直方向进行机械扫描，系统机械布置如图 5-18 所示。系统的线性阵列由 8 个发射阵元与 16 个接收阵元构成，工作频段为 234～306 GHz，线性阵列接收的数据基于后向投影算法进行图像重建，在 2 ms 内可以完成像素大小为 128×128 的图像聚焦。此外，基于集成收发阵列的成像系统研究也进展迅速，美国喷气推进实验室已成功研制 340 GHz 雷达阵列收发器，并将其应用于安检成像系统以实现视频帧速的成像，美国喷气推进实验室所实现的 8 阵元集成收发阵列大小仅为 8.4 cm。

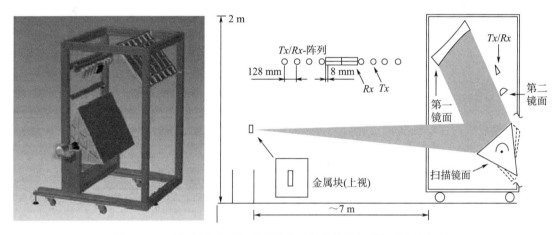

图 5-18　线阵扫描合成孔径成像雷达的结构示意图和工作示意图

纵观太赫兹雷达系统的发展历程与进展水平，目前总体上仍处于实验系统演示验证阶段，虽然有少量的低频段太赫兹雷达系统在近距离安检应用中已接近商业化水平，但太赫兹雷达系统发展才刚刚起步，在解决紧凑型高功率源和高灵敏度探测器的技术难题后，必将在公共安全与军事应用领域产生更大的影响。

（2）技术展望

由于太赫兹波自身的优点，相比传统雷达，太赫兹雷达具备更高的测速精度、更高的目标分辨识别能力和更好的成像能力以及低截获率，强抗干扰性和穿透等离子体能力等诸多优点，对国防和国家安全具有重要的应用价值。当前，世界各国均在大力发展自己的太赫兹技术。经过 20 年发展，在太赫兹产生和探测方面都取得了巨大的进步，相关的太赫兹器件也争相涌现，但就太赫兹雷达而言，技术和器件水平还无法达到实际需求。传统雷达是以电子学为基础的。在太赫兹技术发展早期，光子学手段则起着最主要的推动作用。近年来空气太赫兹光子学的发展为太赫兹技术的应用开拓了一些新的途径。

早在 2000 年，Cook，Hochstrasser 等人就发现利用含飞秒激光脉冲倍频成分的双色激光脉冲电离气体可产生强的太赫兹波，聚焦后其峰值电场可达 MV/cm。通过该方式可将双色飞秒激光聚焦于远处产生太赫兹波，从而回避大气吸收，解决了太赫兹的远程产生问题。2010 年美国张希成小组提出了基于飞秒激光电离气体所产生的荧光检测太赫兹波，解决了太赫兹产生的远程探测问题，并通过实验演示了距离 16 m 的太赫兹产生和探测的远程操控。该实验为新体制太赫兹雷达的研制提供了启示。

太赫兹波在电磁波谱上位于微波与红外之间，其频段特殊性决定了太赫兹技术与电子学技术、光子学技术之间的紧密联系。但在太赫兹技术的发展过程中，电子学手段和光子学手段主要是并行前进的。在微波频段，电子学与光子学已交叉融合诞生了微波光子学。事实证明，在系统中通过电与光的相互转化，充分利用电子学与光子学处理手段的优势可显著提高系统的性能。可以预计，未来太赫兹技术的发展，在很大程度上将依赖于电子学和光子学的交融，通过绕开器件的性能限制，突破阻碍太赫兹技术发展的瓶颈。

5.4　太赫兹雷达技术应用研究

5.4.1　太赫兹雷达的主要应用现状

随着技术的逐步成熟，太赫兹雷达未来将主要应用于雷达探测和导弹武器的精确制导等方面。

包括美国喷气推进实验室在内的众多研究机构均旨在实现一种可实用的实时高分辨太赫兹成像雷达，保证非合作模式下在站开式距离上完成对隐匿目标的安检成像，大幅提高现有安检模式的效率与质量。这一应用方向将在未来长期引导太赫兹雷达技术的发展。

同时，正如雷达最早应用于军事，太赫兹雷达在军事应用领域也具有广阔的发展前景。虽然在现阶段受限于可实用的太赫兹源与太赫兹探测器，太赫兹雷达距离真正的军事应用仍有一段路要走，但是我们不能忽视太赫兹雷达应用于军事领域将是对现有探测武器装备的一次重大革新与能力提升。

目前在太赫兹低频段，太赫兹雷达的军事应用变得逐渐清晰，并在机载合成孔径雷达成像领域存在重大应用价值。这一军事应用的典型代表是 2012 年 5 月美国国防高级研究计划局发布的一项名为"视频合成孔径雷达"的研究项目，该项目的目标是研发一种工作在太赫兹低频段的高分辨率、全动态视频合成孔径雷达，可装置在各种航空平台上穿透云层对地面进行成像，其工作有效性与晴天工作的红外传感器相当，该系统还同时具备地面运动目标指示能力，以探测移动目标并对其进行定位。太赫兹小型合成孔径雷达系统具有以下特点：

1) 体积小，质量轻：应用于低空攻击机、直升机、无人机以及精确制导武器等小型飞行平台，都只有很小的设备空间及载荷量；

2) 功耗小、成本低：小型合成孔径雷达大都采用低功耗高效率的收发系统和高性能高集成度成像处理设备，可以将制作成本控制得很低；

3) 探测距离近、分辨率高：小型合成孔径雷达系统探测距离通常只有 1～10 km，能够达到 0.1～1 m 的高分辨率，完全可以满足小型飞行平台的需求。综合考虑应用需求和频谱可用性，该系统的工作频段选定为 231.5～235 GHz。

美国国防高级研究计划局确定了该系统研究的 4 个方面关键技术：第一为该频点紧凑型机载发射机与接收机；第二是该频点紧凑型机载功率放大器；第三是系统场景仿真与数据测试系统；第四是系统实时成像的先进算法实现。由此可见视频合成孔径雷达系统结合了太赫兹波的穿透性、高频率带来的高成像帧速、小孔径天线和合成孔径雷达成像运动补偿简单等优势，成为了太赫兹雷达在军事领域中的重要应用方向以及研究热点。

此外，从太赫兹雷达的优势和太赫兹波的特点出发，包括在太赫兹反导拦截导引头、隐身卫星探测、空间碎片监视、行星表面软着陆、空间飞行器防护和探伤检测等军事应用领域，太赫兹雷达也具有潜在的应用前景和价值。

5.4.2　太赫兹技术在雷达探测领域中的应用

近年来，太赫兹应用研究发展迅速，应用范围已从基础科学逐渐向武器装备、航空航天、雷达探测、通信、反恐缉毒等方面不断扩展，在军事领域的应用持续推进，潜在的巨大价值日益显现。

（1）太赫兹雷达技术提升雷达反隐身能力

隐身技术在军事领域的广泛应用，大大提高了目标的隐蔽性，增强了武器系统的突防能力。目前，隐身技术已广泛应用于实战，并在局部战争中发挥了重要作用。近年来，美军作战飞机隐身性能不断提高，典型代表为 F－22、F－35 战斗机和 B－2 轰炸机，F－22 的雷达散射截面积已降至 0.01 m^2，且兼具红外隐身能力。未来，美军无人机 X－47B 的雷达散射截面将进一步降低。反隐身作战面临导引头目标截获距离和作用距离大幅压缩、拦截概率大幅下降的严峻挑战。

在反隐身方面，对于通过外形设计而实现隐身的目标而言，当采用超宽带太赫兹技术的雷达照射该目标时，可以接收从隐身飞机散射中心返回的一系列回波，回波携带了一系列关于目标不同角度的信息，通过对这一系列回波实施逆向合成孔径处理之后，就能得到目标真实图像，从而实现反隐身。此外，利用材料实现隐身的目标，由于现有的隐身材料主要针对微波频段，在太赫兹波段雷达吸波材料的性能下降明显，对太赫兹波的吸收率明显低于微波，因此在面对太赫兹雷达时同样也会失效。此外，太赫兹波段波长相对较短，对细微的外形结构变化更为敏感，隐身目标在某些方向的雷达散射截面可能会出现峰值。因此，太赫兹雷达能够获取比微波雷达更清晰的目标外形特征，从而提高目标图像的分辨率。

对于合成孔径雷达，由于采用合成孔径技术的太赫兹雷达所使用的太赫兹波长要远远小于目前传统相同孔径雷达系统使用的电磁波波长，因此太赫兹合成孔径雷达具有更高的分辨率和信噪比。此外，太赫兹合成孔径雷达还具有优良的穿透沙尘烟雾的能力，可以实现全天时、全天候不间断工作。太赫兹合成孔径雷达可提高战场态势感知能力，在军事侦察、军事测绘以及空间态势感知等领域中有着广阔的应用前景。

（2）太赫兹雷达可用于反导预警和天基预警

随着战争的需要，远程弹道导弹发展越来越快。远程弹道导弹射程远、速度高，其中段飞行是在大气层外进行。为了防备导弹攻击，世界各国都在完善自己的导弹防御体系。导弹防御体系中最重要的部分就是导弹探测、跟踪、预警系统。

导弹尾焰分子在太赫兹频段上可吸收能量并在光谱上特定频率范围内形成吸收线，通过光谱分析可对导弹尾焰进行识别，实现对战略或战术导弹的密切跟踪监视，精确确定导弹发动机的关机时间，进行导弹防御。

此外，现有的导弹预警体系，主要使用地基雷达探测处于主动段的导弹目标，并配合使用天基光学敏感器探测主动段导弹发动机喷射的高温尾焰。然而，一旦导弹进入飞行中段，火箭发动机停止工作、头体分离后，弹头红外特征明显降低，同时导弹释放出大量干扰目标，干扰探测设备对真弹头的识别。地基雷达受限于视线角及大气的衰减作用，对空间目标的探测距离有限；而星载红外探测器易受诱饵影响，对发动机停止工作后的弹头探测能力有限。采用太赫兹雷达作为星载探测器对弹道导弹进行跟踪，可以拓展跟踪范围，同时避免大气层的影响，实现比毫米波更高的分辨率。同时，太赫兹雷达可以对目标运动状态进行探测，从而根据如头体分离后的翻滚状态及自旋状态，分辨真假弹头。

（3）太赫兹雷达具体应用前景分析

太赫兹雷达是传统雷达的升级，采用太赫兹波替代毫米波，可以用于反隐身探测、高分辨率成像、空间碎片监视和弹道导弹预警等多种用途。具体来说，未来太赫兹雷达可用于以下领域中：

①目标识别雷达

由于太赫兹雷达具有很高的空间分辨率和很宽的带宽，非常有利于目标成像和获取目标特征结构细节，从而可对目标进行更精确的外形识别。由于太赫兹雷达对低径向速度的目标可以得到更大的多普勒频移，所以可用于对慢速运动或蠕动目标的发现和识别能力。另外，目标识别雷达通常要求有较高的数据率，太赫兹雷达体积小、质量轻，有利于天线的快速扫描，从而可提供较高的数据率。

②火控雷达和精密跟踪雷达

太赫兹雷达适合在短距离火控系统中应用，因为它体积小、质量轻，具有较高的机动性。另外，多径效应和地杂波对空中防卫火炮系统的低角度跟踪会产生不良的影响，在这种情况下，太赫兹雷达的窄波束和高分辨率显示极大的优越性。

③测量雷达

太赫兹雷达可用于空间测量大气温度、水蒸气、臭氧剖面及云高和对流层风。

④战场监视雷达

由于太赫兹雷达对于地面测绘和目标监视具有较高的角分辨率，能够获得较清晰的雷达成像，因此可用作战场监视雷达。

⑤低角跟踪雷达

由于太赫兹波多径效应和地面杂波干扰更小，所以可采用微波雷达与太赫兹雷达相配合来实施探测与跟踪，其中，微波雷达用于远程探测与跟踪，太赫兹雷达则用于低角跟踪。

⑥机载、星载雷达

由于太赫兹波具有较短的波长，可减小元器件尺寸，尤其是天线尺寸，得到紧凑的系统，这正是机载、星载雷达系统所要求的。

⑦监测空间碎片

伴随着各国航天活动数量的激增，空间环境日益复杂，小尺寸空间碎片（直径小于10 cm）数量激增，成为航天器的最严重威胁。面对数量巨大的小尺寸空间碎片，地基雷达等远程探测手段作用有限，难以对全部的有威胁小尺寸空间碎片进行探测。太赫兹雷达探测技术可以实现高分辨率成像，成像分辨率普遍在毫米级别，是理想的探测空间碎片的手段。因此可以在高轨卫星上携带太赫兹成像雷达载荷，监控低轨太空碎片，及时向控制中心提供碎片碰撞预警，提高空间飞行器的生存能力。

⑧全天候敌方军事目标侦察

现代战争要求我军无论是在黑夜还是狂风沙尘条件下，均能迅速发现敌方军事目标，实现精确打击。太赫兹特别的穿透能力可以以极小的衰减穿透如陶瓷、脂肪、碳板、布料及塑料等物质，还可无损穿透墙壁、沙尘烟雾，全天候发现人肉眼所不能发现的目标。工作原理是以太兹辐射作为探测源，利用电光采样或光电导采样方法直接记录太赫兹辐射电场的振幅时间波形，通过傅里叶变换得到测量信号振幅和相位的光谱分布，进而获得材料在太赫兹波段的吸收和色散等信息，可以对被测目标三维立体成像。根据特征库，可以穿过灰尘和烟雾发现敌方的坦克、装甲车等打击目标，实现远程监视的功能。在太空轨道损耗极小的太赫兹波在侦查预警空天飞机与超声速飞行器方面将有广阔的应用前景，具有极大的国防应用价值。

⑨卫星侦察

由于太赫兹辐射具有比微波更短的波长及更高的时间检测精度，因而可做成太赫兹雷达对目标进行敏感探测与监视，与微波雷达相比，它可探测更小的目标和实现更精确的定位。根据探测材料分子结构的共振吸收，可以获得探测目标组成材料的相关信息，可用作目标物的识别。由于高探测精度、高距离分辨率及优越反隐身能力，太赫兹雷达可能成为下一阶段的高精度雷达发展方向。

5.4.3　太赫兹雷达技术在雷达导引头领域中的潜在应用

目前导弹制导方式多是通过弹上的导引头感受目标辐射或反射的能量，自动形成控制命令并跟踪目标，导引制导武器飞向目标。这种制导方式按感受能量（波长）可分为（微波）雷达寻的、红外寻的、毫米波寻的、电视寻的和激光寻的制导。

由于太赫兹雷达能得到较高的测量精度和分辨率，并且其作用距离不远，所以通常只能用于末制导。同时太赫兹雷达具有质量和体积方面的优势，所以适合作导弹的寻的器。这是目前太赫兹雷达最有前景的应用领域之一。94 GHz 空对地导弹寻的导引头器就是其中一例。

（1）太赫兹雷达导引头提升对来袭导弹的探测能力

反导作战的目标场景复杂，往往包含战术弹道导弹目标、诱饵和伴随物等，单一的红外制导方式难以满足目标识别需求，由于红外成像只能获取二维图像信息，难以实现对密集目标的高精度分辨。相比于红外被动成像，通过太赫兹主动探测，可以实现对目标群的三维成像。由于太赫兹频段的波长远小于现有微波、毫米波，因此太赫兹探测可以获得更高的分辨率，通过高频波段的相干探测可以提取目标的微多普勒信息，提高弹载目标识别能力。

与微波相比，太赫兹波波束较窄，波束方向性更好，可以探测更小的目标，可以大幅提高打击精度。但是水分子、氨分子等极性分子对太赫兹波具有明显的吸收性，使用太赫兹波进行制导只能在有效穿透距离内进行。需要在常规方法制导进入近距离攻击范围，采用无缝制导切换技术，近距离使用太赫兹波制导，实现提高打击精度的目的。必须采用合适的窗口频率，扩大太赫兹波在空气中有效探测距离，为计算系统留出充足计算时间。

（2）太赫兹雷达技术提升导引头抗干扰能力

随着战场环境日益复杂和对抗手段日趋完善，精确制导武器面临着巨大的挑战，在对原有末制导探测技术进行抗干扰改进基础上，迫切需要研发新的干扰对抗手段，提高复杂光电对抗条件下的目标信息获取能力和真假目标识别能力。

现有射频体制防空导弹缺乏对抗现有拖曳式干扰的能力，典型机载干扰装备采用压制干扰、存储转发式脉冲、覆盖脉冲等干扰样式，已经对射频寻的制导导弹产生致命威胁；现有光电体制防空导弹缺乏对抗大规模施放红外干扰弹的能力，空中作战平台可携带多发红外诱饵弹与箔条弹，是当今运用最广泛的光电对抗手段。

现有的电子战干扰手段主要集中在微波频段及红外波段，对太赫兹频段难以进行有效的干扰，因此太赫兹探测在波段选择上具有突出的抗干扰优势。同时，太赫兹频段提供的极窄天线波束可以减少干扰机注入雷达主瓣波束的机会，此外高天线增益也抑制了旁瓣干扰。利用主动焦平面成像技术，可以实现对目标和诱饵的高分辨成像，提高精确制导系统的抗干扰能力。

在低层空域应用时，与红外成像探测和激光探测相比，太赫兹波探测具有穿透沙尘、烟雾的能力，在雾、雨等恶劣天气条件下，太赫兹波的衰减也比光波小，因此，太赫兹探测具有更好的穿透能力，在恶劣气象条件下具有更好的探测性能。另外，在复合制导应用方面，亚毫米波波段由于波束宽度宽，在反馈系统设计等方面易于与现有射频导引头复合应用。但是，在 10 km 以下低层空域应用时，大气对太赫兹波的衰减较为显著，需要根据大气透过窗口合理选择探测波段。

（3）太赫兹雷达增强在中高层空域探测高超声速目标能力

新型高超声速目标主要指能长时间巡航或滑翔飞行的高超声速飞行器，主要包括高超声速巡航导弹（飞行速度 $Ma = 5 \sim 8$）和高速滑翔弹头（飞行速度 $Ma = 12 \sim 15$），具有一小时全球到达、米级精度、大范围机动等能力，是美国常规快速全球打击计划的重要组成部分。近年来，美国高度关注高超声速飞行器研制，多次试验相继取得成功，标志着高超声速飞行器的主要关键技术已获突破，其武器化进程也随之加速。

由于高超声速目标具有较强的红外辐射特性（千瓦甚至万瓦量级）且伴随有等离子鞘套影响，采用凝视红外成像制导体制在远距离探测方面具有一定的优势。稠密大气层内长时间高速飞行产生的气动加热会对红外成像探测系统造成气动热辐射和光传输干扰，光学头罩的热环境适应能力以及气动光学效应问题增大了高精度目标探测难度。高超声速巡航导弹超燃冲压发动机高温喷焰以及高速滑翔弹头高温尾迹的红外辐射特性显著，对红外成像探测形成干扰，存在目标本体识别和瞄准点选择问题。针对高速交会条件下的高效破片杀伤问题，还需要采用具有一定作用距离的引信，为战斗部提供起爆信息。

高超声速飞行器在稠密大气层内长时间高速飞行会产生气动加热效应，高超声速巡航导弹使用的超燃冲压发动机高温喷焰以及高速滑翔弹头高温尾迹，对红外成像探测形成干扰，影响探测器对目标本体的识别，采用红外成像设备探测高超声速飞行器存在一定问题。用太赫兹雷达导引头探测高超声速飞行器，可以避开红外探测设备对发动机喷焰和高温尾迹敏感的问题，实现对目标本体的瞄准点选择。太赫兹雷达导引头主动探测能够获得目标的二维图像以及距离、速度等多维信息，并可以对目标加速度信息进行估计，其测距测速能力强于毫米波雷达。此外，由于太赫兹波可以穿透等离子体，因此可以克服等离子体鞘套的影响，探测在临近空间飞行的高超声速飞行器。

相比于红外成像被动探测，太赫兹波段波长更长（30 μm 以上），可以避开高温光学头罩的辐射峰值波段，适应高热背景的能力更强，且能够更好的克服气动光学效应影响。红外波段的光学窗口材料选择面较窄，热环境适应能力有限，应用受到限制，且严酷状态下还需采用窗口制冷，而太赫兹波段较宽，且其能以很小的衰减穿透多种物质，头罩材料选择面相对较宽，无需进行头罩制冷，能够适应高热环境和气动光学效应影响。且可以通过太赫兹辐射源进行主动探测，对发动机喷焰和高温尾迹不敏感，能够实现对目标本体的瞄准点选择。太赫兹波主动探测能够获得目标的二维图像以及距离、速度等多维信息，并可以对目标加速度信息进行估计，提高针对高速机动目标的制导控制精度，其测距测速能力也可以兼顾引战配合。由于太赫兹波频率大于等离子体电子的特征频率，可以穿透等离子体，因此可以克服等离子体鞘套的影响。相比于激光波段，太赫兹波气动光学效应影响小，波束宽度宽，易于获得更大的探测视场和角度搜索能力，降低交班和复合探测的难度。相比于微波波段，能够获得较高的探测精度，支撑部分作战空域的直接碰撞杀伤。

此外，高超声速飞行器飞行高度在 20 km 以上，可以避开低层稠密大气，减小大气对太赫兹波的衰减，最大限度的发挥太赫兹波段的探测优势，提高探测威力，降低应用门槛。

由于现阶段太赫兹技术还处于实验室基础研究、器件开发和前沿探索阶段，基于太赫兹波段的末制导探测威力和弹载环境适应能力与实际需求还有较大差距。需要结合相关背景需求，结合太赫兹波段的特点深入论证太赫兹技术在防空反导领域的应用方向和技术途径，前期重点考虑与现有射频、红外探测制导体制进行复合应用，重点解决末端的瞄准点选择、抗干扰问题，后期根据相关基础器件和技术的发展情况，开发基于太赫兹技术的新型末制导探测系统。

（4）太赫兹成像雷达在制导系统中应用

太赫兹成像雷达在制导及目标识别领域具有潜在的应用前景。利用太赫兹波方向性强、能量集中的特点，可实现高分辨率成像雷达和跟踪雷达；利用太赫兹波穿透物质成像技术，可以探测隐藏在覆盖物或烟尘中的军事装备；利用太赫兹波穿透沙尘烟雾的能力，可研制辅助导航系统；利用太赫兹波频谱宽的特点，以太赫兹波作为辐射源的超宽带雷达能够获取隐身飞行器的图像等。

①太赫兹成像雷达制导应用要求

太赫兹成像雷达应用于导弹制导的关键是要适应导弹平台及使用要求，包括平台装填空间及载荷、飞行环境的适应性，多种类目标的适应性、天候天时环境及干扰环境的适应性等。

（a）适应复杂自然环境的要求

由于对全天候、全天时使用的要求，精确制导面临的自然环境多样和复杂，包括不同的天候环境、不同的天时、不同的季节及地域场景发生的变化等。

（b）适应多种类目标探测及识别的要求

由于不同目标及背景区域在材质、几何结构形状、电磁散射与辐射特性、光电反射与辐射特性、地理环境等方面具有较大的差异，要求太赫兹成像雷达对目标具有适应性，能够准确、可靠地获取目标或其背景区域的相关特征信息。

在复杂背景环境下，目标信号易淹没在背景杂波中，给目标的检测和识别带来困难，造成目标的漏检和虚检，要求太赫兹成像雷达制导技术能够有效抑制背景干扰，提高目标检测和识别的鲁棒性，实现自主的探测、识别和跟踪。

（c）适应导弹平台应用的要求

1）适应平台装填空间和有效载荷：适应装填空间是指太赫兹成像雷达的体积大小能满足平台的使用空间要求；适应有效载荷是指雷达的质量能满足平台对质量的要求。

2）适应平台的飞行环境：适应平台的飞行环境是指太赫兹成像雷达能适应平台飞行过程中的速度、过载、冲击及温度等环境要求。

3）适应平台交班精确度和机动控制能力：交接班精确度、机动控制能力与采用的制导体制应当相互匹配，重点是太赫兹成像雷达的视场范围、作用距离、成像速度等指标能满足制导使用要求。

（d）适应复杂电磁干扰环境的要求

由于打击对象多为敌重点防护目标，敌方往往可能设置人为的干扰对抗措施，使制导精确度下降或工作失效，要求太赫兹雷达精确制导技术对干扰环境具有一定的适应性。

②太赫兹成像雷达制导应用可行性

根据导弹制导的使用要求，针对目前太赫兹成像雷达工作机理和技术发展现状，探讨其应用方向及可行性。

（a）大气传输特性

受气体分子谐振吸收等因素影响（氧气和水汽分子的谐振频率位于 $0.01 \sim 1\,\mathrm{THz}$ 范围），太赫兹波在大气中传输有较大衰减。太赫兹波在大气中的吸收衰减率呈现出一条若干个尖峰形状的曲线，这种尖峰为大气吸收峰，是由气体分子吸收谱线形成的。大气中的水汽对太赫兹波有很强的衰减。

受大气传输衰减的影响，且基于目前辐射源功率的技术状态，在地面或低空环境中，太赫兹成像雷达的作用距离只能是几十米到几百米左右，仅具备近距离制导及侦察的能力。若要达到千米以上的制导要求，一方面要根据大气传输窗口选取合适的太赫兹工作频段；另一方面要解决更高能量的太赫兹源关键技术。另外，考虑到在对流层之外，水蒸气含量几乎为零，大气衰减影响大幅降低，因而太赫兹成像雷达非常适用于临近空间或大气层外空间的目标探测。

（b）目标太赫兹特性

目标特性是导弹对目标精确制导的基础，通过目标特性的研究可有助于从目标中获取最多的有用信息，同时对干扰进行最大抑制，用于目标的检测和识别。

综合目前研究情况来看，太赫兹成像雷达还多应用于地面环境检测、安全检查及医疗诊断等领域，重点研究了如气体、毒品及生物活体等太赫兹特性，但对于军事目标太赫兹特性的研究基本未见报道或尚未开展深入研究。此外，基于太赫兹成像雷达获取的图像进行感兴趣目标的自主、快速检测和识别也还处于起步状态。

（c）太赫兹辐射源及探测器

根据太赫兹辐射产生的机理，可以将辐射源分为光学方法和电子学方法两大类：光学方法产生太赫兹辐射主要有基于远红外光泵浦产生太赫兹辐射、利用超短激光脉冲产生太赫兹辐射以及利用非线性频率变换过程产生太赫兹辐射等；电子学产生太赫兹辐射主要有太赫兹量子级联激光器、利用自由电子的太赫兹辐射源、基于高能加速器的太赫兹辐射源及电子学振荡器频率倍频等。太赫兹探测器主要分为四大类：辐射量热计和热释电探测器，电子探测器，光电导偶极天线及其阵列，以及用飞秒激光取样的电光晶体等。

太赫兹辐射源和探测器是太赫兹成像雷达的关键器件，其性能、结构尺寸及质量是制约导弹制导应用的瓶颈。从目前器件的技术状态来看，主要存在太赫兹辐射源体积大、功率小、成本高以及探测器成像时间较长等问题。

太赫兹成像雷达能否适应平台的热力学环境及视场范围要求还需要结合实际平台的使用环境系统分析。

太赫兹波的频率高、波长短，具有很高的时域频谱信噪比，且在浓烟、沙尘环境中传输损耗很少，可以穿透一般障碍物进行扫描，是复杂战场环境下寻的成像的理想技术。太赫兹雷达对形状隐身、涂料隐身、等离子体隐身目标、高超声速目标等具有较强的探测能力，会在军事上对现有隐身技术产生颠覆性影响。

参 考 文 献

[1] MCMILLAN R W, TRUSSELL JR C W , BOHLANDER R A, et al. An experimental 225GHz pulsed coherent radar [J]. IEEE Trans. Microwave Theory and Techniques, 1991, 39 (3): 555 - 562.

[2] DENGLER R J, MAIWALD F, SIEGEL P H. A Compact 600GHz Electronically Tunable Vector Measurement System For Submillimeter Wave Imaging [J]. IEEE MTT - S Int. Digest, San pp: 1923 - 1926, Francisco, Jun. 2006.

[3] 姚建铨. 太赫兹技术及其应用 [J]. 重庆邮电大学学报: 自然科学版, 2010, 22 (6): 703 - 707.

[4] 许景周, 张希成. 太赫兹科学技术和应用区 [M]. 北京: 北京大学出版社, 2007.

[5] 刘盛纲, 钟任斌. 太赫兹科学技术及其应用的新发展 [J]. 电子科技大学学报, 2009, 38 (5): 481 - 486.

[6] 戚祖敏. 太赫兹波在军事领域中的应用研究 [J]. 红外, 2008, 29 (12): 1 - 4.

[7] 王忆锋, 毛京湘. 太赫兹技术的发展现状及应用前景分析 [J]. 光电技术应用, 2008, 23 (1): 1 - 4, 41.

[8] 杨光鲤, 袁斌, 谢东彦, 等. 太赫兹技术在军事领域的应用 [J]. 激光与红外, 2011, 41 (4): 376 - 380.

[9] 朱彬, 陈彦, 邓科, 等. 太赫兹科学技术及其应用 [J]. 成都大学学报: 自然科学版, 2008, 27 (4): 304 - 307.

[10] 张培昌, 秉玉, 铁巫雷达气象学 [M]. 北京: 气象出版社, 2000.

[11] 肖健, 高爱华. 飞秒激光触发光电导天线产生太赫兹波的研究 [J]. 电子科技, 2010, 23 (3): 7 - 9.

[12] 陈晗. 太赫兹波技术及其应用 [J]. 中国科技信息, 2007 (20): 274 - 275.

[13] JIANMING DA, XU XIE, X. - C. ZHANG. Detection of Broadband Terahertz Waves with a Laser - Induced Plasma in Gases [J]. Phys. Rev. Lett. 2006, 97: 103903.

[14] I - CHEN HO, XIAOYU GUO, X. - C. ZHANG. Design and performance of reflective terahertz air - biased - coherent - detection for time - domain spectroscopy [J]. Optics express, 2010: 2872.

[15] LUUKANEN A, APPLEBY R, KEMP M, et al. Millimeter - Wave and Terahertz Imaging in Security Applications [M] //Terahertz Spectroscopy and Imaging. Springer Berlin Heidelberg, 2013: 491 - 520.

[16] LIU H B, ZHONG H, KARPOWIN. Terahertz specstroscopy and imaging for defense and security application [J]. Proc. IEEE, 2007, 95 (8): 1514 - 527.

[17] 郑新, 刘超. 太赫兹技术的发展及在雷达和通讯系统中的应用 [J]. 微波学报, 2010, 26 (6): 1.

[18] ZHEN XIN, LIU CHAO. Recent development of THz technology and its application in radar and communicationsystem [J]. Journal of Microwaves, 2011, 26 (6): 1 - 6.

[19] HELMUT ESSENA, STEFAN STANKOA, RAINER SOMMERA. Development of a 220 - GHz

experimental radar [A]. 2008 German Microwave Conference [C], Hamburg – Harburg, 2008: 1 – 4.

[20] MICHAEL CARIS, STEPHAN STANKO, ALFRED WAHLEN. Very high resolution radar at 300 GHz [A]. Proceedings of the 11 th European Radar Conference [C], 2014: 494 – 496.

[21] COOPER K B, DENGLER R J, CHATTOPADHYAY G. A high resolution imaging radar at 580GHz [J]. IEEE Microwave and Wireless Components Letter, 2008, 18 (1): 64 – 66.

[22] DENGLER R J, COOPER K B, CHATTOPADHYAY G, et al. 600GHz imaging radar with 2c; m range resolution [A]. IEEE MTT – S International Microwave Symposium [C], Honolulu, 2007: 1371 – 1374.

[23] CHATTOPADHYAY G, COOPER K B, DENGLER R, et al. A 600GHz imaging radar for contraband detection [A]. 19th International Symposium on Space Terahertz Technology [C], Groningen, 2008: 300 – 303.

[24] COOPER K B, DENGLER R J, LLOMBART N, et al. THz imaping radar for standoff personnel screening [J]. IEEE Transactions on Terahertz Science and Technology, 2011 (1): 169 – 182.

[25] RUTH ARUSI, YOSEF PINHASI, BORIS KAPILEVITC. Linear FMradar operating in the Tera – Hertz regime for concealed objests detection [A]. 35th International Conference on Infrared Millimeter and Terahertz Waves [C], 2010, 1 – 2.

[26] MENCIA – OLIVA B, GRAJAL J, BADOLATO A. 100GHz FMCW radar front – end for ISAR and 3 D imaging [A]. National Radar Conference [C], IEEE, 2011.

[27] ERGIN A A, SHANKER B, MICIELSSEN E. The Plane – wave time – domain algorithm for the fast analysis of transient wave phenomena [J]. IEEE Antennas Propag Mag, 1999, 41 (4): 39 – 52.

[28] CHENG BINBIN, JIANG GE, WANG CHENG. Realtime imaging with a 140GHz inverse synthetic aperture radar [J]. IEEE Transactions on Terahertz Science and Technology, 2013.

[29] 成彬彬，江炯，陈鹏. 0.67THz高分辨率成像雷达 [J]. 太赫兹科学与电子信息学报，2013，11 (1).

[30] GU SHENGMING, LI CHAO, GAO XIANG, SUN ZHAOYANG, FANG GUANGYOU. Terahertz aperture synthesized imaging with fan – beam scanning for personnel screening [J]. IEEE transactions on Microwave Theory and Techniques, 2012, 60 (12): 3877 – 3885.

第6章 太赫兹通信技术

6.1 太赫兹通信技术

随着网络技术、计算机技术、电子技术以及高清视频业务的发展，人们对高速无线通信传输带宽的需求日益增加。根据 Edholm 带宽定律，在未来，无线网络的传输效率会和有线网络的传输效率逐渐趋同，无线网络和有线网络相互融合，是通信技术发展到一定阶段后必然会有的结果。人们对于无线短距离通信的带宽需求基本每隔 18 个月翻一番[1]，为了满足日益增长的带宽需求，可以采用更先进的调制技术提高频带利用率，或者通过采用多种复用方式来增加信道容量。但香农定理告诉我们，这种方法提供的数据传输能力依旧有限。香农定律的数学公式：$C = W \cdot \log_2 \left[1 + \dfrac{S}{N} \right]$。为了提供足够的通信带宽，采用更高的载波频率成为必需途径，这就要求拓展到太赫兹波频段。因此，研究太赫兹频段通信成为下一代无线短距离通信的重要研究课题[2-4]。图 6-1 为 Edholm 带宽定律。

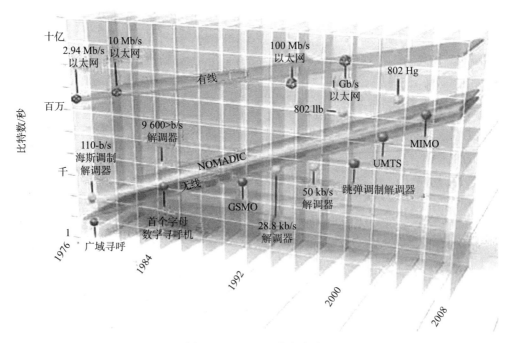

图 6-1 Edholm 带宽定律

6.1.1　太赫兹波通信及特点

太赫兹波通信是指用太赫兹波作为信息载体进行的通信，由于太赫兹波处在电磁波谱的特殊位置，使其具有很多独特的技术特点和性质。太赫兹波介于微波与远红外光之间，处于电子学向光子学的过渡领域，它集成了微波通信与光通信的优点，太赫兹波不仅拥有与光相同的直进性，还具有与电波相似的穿透性和吸收性。同时相比较 2 种现有通信手段，太赫兹波表现出了一些特有的优良性质[5]。

（1）太赫兹波的穿透性强

由于太赫兹波自身包含丰富的光谱信息，且具有很好的光谱分辨特性，对很多介电材料与非极性液体具有良好的穿透性。因此，太赫兹波可以作为探测材料性质的检测工具。太赫兹波的波束窄，具有极高的方向性，能穿透云雾及伪装物，可在大风、沙尘以及浓烟等恶劣的环境下以极高的带宽进行定向通信。国际通讯联盟已经指定 0.12 THz 和 0.22 THz 两个频段分别用于下一代地面无线通信与卫星间通信。

（2）太赫兹通信能量效率高

根据测量结果，频率为 1 THz 的太赫兹波仅具有 4.1 meV 的光子能量，约为 X 射线光子能量的百分之一量级，因此太赫兹波不易对生物组织产生伤害。相对于光通信而言，太赫兹波的光子能量大约是 10^{-3} eV，只有可见光的 1/40，用它作为信息载体，可以获得极高的能量效率。相比于传统使用密集波分复用等技术进行有线光通信而言，太赫兹通信的能量效率更高。

（3）太赫兹通信传输的容量大

太赫兹波频谱在 $10^{11}\sim10^{13}$ Hz 之间，比微波通信高出 1～4 个数量级，使得太赫兹波的传输信息量更大，能提供超过 10 Gbit/s 的通信速率，是超宽带通信技术的几百甚至上千倍，特别适合宽带无线移动通信。同时，太赫兹通信与高阶的编码调制技术相结合，可进一步提升无线通信的传输容量，满足大容量传输场景的通信要求。

（4）保密性好

由于太赫兹波束比微波更窄，且能够有效地抑制背景辐射噪声的影响，因此可以保证信息传送精度的同时，使太赫兹通信具有更好的保密性能。另外，太赫兹波在空气中传播时很容易被水分所吸收，水分子将对其造成传送损耗，信号衰减严重，传输距离较短，不适合地面远程通信，也使得探测通信信号非常难，通信保密性能好，因此更适合于地面短程安全通信。特别是战场通信，可实现隐蔽的近距离通信，使敌人无法在通信中探测、截取、阻塞或"造假"传输信号。美国正在利用太赫兹传输距离相对较短、不易被截获的优势，研制通信距离在 5 km 左右的近距离战术通信系统。

（5）性价比好

太赫兹波的波长比较短，在完成同样功能的情况下，天线的尺寸可以做得更小，通信系统结构简单、可靠，并且经济，还可减轻相互通信之间的干扰。

表 6 - 1 在主要的通信衡量指标下比较了太赫兹通信和微波通信、光通信各自的特点，

可以看出，由于太赫兹波带宽、方向性好，所以相对微波而言，太赫兹波的传输信息容量更大，传输效率更高。而相比于光通信而言，太赫兹通信的能效更高，且对人体尤其是眼睛的危害更小。无线、宽带既是其特点也是其未来应用的主要领域。因此毫无疑问太赫兹通信将是未来短距离（10～100 m）无线通信发展的重要手段。

表 6 - 1　　太赫兹通信与微波通信、光通信技术的特点比较

载波	微波通信	太赫兹通信	光通信
传输方式	无线	无线	有线
传输距离	远距离	视距	超长距离
通信容量	兆比特每秒	二者之间	吉比特每秒
应用场合	移动通信或无线接入	宽带接入	骨干网或有线接入
定向性	定向差	二者之间	好
安全性	低	低辐射	高光子能量

6.1.2　太赫兹波通信系统组成架构

目前研究中的太赫兹波通信系统结构有 3 种典型的发射子系统和 2 种接收子系统[6-7]：

（1）全电子器件发射子系统

全电子器件发射子系统如图 6 - 1 所示，该系统是基于电子器件的系统，由射频电信号发生器、电调制器和前置放大器组成。太赫兹波信号一般由多倍放大耿氏振荡器产生，或由 30～100 GHz 的微波/毫米波发生器合成得到。集成电路振荡器作为一种新太赫兹发射源也是研究热点，如共振隧道二极管。

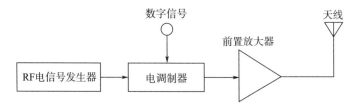

图 6 - 1　全电子器件发射子系统

（2）光电子器件发射子系统

光电子器件发射子系统如图 6 - 2 所示，该子系统利用光电子器件实现太赫兹信号的产生和调制，两个红外激光器产生两束光信号，通过光学外差法，利用单行载流子光电二极管转换为太赫兹波信号。该结构系统一般工作在 1 THz 以下，主要基于 1.55 μm 远距离通信平台，如光纤、饵涂料光纤放大器和半导体激光放大器。

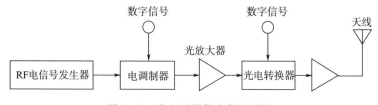

图 6 - 2　光电子器件发射子系统

（3）太赫兹激光器系统

太赫兹激光器系统如图 6-3 所示，这是一个基于半导体激光器的系统，如量子级联激光器，可以产生 1 THz 以上的太赫兹信号。通过外调制器，量子级联激光器可实现调制频率在 10 GHz 以上的直接调制[8]。太赫兹外调制器主要有二维电子气半导体调制器和基于超材料的调制器。

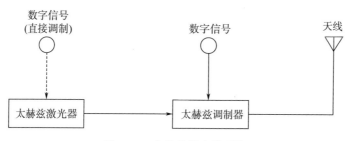

图 6-3　太赫兹激光器系统

太赫兹波通信两类接收子系统是直接探测系统和相干探测系统，都是利用量子阱探测器或电子器件等光电子器件构建系统的。

（4）直接探测系统

直接探测系统如图 6-4 所示，该系统结构简单，主要用于 1～10 THz 信号接收。

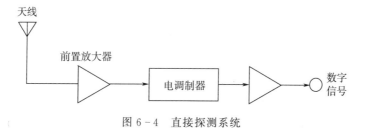

图 6-4　直接探测系统

（5）相干探测系统

相干探测系统如图 6-5 所示，该系统结构复杂，灵敏度高。与直接探测相比，相干探测的优点有：可以探测频率调制和相位调制；主要噪声由本振产生，而不是由背景噪声辐射产生；中频转换能产生增益，可以忽略热噪声和"产生-复合噪声"（"产生-复合噪声"是由半导体中载流子产生与复合的随机性而引起载流子浓度的起伏而导致的）；转换增益与 WLO/WS 成比例（WLO 为本振功率，WS 为输入信号功率）。与直接式探测器相比，可探测到非常微弱的信号。

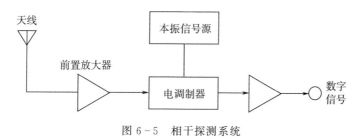

图 6-5　相干探测系统

6.2　太赫兹通信关键技术

太赫兹频段用在通信领域的研究在近年来开始引起人们的关注，目前，太赫兹通信频段尚属空白，但由于结合了微波通信和光通信的各自特征，因此近年来太赫兹通信系统的研究引起了越来越多研究机构的关注。目前商业设备供应商和国际标准化组织如"国际电信联盟"和"电气和电子工程师协会"等正在研发太赫兹通信并制定相应标准。德国的布伦瑞克技术大学联合其他院校建立了专门的太赫兹通信实验室。日本以 NTT 公司为代表，利用光载毫米波技术，在太赫兹波段无线通信方面取得很大的进展。国内方面，近年来包括南京大学、中国工程物理研究院、天津大学、首都师范大学和东南大学等院校都在太赫兹及太赫兹通信方面开展了相关的研究工作，并且在 2010 年将"毫米波与太赫兹无线通信技术"列入国家 863 项目研究指南[8-9]。在太赫兹通信的研究工作中，内容涵盖了通信系统的各个方面，从大功率、小型化的太赫兹源，高灵敏度的探测器，信道传输特性及方式的研究，到带宽调制器以及仍处于空白的太赫兹波段的放大器都是未来太赫兹波段通信能够实现的基础。

太赫兹波通信技术将是下一代通信技术的基础，具有广阔的应用前景，已成为世界各国发展研究的热点。

目前，太赫兹波通信技术的研究主要集中在：太赫兹波辐射源技术、太赫兹波信号调制技术、太赫兹波信号探测技术、太赫兹波脉冲规律及太赫兹波通信系统技术等[10]。

6.2.1　太赫兹波辐射源技术

目前世界范围内关于太赫兹波的产生源的种类主要有 2 种：第一种是半导体太赫兹辐射源，这种辐射源有相对较小的体积，调试和使用起来都比较方便。太赫兹量子级联激光器是主流的发展趋势，最早的较为成功的量子级联激光器是一种频率为 4.4 THz，功率约为 2 mW 的量子激光器，后期的一些研究中逐渐降低频率，并提升了脉冲的功率，目前最高的可以到达 200 mW 的脉冲功率，并且已经出现了太赫兹成像技术[11]。第二种是基于光学和光子学的太赫兹辐射源，较为常见的是利用超短激光脉冲来产生太赫兹辐射，利用瞬间的光电导可以产生太赫兹脉冲，所用到的导电材料是在半导体材料便面沉寂金属，从而制成偶极天线电极结构，飞秒激光照射光雕材料会在表面瞬间产生大量的自由电子空穴对，在电厂和光生载流子的加速作用下形成光电流，从而产生太赫兹电磁辐射脉冲[12]。除了这两类辐射源之外还有一种相对应用较少的真空电子学辐射源，这种辐射源的电子激光器偏大，但是频谱连续可调，范围和峰值功率及平均频率都比较大，但由于相关研究较少，应用也不广泛，目前已有的几种类型的真空电子学辐射源所达到的输出攻略与半导体辐射源还存在着较大的差距[13]。

（1）半导体太赫兹波辐射源

半导体太赫兹波辐射源一般体积小、可调谐、使用方便。较为常见的有共振隧道二极管及量子级联激光器等。

①共振隧道二极管

共振隧道二极管是一种依靠量子共振隧穿效应工作的新型纳米器件，器件结构是通过分子束外延技术生长出的双势垒 AlAs/GaInAs/AlAs 量子阱结构，在这结构上外加偏置电压，会出现负微分电阻效应。利用负微分电阻效应可以产生太赫兹波段的振荡频率。

2013 年 12 月 16 日，日本开发出了可在室温下工作、基本振荡频率为 1.42 THz 的共振隧道二极管。

②量子级联激光器

量子级联激光器是基于半导体激光器的太赫兹发射子系统的关键器件。与传统激光器相比，量子级联激光器主要有两个特点：首先，它是一种子带间的单极器件，它只利用了电子在不同子带间的跃迁来辐射光子，而不考虑空穴的输运；其次，它是一个级联的结构，由几十甚至一百多个重复的周期组成，电子在每个周期内重复释放光子，这样就提高了器件的输出功率。

量子级联激光器由于其能量转换效率高、体积小、轻便和易集成等优点，成为了当前的研究重点之一。1994 年，Federico Capasso 等人率先发明量子级联激光器。2000 年，中国率先研制出 5～8 μm 波段半导体量子级联激光器。2002 年，意大利和英国研制出了 4.4 THz、2 mW（温度 8 K）的量子级联激光器。此后，逐渐降低频率，提升了脉冲的功率。2004 年，美国研制的量子级联激光器达到了 2.1 THz、连续波功率 1 mW（温度 93K）、脉冲功率 20 mW。2005 年，美国研制出 137 K、200 mW 的量子级联激光器。2007 年，哈佛研发出 170 K、3 THz 的量子级联激光器。2009 年，Kumar 等人研制出基于对角跃迁的 186 K、3.9 THz 的量子级联激光器，峰值功率达 5 mW。2010 年8 月，美国和英国利用一种"超材料"研制成功新型太赫兹半导体激光器，使光波准直性能与传统太赫兹光源相比显著改善。中国科学院在"十五"期间研制了激射频率为3.2 THz 的量子级联激光器。2014 年 2 月 17 日，英国利兹大学开发出了世界上功率最大的太赫兹激光器芯片——量子级联激光器，输出功率超过了 1 W，比 2013 年维也纳团队的记录高出一倍以上[14]。

从 2002 年第一个量子级联激光器成功制备开始，器件的工作温度、输出功率等性能已经得到了非常大的改进和提高。目前，基于共振声子散射的器件具有最好的温度性能，而从束缚态向连续态跃迁的设计具有最小的阈值电流，这两种结构也成为量子级联激光器有源区结构设计的主要方向。量子级联激光器器件研制的最新进展如下：脉冲模式下的最高工作温度为 199.5 K，激射频点为 3.22 THz；连续模式下的最高工作温度为 117 K，激射频点为 3 THz；脉冲模式下最大峰值辐射功率为 248 mW，连续模式下最大峰值功率为138 mW。从理论上讲，中红外量子级联激光器本征带宽能达到 100 GHz，对于量子级联激光器，其电子寿命与中红外量子级联激光器一样都为皮秒量级。因此，量子级联激光器的本征调制带宽有望达到和中红外量子级联激光器类似的水平。

（2）光学和光子学太赫兹辐射源

该类辐射源主要是通过超短激光脉冲、红外光泵浦、非线性差频及参量过程等几种方式产生的。其中，利用超短激光脉冲产生辐射波是当前研究的重点，主要有两种方式：

1）利用瞬时光电导。即在光电导的表面淀积金属，制成偶极天线电极，再利用飞秒激光照射电极之间的光电导半导体材料，会瞬时在表面产生大量电子空穴对，形成光电流，进而产生太赫兹辐射。

2）利用光整流。即利用电光晶体作为非线性介质，使超快激光脉冲进行二阶非线性光学过程或者高阶非线性光学过程来产生太赫兹电磁脉冲。目前已经发展了很多基于飞秒激光脉冲和非线性光学晶体的太赫兹激光源。如太赫兹光导天线、非线性差频、光整流、太赫兹参量振荡器和光学切伦科夫辐射和放大器（TPG，TPO，TPA）等。

（3）真空电子学太赫兹波辐射源

真空电子学太赫兹波辐射源主要包括：相对论电子器件、太赫兹纳米速调管、太赫兹回旋管、太赫兹返波振荡器（BWO）、扩展互作用振荡器（EIO）以及单行载流子光电二极管。

①相对论电子器件

主要包括：自由电子激光器、等离子体尾场契伦科夫辐射和储存环太赫兹辐射源。其中，自由电子激光器的频谱连续可调、范围广、峰值功率及平均功率较大、相干性好。2012 年 1 月，美国利用 1 MeV 静电加速器的自由电子激光器，在 2 mm～500 μm，0.15～6 THz，产生 1 kW 的准连续波。储存环太赫兹辐射源，可产生 0.03～30 THz 的太赫兹波，亮度超过现有辐射源 9 个数量级。

②太赫兹波纳米速调管

该器件将微电子加工技术、纳米技术和真空电子器件技术融合在一起，能产生毫瓦级的输出功率，电压低，不需要磁场，具有低色散、长工作寿命等特点。目前，美国研制出频率为 0.3～3.0 THz，当工作电压为 500 V 时，连续波输出功率可高达 50 mW 的纳米速调管。

③太赫兹回旋管

回旋管是快波器件，能在很高的频率下产生高脉冲功率，可达到千瓦级，平均功率也较高。美国海军研制出具有超高磁场（16.6 T）的太赫兹回旋管振荡器，工作频率为 500～1 000 GHz，输出功率数百瓦。日本福井（Fukui）大学研制出了 0.889 THz，输出功率达数万瓦的太赫兹回旋管。俄罗斯正在研制 1 THz 的回旋管，脉宽 100 μs，脉冲磁场 40 T，电流 5 A，电压 30 kV，输出功率可达 10 kW。我国成都电子科技大学分别于 2008 年和 2009 年在国内首次成功研制了 0.22 THz 脉冲功率大于 2 kW 的一次谐波和 0.42 THz 脉冲功率千瓦级二次谐波太赫兹回旋管。

④太赫兹返波振荡器（BWO）

BWO 是一种经典电真空微波源慢波器件。俄罗斯研制的 BWO 可以产生 180～1 110 GHz、输出功率 3～50 mW 的电磁辐射。美国国家航空航天局正在开发工作频率

300 GHz～1.5 THz 的 BWO。

⑤扩展互作用振荡器（EIO）

CPI 公司于 2007 年研制出 220 GHz 的 EIO，电压 1 kV，电流 105 A，平均功率 6 W，具有 2％的机械调谐，质量不超过 3 kg。德国应用科学研究所研制出了 220 GHz、脉冲功率 35 W、占空比 0.005％的 EIO。

⑥单行载流子光电二极管

单行载流子光电二极管是基于光电子学器件的太赫兹发射子系统的关键器件。单行载流子光电二极管有源区由两层组成：一层是中性的（非耗尽）窄带隙光吸收层（p 型铟镓砷），另一层是无掺杂或少量 n 型掺杂的（耗尽）宽带隙载流子吸收层（磷化铟）。电子空穴对仅当波长为 1.55 μm 的入射光透过载流子吸收层时才由吸收层产生，即产生光电流。在单行载流子结构中，只有电子是激发态的载流子。

2004 年，研制成功以单行电子作为活性载流子的新型光电二极管，具有高速度和高饱和输出特性，输出功率为 2.6 μW，频率为 1.04 THz，适合在 10 Gb/s 的太赫兹无线通信中应用。

（4）太赫兹波发射子系统的其他技术

①太赫兹波真空放大器

2013 年 12 月，美国国防部高级研究计划局使用微型真空集热管，设计并演示了一个 0.85 THz 的功率放大器，这是世界上第一个微型真空管。

②太赫兹波带通滤波器

2009 年 9 月，Utah 大学利用表面等离极化激元技术，研制出全球首款带通滤波器，中央频率为每秒 1 万亿周期。

③石墨烯天线技术

2013 年 3 月，佐治亚理工学院提出研制石墨烯天线构想，希望在一年内制造出模型，实现短距离内无线数据传输速度达到兆兆位/秒。石墨烯（Graphene）是一种由碳原子构成的单层片状结构的新材料，呈蜂窝状点阵结构，是目前已知导电性能最出色的材料，导电速度比硅快 50～500 倍。由石墨烯材料制制成的天线，能够以太赫兹频率工作，远超目前常规的兆赫兹、吉赫兹天线。

6.2.2　太赫兹波信号调制技术

太赫兹波的调试技术对于太赫兹通信来说具有十分重要的意义，最早在 2003 年国外就有研究小组分别通过半导体结构和电控结构来研发太赫兹调制器，但当时的调制器所能控制的效果较低，应用程度也有不足，只能工作在低于 80 K 的温度下。近期有通过电磁波代替电流信号的信号调制方法，不但能够适应较高的工作温度，而且信号的传输速度也有了大幅提升。通过大量的研究结果对比发现，太赫兹波通过传统的技术很难进行控制，目前只能通过间接的方法来检测太赫兹波地震荡，因此目前来说较具优势的控制方法还是通过高频电磁波进行调制控制。目前世界上较为知名的是日本 NTT 公司的 120 GHz 毫米波无线通信技术，其能够实现小于 10 m 的进程传输和大于 1 km 的远程通信，其载波的初始光源是单模信号半导体激光器，通过调制器将单模脉冲展开成多模激光束，然后将其引入到半导体回路中，光栅会将不同模式的光分开，进入不同的通道，耦合器再将相邻的激光束耦合，静放大后就得到了压太赫兹载波。

2003 年，Kersting 等人利用 AlGaAs/GaAs 量子阱实现低温环境下的太赫兹波信号的相位调制；2005 年 Liu 等人[15]通过低温生长的砷化镓制成偶极子天线制成中心频率在 0.3～0.4 THz、100 cm、系统带宽 20 kHz 的调制解调器。2006 年 Chen 等人[16]利用周期结构的人工复合媒质，实现电压幅度调制，幅度调制率达到 50%。2009 年，H. T. Chen 等提出了线性电控超材料相位调制器，外加 16 V 偏压时，在 0.81 THz 频点处，材料透射系数由无外加偏压时的 0.56 下降到 0.25，透射振幅下降了 50%，在 0.89 THz 频点处，可实现 π/6 的相移。2012 年 11 月，诺特丹大学研发了用石墨烯设计的宽带太赫兹波调制器，可以在很大的频率范围内调制太赫兹波，处理能力是之前的太赫兹宽带调制器的两倍多。目前，美国正尝试利用电磁波代替电流信号制造新型太赫兹波信号调制器，期望传输速率达到每秒万亿字节，比目前的电流调制系统快 100 倍。

在未来的太赫兹通信系统中，调制器件承担着调制并发射已调太赫兹波的功能，直接决定数据业务是否能借助太赫兹载波进行传输。按照太赫兹波调制方式所采用的技术来源与工作方式，目前对太赫兹波的调制可以分为如图 6-6 所示的 4 种基本类型。

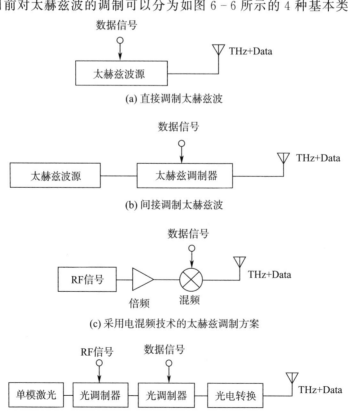

图 6-6　太赫兹通信主要调制技术的分类

直接调制或内调制，如图 6 - 6（a）所示，用数据信号直接驱动太赫兹波源，在太赫兹波辐射的同时进行调制。

间接调制或外调制，如图 6 - 6（b）所示，利用特殊材料受外界条件（光、电、磁等）的影响产生对太赫兹波通断的特性实现太赫兹波调制。

电混频的太赫兹调制，利用较成熟的微波通信技术，采用电混频技术来调制太赫兹波。图 6 - 6（c）为采用电混频技术实现太赫兹调制的模型，低频射频信号经过倍频过渡到太赫兹波段，然后采用电混频器实现太赫兹波的调制。

基于光载毫米波技术（Radio over Fiber，RoF）的太赫兹调制。图 6 - 6（d）为采用光混频手段实现太赫兹波的产生与调制的模型，单模激光与射频信号经过光调制器，实现光波对射频信号的第一次调制，即光载毫米波的实现，然后利用光调制器对数据信号实现第二次调制。这样在光纤中共传输了 3 种信号，即光波、毫米波和数据信号，其中光波作为主载波，而毫米波作为副载波携带数据业务。由于此时的传输信道为光纤，所以可以实现长距离的传输，克服了太赫兹通信距离较近的缺陷，到达接收端后，经过光电转换去掉光信号，利用天线发射出去。

6.2.3　太赫兹波信号探测技术

（1）传统探测技术

探测器技术的发展是太赫兹技术研究的核心，同时探测器也是太赫兹接收子系统的关键器件[17]。基于传统手段的探测技术主要有超导—绝缘体—超导隧穿结，热电子辐射热测量计（Hot Electron Bolometer，HEB）混频技术和肖特基势垒二极管（Schottky Barrier Diode，SBD）技术。

超导—绝缘体—超导隧穿结基于准粒子光辅助隧穿绝缘层的原理工作，探测频率范围约为 $0.1 \sim 1.2$ THz。虽然超导—绝缘体—超导隧穿结的灵敏度高，本征噪声较低，但是其工作温度低于 1 K，典型值为 300 mK，需在液氦温度下工作。

HEB 混频器是一种利用声子、电子散射冷却机制发展起来的热探测器，主要用于探测 1THz 以上的辐射信号，最高探测频率达 5 THz，噪声温度约为量子极限的 10 倍。HEB 混频器的噪声温度在 2.5 THz 以下十分符合 $10 h\nu/k$（k 为玻尔兹曼常数）曲线。与 SBD 相比，HEB 混频器所需要的 LO 功率低了 $3 \sim 4$ 个数量级。关于高温超导（High Temperature Super Conductor，HTSC）HEB，目前还没有很多关于这类接收器的文献。由于其复杂的构造，目前还未发展出成熟的技术可以将其在很高临界温度下做在某个很薄的层上。HTSC 属于声子冷却型，电子扩散机制可忽略，电子-声子弛豫时间很短（对 YBaCuO，约为 1.1 ps）。实际上，HTSC HEB 混频器达不到低温超导 HEB 的灵敏度。

目前，SBD 技术运用的比较广泛，这种探测器的噪声温度本质上已经达到了一个极限：频率低于 3 THz 范围内为 $50 h\nu/k$。SBD 既可用于工作在 $4 \sim 300$ K 温度范围内的直接式探测器，也可用作外差式接收单元混频器的非线性元件。2012 年 11 月，中国研制出截止频率达到 3.37 THz 的太赫兹肖特基二极管。

（2）时域光谱探测技术

目前研究的时域光谱探测技术主要包括：

1）光电导相干探测技术，使用光电导半导体天线进行接收，利用探测光在半导体上产生的光电流与太赫兹驱动电场成正比的特性，测量太赫兹波的瞬间电场；

2）电光探测技术，即将钛宝石激光器提供的飞秒脉宽激光脉冲分成两束，一束较强的激光束通过延迟成为泵浦光，激发发射器产生电磁波，另一束激光束作为探测光与太赫兹波脉冲汇合后同步通过电光晶体，把太赫兹波在电光晶体上引起的折射率变化转变成探测光强的变化，再用平衡二极管接收并输入锁相放大器，然后再经计算机进行处理和显示。

（3）啁啾脉冲光谱仪探测技术

该技术产生自传统的太赫兹互相关探测技术，克服了互相关技术中测量速度较慢的缺点，时间分辨率与信噪比较高。但是，由于该技术中的光谱仪引入了傅里叶变换，在时间分辨率上有限制，使太赫兹时间波形发生了畸变。

（4）量子阱探测器

太赫兹量子阱探测器，是应用在太赫兹波段的一种新型量子阱红外光电探测器，其工作原理是基于带内光致激发，将导带阱内的束缚态电子激发到连续态。它一般采用 GaAs/AlGaAs 材料体系，器件生长在半绝缘体砷化镓衬底上，自下而上分别为下电极层、多量子阱层和上电极层。

与其他种类的太赫兹探测器相比，量子阱探测器是一种窄带探测器，它具有较强的光谱分辨率，在某些应用中不需要滤光片；对于中红外量子阱探测器，实验已经证明，其响应速率高达几十吉赫兹，与其工作原理相同的量子阱探测器在高速太赫兹波探测方面，也具有相当的优势，这是许多其他太赫兹探测器所不具备的；依靠成熟稳定的半导体工艺，可制备性能稳定的大规模阵列太赫兹探测器，量子阱探测器探测阵列可用于实时和高速太赫兹成像。

6.2.4　太赫兹波脉冲规律

脉冲规律的研究。太赫兹波的波长相对于红外射线来说较长，在空间传输过程中容易发生衍射，大量的研究表明，太赫兹波在介质中传播时，介质的散射颗粒越小，散射系数越大；散射介质的厚度越大，太赫兹波的穿透脉冲强度越低，而且脉冲本身受空间结构和时间波形影响。太赫兹波在无线传输中也会受空气中极性分子，例如水等的吸收，从而产生一定的信号衰减现象，但是相比与红外射线来说，仍旧拥有影响率低的优势。就其在通信领域的应用来看，太赫兹波的信号波长需要进行控制，因为受衍射的影响过大的话会提升系统设计的复杂程度，尤其是在发生器中进行太赫兹波耦合到空间或者探测器将空间中的其他合资波耦合都可能会破坏波束的性质。因此在当前的应用中，太赫兹波通常借助在发生器和探测器的背面聚焦透镜的中心设计天线衬底，这样可以消除衍射效应和界面反射。

6.2.5　太赫兹波通信系统技术

2007 年，日本研制出 0.12 THz、调制为 ASK、11.1 Gbit/s 的全固态太赫兹波通信系统，实现了远距离（>800 m）同时传输 6 路未压缩高清电视信号的能力，已成功应用于 2008 年的北京奥运会。2008 年，德国研制出传输距离 22 m、300 GHz 的太赫兹波通信系统。2009 年，加拿大完成了基于量子级联激光器和量子阱探测器的全光学通信链路演示实验，通信频点为 3.8 THz。2010 年，德国研制了 300 GHz 信道测量系统，实现了96 Mbit/s 的 DVB-S2 数字信号的传输，传输距离达到了 52 m。2010 年，中国利用量子级联激光器作为发射源，光导型量子阱探测器作为探测器，实现了太赫兹无线音频信号的传输，系统带宽 580 kHz 左右，频率 4.1 THz，传输距离达 2 m。2010 年，中国研制了0.14 THz、16QAM、10 Gbit/s 的太赫兹波通信系统，完成了 0.5 km 无线传输实验（软件解调），突破 2 Gbit/s 实时解调、均衡与译码技术，调试成功 2 Gbit/s 16QAM 的实时解调样机。2011 年完成了 0.14 THz、1.5 km 的 2 Gbit/s 无线传输实时解调实验和10 Gbit/s 的软件解调实验。2011 年 11 月，罗姆和大阪大学将共振隧道二极管作为振荡元件和检测元件，在室温下实现 300 GHz、1.5 Gbit/s 的无线通信系统。2012 年，他们又搭建了 2.4 m 通信链路，最大传输速率可达 5 Mbit/s，系统延时为 220 ns。2012 年，中国研制出了国内首部基于光电结合的 0.1 THz 全固态高速无线通信系统，传输速率可达11 Gbit/s。2013 年，中国完成了 3.9 THz 波的实时视频通信演示。2013 年 5 月，德国研制出在 240 GHz 频率下，以 40 Gbit/s 传播超过 1 km 的太赫兹波通信试验系统。同年 10 月，又创建了一个工作在 237.5 GHz 频率的无线通信系统，创下 100 Gbit/s 的无线数据传输速率记录。

6.3　太赫兹通信技术的研究

6.3.1　太赫兹通信研究计划

太赫兹通信领域的研究与应用受到世界各国重视。很多国家都提出了太赫兹通信研究计划。当前国外的一些研究小组对太赫兹通信做了大量研究和实验，报道了一些太赫兹通信实验室演示系统，取得了一定的经验。主要的太赫兹通信研究计划有美国国家航空航天局、美国空军科学研究办公室实验室（AFOSR）和美国空军研究实验室（AFRL）的传感器研究部针对空军成像、通信和预警用的紧凑创新的 SiGe 基太赫兹源和探测器的研究计划。美国空军的另一个应用研究计划为安全短距离大气通信。此外，研究计划中还有欧盟第五框架计划资助的 WANTED 工程（Wireless Area Networking of Terahertz Emitters and Detectors）和 Nano Tera 工程（Ballistic Nano Devices for Terahertz Data Processing）。

6.3.2　太赫兹通信技术研究进展

由于大功率小型化的太赫兹源，高灵敏度的探测器，宽带调制器，高方向性的太赫兹天线，太赫兹波段滤波器、放大器等基础器件和技术都还不够成熟。因此，目前，太赫兹通信系统的研究主要以无线通信系统的设计和平台搭建为主，较低的太赫兹频段已有收发信机的集成芯片开发成功。

目前国际上完成的太赫兹无线通信验证系统主要包括光电混合太赫兹通信系统、全电子学太赫兹通信系统、量子级联太赫兹通信系统和时域脉冲太赫兹通信系统等。国外典型的系统主要有日本 NTT 的 0.12 THz 和 0.3 THz 通信系统、德国夫琅和费固态物理研究所的 0.22 THz 和 0.24 THz 通信系统、美国贝尔实验室的 0.625 THz 通信系统。国内代表性成果有：中国工程物理研究院电子工程研究所的 0.14 THz 和 0.34 THz 通信系统、中科院微系统与信息技术研究所的 4.13 THz 通信系统[18]。

（1）日本的研究进展

日本于 2005 年 1 月 8 日，公布了日本国十年科技战略规划，提出十项重大关键技术，将太赫兹列为首位。东京大学、京都大学、大阪大学、东北大学、福井大学以及 SLLSC，NTT Advanced Technology Corporation 等公司都大力开展太赫兹的研究与开发工作。

①日本 NTT 的 0.12 THz，0.3 THz 通信系统[19-23]

日本 NTT 公司在国际上较早开展了太赫兹通信技术研究，采用幅移键控（Amplitude Shift keying，ASK），开关键控（On - Off Keying，OOK）调制，先后基于光电结合和全电子学的方式研究了 0.12 THz 通信系统并进行了演示验证实验，又研究了 0.3 THz 的通信系统。

2004—2006 年期间，NTT 公司采用基于单行载流子光电二极管的光电变换太赫兹源和光学马赫-曾德调制器调制的发射机，以及肖特基二极管检测接收机研制了 0.125 THz 通信系统，如图 6 - 7 所示。在图 6 - 7（a）中使用 62.5 GHz 信号调制光波，通过平面分波电路产生相隔 0.125 THz 光信号，此光信号受发射数据（数据先由光信号转换为电信号）的调制，然后进入单行载流子光电二极管进行光电转换，产生 0.125 THz 的调制波，经过放大后馈入天线发射；接收端经天线后进入低噪放、检波器变成基带信号，经过放大、时钟数据恢复、电-光转换成光信号数据输出，如图 6 - 7（b）所示。采用该系统进行了 10 Gbit/s，300～800 m 的传输实验，成为国际太赫兹通信的标志性成果。随着磷化铟高电子迁移率晶体管太赫兹单片集成电路技术的发展，NTT 公司研究了全电子学 0.12 THz 发射机代替了原来的光电变换发射机，如图 6 - 7（c）所示，15.625 GHz 信号经 8 倍频至 0.125 THz，而输入的光信号数据经光-电转换为电信号数据后对 0.125 THz 载波进行 ASK 调制，然后经过二级放大器放大后（40 mW）输出至天线。接收端仍然采用肖特基二极管检测技术来实现。图 6 - 7（d）中表格列出了光电结合和全电子 2 种技术的比较，显然全电子技术具有明显的优势。

图 6 - 8 是 0.12 THz 通信系统实物与实验场景，NTT 公司利用 0.12 THz 系统做了许多实用性的实验。2008 年将该系统用于北京奥运会赛事直播演示[24]；2009 年进行了 5.8 km 的远距离传输实验，还进行了雨衰统计实验；2010 年使用天线极化复用技术实现双向 10 Gbit/s 或单向 20 Gbit/s 传输速率；2012 年在前面极化复用的模式变化器基础上进行了改进，实现了双向 10 Gbit/s 与 10 Gbit/s 的无缝连接。

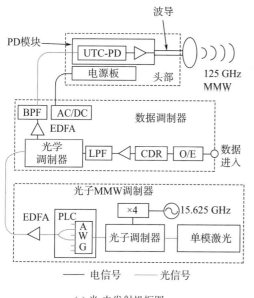

(a) 光-电发射机框图

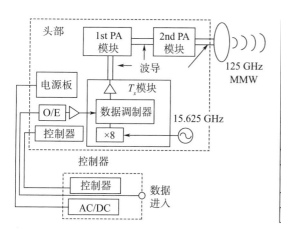

(b) 接收器框图

(c) 电子发射机框图

	UTC-PD system(T_{x1})	InP HEMT MMIC system(T_{x2})
中心频率	125 GHz	125 GHz
占用带宽	116.5~133.5 GHz	116.5~133.5 GHz
输出功率	10 dBm	16 dBm
调制	ASK	ASK
数据率	9.953~11.096 Gbit/s	1 Mbit/s~11.096 Gbit/s
头部尺寸	W250 mm×D300 mm× H160 mm	W190 mm×D380 mm× H130 mm
头部质量	4.9 kg	7.3 kg
控制器尺寸	W450 mm×D540 mm× H120 mm	W220 mm×D360 mm× H60 mm
控制器质量	20.1 kg	4.0 kg
消耗功率	<400 W	<100 W

(d) 两种发射机参数

图 6 - 7　日本 NTT 公司的 0.125 THz 通信系统

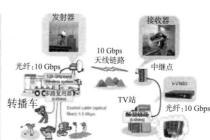

图 6 - 8　日本 NTT 公司的 0.12 THz 通信系统实物与实验场景

在 0.12 THz 通信系统的基础上，NTT 公司将载频提高至 0.3 THz，发射机采用的是光电变换太赫兹源，但不是基于单台激光器脉冲调制后的光学梳状谱，而是用 2 台可调谐激光器耦合放大后由单行载流子光电二极管差频变换为太赫兹波输出，接收机仍然采用肖特基二极管检测技术，如图 6-9 所示，由于 0.3 THz 的单行载流子光电二极管输出没有合适的放大器，使用了 2 个介质透镜来提高天线的增益，总发射天线、接收天线增益分别为 40 dBi，35 dBi（dBi 为全方向性天线的功率增益的单位）。采用 ASK 调制，在 0.5 m 距离实现 16 Gbit/s 传输；2012 年，将传输速率提高至 24 Gbit/s。

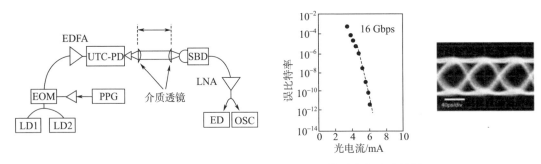

图 6-9　日本 NTT 公司的 0.3 THz 通信系统与实验结果

②日本福井大学

日本福井大学已经研制出频率达 0.889THz，输出功率达数万瓦的回旋管。已用于生物医学、材料特性研究和高密度等离子体诊断等领域。

（2）欧洲的研究进展

英国的卢瑟福（Rutherford）国家实验室，剑桥大学、利兹大学和斯克莱德大学等十几所大学，德国的 KFZ、BESSY、卡尔斯鲁厄大学和汉堡等大学，都积极开展太赫兹研究工作。欧洲国家还利用欧盟的资金组织了跨国家的多学科参加的大型合作研究项目。在俄国国家科学院专门设立了一个太赫兹研究计划，俄罗斯水文气象大学，全球化问题研究院及一些大学也都在积极开展太赫兹研究工作。

①俄国科学研究院应用物理研究所

俄国科学研究院应用物理研究所研制的 1 THz 回旋管，脉冲磁场 40 T，脉宽 100 μs，电压 30 kV，电流 5 A，输出功率有望达 10 kW。俄罗斯研制的返波振荡器（BWO）可以产生频率 180～1110 GHz、输出功率 3～50 mW 的电磁辐射，已在欧洲及美国成为商业产品投入应用。

②德国布伦瑞克技术大学

德国布伦瑞克技术大学高频段技术研究所的通信实验室在太赫兹传输方面进行了大量的研究[25-27]，主要分为：太赫兹自由空间信道特性研究，太赫兹天线设计，60 GHz 的无线传输系统演示平台设计，300 GHz 的无线传输系统演示平台设计，太赫兹通信所需的半导体器件设计。同时，该大学研究人员通过建立各种室内环境模拟，实验研究了在各种反射涂料以及反射镜对室内太赫兹接收装置接收信号的改善情况，以及发射接收装置的覆盖接收最优化的空间位置的建模研究，为将来室内太赫兹无线通信提供了有利的数据支持，并且预测在未来的 10 年无线通信的速度将会到达 15 Gbit/s。同时，该大学已经建立了能够在室温条件下工作的新型半导体太赫兹调制器，研究人员将这一调制器与可调太赫兹时域光谱系统结合了起来，利用太赫兹宽脉冲，以 75 MHz 的重复率来传输频率高于 25 kHz 的音频信号。利用这一系统可以传输一张 CD 上的音乐，据称在另一端接收到的音乐质量和通过电话听到的音乐质量不相上下。

③德国夫琅和费固态物理研究所的 0.22 THz，0.24 THz 通信系统

德国夫琅和费固态物理研究所基于其固态电子学基础，与 KIT（Karlsruhe Institute of Technology）等单位一起，近几年推出了太赫兹单片集成电路实现的太赫兹通信系统，引领了全电子学太赫兹高速无线通信技术的发展[28-29]。2011 年德国夫琅和费固态物理研究所完成了基于 InP m 磷化铟高电子迁移率晶体管太赫兹单片集成电路的全固态 0.22 THz 通信系统[30-31]，如图 6 - 10 所示，并实现了 OOK 与 QAM 两种体制。发射机主要由 12 倍频链、功放、二倍频器、混频调制器和低噪声放大器（用作功放）组成，接收机的组成与发射机组成差不多。整个发射机全部集成为一块太赫兹单片集成电路芯片，接收机也是一块太赫兹单片集成电路芯片。

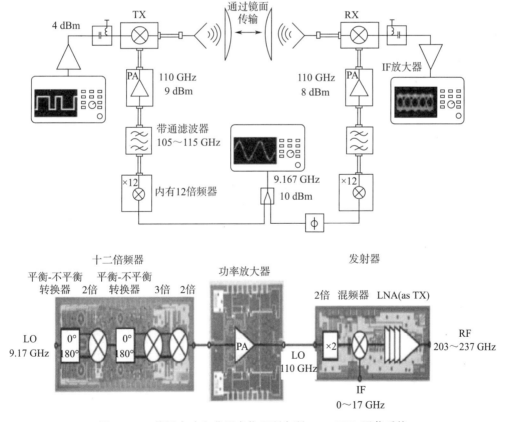

图 6 - 10　德国夫琅和费固态物理研究所 0.22 THz 通信系统

利用该系统进行了 QAM 体制的低速传输和 OOK 体制的高速传输。分别采用 16QAM，64QAM，128QAM，256QAM 调制进行了 DVB-C 数据传输，64QAM 的传输码率为 10 Mbit/s，256QAM 的传输码率为 14 Mbit/s，在相距 1 m 时误码率分别为 1×10^{-8} 和 9.1×10^{-4}。在进行 OOK 调制传输时，传输码速率为 $7.5 \sim 25$ Gbit/s，距离为 $0.5 \sim 2$ m。

2013 年 5 月，德国夫琅和费固态物理研究所在其网页上报道了新的研究成果，在 0.24 THz 上基于全电子学方式实现了 40 Gbit/s 速率、1 km 距离的无线传输，系统实物和实验场景如图 6-11（a）所示，采用应变高电子迁移率晶体管工艺研究的发射机和接收机太赫兹单片集成电路芯片仅有 4 mm×1.5 mm 大小，创造了基于太赫兹单片集成电路全电子学方式实现的太赫兹高速无线通信的新世界纪录，标志着太赫兹将可取代光纤实现"最后一公里"的无线传输。2013 年 10 月，德国夫琅和费固态物理研究所在 Nature Photonics 上报道了其最新研究成果，采用光电变换的发射机（"光学梳状谱＋单行载流子光电二极管"，单行载流子光电二极管由日本 NTT 研制）和电子学的应变高电子迁移率晶体管太赫兹单片集成电路接收机芯片，基于 QPSK，8QAM，16QAM 多元调制体制，在 0.24 THz 实现了 100 Gbit/s 速率、20 m 距离的无线传输和离线软件解调，如图 6-11（b）、（c）所示，再次创造了新的世界记录。报道中提到进一步的研究方向：研究提高频谱利用率的技术（如极化复用、频分复用、空分复用等），期望在 0.2～0.3 THz 的大气窗口内向 1 Tbit/s 速率迈进；在单行载流子光电二极管的输出增加太赫兹单片集成电路放大器，采用高增益天线，实现 1 km 以上的传输距离；研究电子学和光子学的单片或混合异构集成技术，以实现小巧的太赫兹收发系统。

 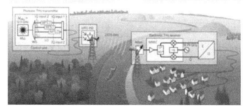 

(a) 40 Gbit/s系统样机　　　　(b) 100 Gbit/s系统框图　　　　(c) 100 Gbit/s/20 传输试验

图 6-11　德国夫琅和费固态物理研究所的 0.24 THz、40 Gbit/s/100 Gbit/s 通信系统

（3）美国的研究进展

在美国包括常青藤大学在内有数十所大学都在从事太赫兹的研究工作，特别是美国重要的国家实验室，如 LLNL，LBNL，SLAC，美国喷气推进实验室（JPL），BNL，NRL，ALS，ORNL 等都在开展太赫兹科学技术的研究工作。美国国家基金会（NSF）、国家航空航天局、能源部（DOE）和国家卫生学会（NIH）等从 20 世纪 90 年代中期开始对太赫兹科技研究进行大规模的投入。

①美国伦斯勒理工学院研究所

美国伦斯勒理工学院研究所在 20 世纪 90 年代成立了由张希成教授领导的太赫兹技术研究项目组，其在太赫兹波的发射和探测，太赫兹波光谱和成像，太赫兹波三维成像技术等方面都进行了众多研究。此外，美国 AT&T 实验室在太赫兹技术以及光无线网络方面进行了大量研究。

②美国贝尔实验室的 0.625 THz 通信系统

美国贝尔实验室的 0.625 THz 通信系统是目前报道的采用全电子学方式实现的最高载波频率的太赫兹通信系统[32]。它基于肖特基二极管，采用 4 个二倍频器和 1 个 3 倍频器，组成级联的倍频太赫兹源，输出功率为 1 mW。接收机采用肖特基二极管检测器。基于双二进制（Duobinary）基带调制制式，传输速率为 2.5 Gbit/s，传输距离为数米。

③美国其他研究情况

美国研究人员利用电磁波代替电流信号研发出能在太赫兹下工作的新型信号调制器；加利福尼亚大学圣巴巴拉分校以及美国国家航空航天局埃姆斯研究中心正在用自由电子激光器产生的高频电磁波来控制调制器，这些电磁波由振荡电场组成，用高频电磁波进行调制比电子学线路快得多。但由于太赫兹振荡很难用现有的技术直接观测，研究人员现只能用间接的方法来检测调制速度。

2000 年，Kersting 等人利用 AIGaAs/GaAs 量子阱实现低温环境下的太赫兹相位调制。2005 年 Liu 等人利用低温生长的砷化镓制成偶极子天线作为调制解调器，实现了中心频率在 0.3~0.4 THz 的信号传输，通信距离为 100 cm，系统带宽可达 20 kHz。2006 年 Chen 等人采用具有周期结构的人工复合媒质，实现了对入射太赫兹波的电压幅度调制，幅度调制率可以达到 50%。

2007 年来自哈佛的 Belkin 等人研发出利用铜金属波导工作在脉冲模式的太赫兹量子级联激光器，工作温度 170 K，发光频率为 3 THz。2009 年 Kumar 等人研制出基于对角跃迁的量子级联激光器，工作温度 186 K，发光频率为 3.9 THz，峰值功率 5 mw，其工作温度较一般量子级联激光器有很大提高。

当前的声音或数据传输系统都是利用微波来携带无线信号，但由于数据量的指数级增长，微波网络已经越来越难以满足高速通信的需求。太赫兹波比微波频率高很多，能够携带更多的数据。然而，科学家才刚刚开始对太赫兹波开展研究与试验，太赫兹通信的许多基本要素还不具备。复用/解复用（简写为 mux/demux）系统技术是其中的基本要素之一，多路复用是指通过一个信道发送多个信号，已经成为当前语音或数据通信系统的基本特征。

由太赫兹波本身的特性所决定，太赫兹通信网络中的信号将作为定向波束传播，而不是像现有无线通信系统进行全向广播。传播角度和频率之间的方向关系是利用太赫兹系统复用/解复用的关键，特定位置的用户将在特定频率上进行通信。

2015 年，来自美国布朗大学米特尔曼实验室首次在论文中描述了太赫兹波导的概念，在最初的研究中，他们使用了一种宽带太赫兹光源，以确认不同频率电磁波确实是从设备上以不同的角度出现，从而证实了这种方法在理论上是可行的。

米特尔曼近期的研究采用了实际数据对装置进行了测试，这是太赫兹多路复用通信技术研究的关键一步。通过太赫兹多路复用器发射了两段实时视频信号，数据传输速率达 50 Gbit/s，比当前最快的蜂窝网络快约 100 倍。这是首次利用实际数据流对太赫兹多路复用系统进行测试和分析，能以很高的传输速率和很低的误码率通过太赫兹波来传输信息。实验表明，数据无差错传输速率达到 10 Gbit/s，比目前的标准 Wi-Fi 速度要快得多。当传输速率提高到 50 Gbit/s（每个信道 25 Gbit/s）时，误码率有所增加，但仍远小于当前通信网络的误码率，可通过前向纠错方法进行纠正。研究结果表明，这种方法未来用于太赫兹无线网络通信是可行的。

研究人员计划继续对太赫兹通信系统结构和组件进行开发，米特尔曼近期已经获得美国联邦通信委员会（FCC）颁发的许可证，获准在布朗大学校园内开展太赫兹通信户外测试。这是 FCC 颁发的最高频率的通信牌照，这项工作获得了美国国家科学基金会、美国陆军研究局凯克基金会和法国国家科研署等机构的资助。

（4）中国的研究进展

国内太赫兹研究较国际上其他发达国家开始较晚，但在国家科技部、国家自然科学基金委员会等部门的支持下，特别是 2005 年以太赫兹科学技术为主题的第 270 次香山科学会议的召开，大大推动了我国太赫兹科学技术的研究。针对国际上的研究瓶颈问题，我国在太赫兹源、探测、成像应用以及传输等领域的理论和实验研究上形成了自己的研究特色，并取得了一些重要成果。

①中国工程物理研究院的 0.14 THz、0.34 THz 高速无线通信系统

中国工程物理研究院（电子工程研究所和太赫兹研究中心）研究了一种先进的"16QAM 正交调制＋次谐波混频＋多级放大"的太赫兹高速无线通信技术体制，频谱利用率高，便于功率级联和远距离通信。在实现技术路线方面，采用了全电子学的技术途径，即基于固态肖特基二极管研制倍频源和混频器，基于微机电系统技术研制滤波器，基于微纳电真空技术研制折叠波导行波管放大器，基于并行结构的高速信号处理技术实现调制解调等[33-34]。2010 年底完成了 0.14 THz/16QAM 10 Gbit/s 的 0.5 km 无线传输实验（离线软件解调）；2011 年进行了 1.5 km 无线通信实验，包括 2 Gbit/s 16QAM 实时解调和 10 Gbit/s 16QAM 的离线软件解调[35-37]，如图 6-12 所示。实验表明：当传输速率为 2 Gbit/s，采用实时解调，误码率为 1×10^{-7}；当传输速率为 10 Gbit/s，采用软件解调，误码率优于 1×10^{-6}。目前正在开展固态功率合成和折叠波导行波管放大器研究，以实现更远传输距离[38]。

在此基础上，2012 年中国工程物理研究院进一步实现了 0.34 THz 16QAM 3 Gbit/s 实时解调通信系统，完成了 50 m 无线传输实验[39]，如图 6-13 所示。当传输速率为 3 Gbit/s 时，误码率优于 1×10^{-6}。利用该系统还进行了基于 IEEE 802.11 的 WLAN 通信实验。目前中国工程物理研究院正在开展 0.14~0.34 THz 的太赫兹单片集成电路芯片技术研究，以及速率 10 Gbit/s 以上到几十吉比特每秒的超高速太赫兹调制解调技术研究[40]。

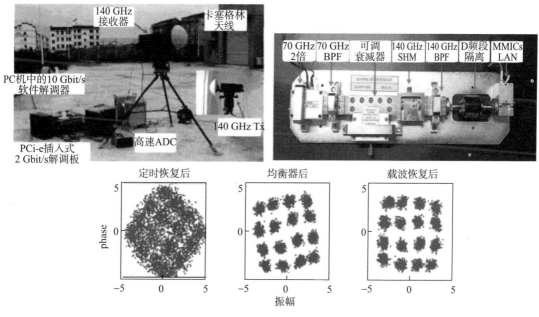

图 6 - 12 中国工程物理研究院的 0.14 THz 无线通信系统

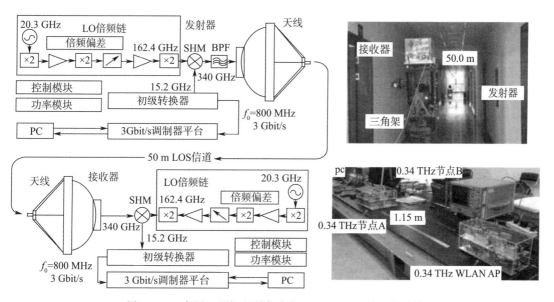

图 6 - 13 中国工程物理研究院的 0.34 THz 无线通信系统

②中科院微系统与信息技术研究所的 4.13 THz 通信系统

在 2 THz 以上，太赫兹源一般只能采用激光器方法实现，如量子级联激光器、气体激光器、自由电子激光器等。由于量子级联激光器基于半导体技术实现，便于集成，引起了人们的广泛研究兴趣，大部分研究集中在量子级联激光器本身和成像应用，但也有少量研究探讨了它在通信中的应用。国外在 3.8 THz 基于量子级联激光器和量子阱探测器开展了无线通信实验。国内中科院微系统与信息技术研究所在 4.1 THz 基于量子级联激光器和量子阱探测器先后开展了音频、文件和视频通信实验，系统构成和 1 Mbit/s 传输实验结果如图 6-14 所示，采用 OOK 数字调制，传输距离为 2.2 m[41]。

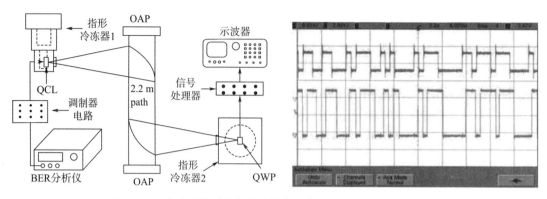

图 6-14　中科院微系统与信息技术研究所的 4.13 THz 通信系统

③中国科学院上海微系统研究所

中国科学院上海微系统研究所在"十五"期间主要承担了国家自然科学基金重大项目，国家 973 计划等项目，主要目标是太赫兹器件的模拟及相关物理机制的探索，并对固体太赫兹源和探测器等太赫兹器件的实现进行探索。

在太赫兹通信系统上，由中国科学院上海微系统所信息功能材料国家重点实验室曹俊诚研究员负责的太赫兹课题组自主成功研制了激射频率为 3.2 THz 的量子级联激光器。该器件的整个研制过程，包括有源区材料生长、器件流片工艺以及光电特性测试等均在中国科学院上海微系统所完成，为发展相关太赫兹应用系统奠定了基础。

2013 年，该所太赫兹固态技术重点实验室，基于太赫兹量子级联激光器、太赫兹量子阱探测器、太赫兹信号调制解调模块以及实时视频信号获取和显示模块，实现了基于太赫兹波的实时视频通信演示，通信频点为 3.9 THz，为未来的太赫兹无线通信技术奠定了基础。

④中科院物理所

中科院物理所于 20 世纪 90 年代初期就建立了国内第一台时域光谱测量系统，是国际上较早开展太赫兹研究的单位之一。近年来在超强太赫兹脉冲的产生、太赫兹脉冲的传播和太赫兹波在瞬态光谱分析中的应用等方面开展了卓有成效的研究工作。在太赫兹脉冲产生方面，他们发现，利用飞秒激光脉冲和等离子体相互作用中的激光脉冲静电尾波场，通过模式转换可以得到兆瓦级高功率的太赫兹辐射。

⑤成都电子科技大学

成都电子科技大学在毫米波辐射的传输、检测和应用、电子波抽运自由电子激光、Smith-Purcell 自由电子激光及太赫兹-切伦科夫辐射等方面开展了理论和实验方面的研究。以刘盛纲院士为首的极高频复杂系统国防重点学科实验室分别于 2008 年和 2009 年在国内首次成功研制了 0.22 THz 脉冲功率大于 2 kW 的一次谐波和 0.42 THz 脉冲功率千瓦级二次谐波太赫兹回旋管[42]。实现我国大功率太赫兹回旋器件从无到有的突破，使我国成为继俄、美、日、德后第五个独立成功研制大功率太赫兹回旋管的国家。2012 年与湖南大学范滇元院士团队联合研制出了国内首部基于光电结合的 0.1 THz 全固态高速无线通信系统，传输速率可达 11 Gbit/s。

⑥天津大学激光与光电子研究所

天津大学激光与光电子研究所在基于光学、光子学及非线性光学的太赫兹辐射源，小型化、窄带连续、准连续太赫兹源的研究上已取得很多重要成果，以姚建铨院士为首的团队研制出了高功率、小型化、室温运转的可调谐太赫兹源原理样机，基于单块铌酸锂晶体 TPO 浅表垂直技术输出太赫兹波的峰值功率最高达到 91 W，调谐范围为 0.8～2.8 THz，转换效率为 9.7×10^{-6}，输出功率达国内最高和国际同期水平；已经制备出 30 kV、3 kA 的高功率光电导开关，与原有器件相比，耐压强度提高了近十倍，辐射功率也提高了 3 倍[43]。

6.3.3　国内外研究成果

太赫兹通信技术的快速发展使得太赫兹通信越来越受到国际各国的关注和重视。我国在 2005 年底专门召开了香山科学会议，结合国内太赫兹通信技术研究领域专家集中讨论我国太赫兹通信技术的发展和前景，制定太赫兹通信技术的发展关键领域和规划。我国太赫兹通信技术研究受到政府和各研究机构的广泛重视。在各高校和研究机构也先后成立了国家重点实验室、研究所和研究中心，这主要包括中国科学院上海微系统所、首都师范大学、中国科学院物理研究所与中国工程物理研究院等。

我国在太赫兹通信技术研究方面主要研究机构的相关研究成果见表 6 - 2。

表 6 - 2　国内太赫兹通信技术相关研究成果

代表性研究机构	研究方向及成果
首都师范大学太赫兹光电子教育部重点实验室	太赫兹领域国内第一个重点实验室(2001 年成立)，国家太赫兹光电子学研究重点基地之一。研究方向为太赫兹波与物质相互作用的基本规律，开发太赫兹谱成像技术及其扩展应用
中国工程物理研究院太赫兹科学技术研究中心	2011 年，研制出我国第一个 0.14 THz 高分辨率逆合成孔径雷达成像演示系统，实现分辨率优于 5 cm 的二维实时成像。在 0.3 THz 以上的太赫兹固态电子器件、太赫兹科学仪器等方面取得重要研究成果
中国科学院上海微系统研究所	太赫兹固态技术重点实验室，研究方向为太赫兹量子级联激光器、太赫兹量子阱探测器等太赫兹器件研究。搭建了一套频率为 3.9 THz 的太赫兹无线通信系统。采用大离轴抛物面镜实现 2.4 m 通信链路，最大传输速率达 5 Mbit/s
武汉光电国家实验室	研究方向为太赫兹光通信器件、太赫兹技术、生物医学光子学等。已在 Science、Nature 子刊在内的 SCI 论文发表 2388 篇

相对于国内的太赫兹技术的研究热潮，国际上很多国家也对太赫兹技术投入巨大。美国早在 2004 年就将太赫兹通信作为"改变未来世界的十大技术"之一，并已于 2006 年将太赫兹通信列为国防重点科学。美国从事太赫兹通信技术的研究工作的主要研究机构包括：数十所大学及其国家实验室，如美国国家航空航天局、美国国家基金会（DSF）和国家卫生学会（NIH）等，另外还有一些公司如美国贝尔实验室、IBM 等也都在开展太赫兹通信技术的研究工作。

欧洲国家从事太赫兹通信技术研究的主要研究机构包括：英国卢瑟福国家实验室、剑桥大学和利兹大学等十几所大学，德国的 KFZ、BESSY 和汉堡等大学。欧洲国家还利用欧盟的资金组织了跨国家的太赫兹通信技术大型合作研究项目。

在亚洲从事太赫兹通信技术研究的主要研究机构包括：韩国国立汉城大学、浦项科技大学、国立新加坡大学、台湾大学及台湾清华大学等。日本在 2005 年就将太赫兹技术确立为国家支柱技术十大重点战略目标之一。东京大学、京都大学、大阪大学以及 SLLSC 等公司都大力开展太赫兹的研究与开发工作。

近年来，国际上太赫兹通信技术重要的研究成果参见表 6 - 3。

表 6 - 3　国际上太赫兹通信技术研究成果

国家	代表性研究机构	研究方向及成果
美国	贝尔实验室	搭建了一套采用 625 GHz 的载波频率，发射功率为 1 时 mW 的通信系统，传输速率达到 2.5 Gbit/s
	诺斯罗普·格鲁曼公司	率先开发出工作频率为 0.67 THz 的单片集成电路 研究出工作频率为 0.85 THz 的集成电路接收器
德国	布伦瑞克技术大学高频段技术研究所	对室内太赫兹接收装置的研究，以及发射接收装置的覆盖接收最优化的空间位置的建模研究，为将来室内太赫兹无线通信提供了有利的数据支持
	弗劳恩霍夫应用固体物理研究所	搭建了一套 0.22 THz 无线通信演示系统，实现传输速率 40 Gbit/s，通信距离达到 1 km
	达姆施塔特工业大学	研发出可在常温下使用的微型太赫兹发射器，发射器工作频率为 1.11 THz
日本	NTT 公司	搭建了一套 300 GHz 无线通信演示系统，用于短距离（0～0.5 m）传输应用，实现 24 Gbit/s 比特率传输

6.4　太赫兹通信技术的应用

6.4.1　太赫兹通信技术的应用领域

太赫兹波以其独有的特性，使太赫兹波通信比微波和光通信拥有许多优势，决定了太赫兹波在高速短距离无线通信、光纤载太赫兹波通信系统（TOF）、宽带无线安全接入、宽带通信和高速信息网、空间通信及军事保密通信等方面均有广阔的应用前景。

（1）太赫兹高速通信

①高速短距离无线通信

太赫兹波在空中传播时极易被空气中的水分吸收，因此，比较适合于短距离通信；其辐射方向性好，可用于战场中的短距离定向保密通讯；频率高，波长相对更短，天线的尺寸可以更小，波束更窄、方向性更好，具有更强的抗干扰能力，可实现 2～5 km 内的保密通信[44-45]。

在太赫兹高速通信方面，相对于现有微波毫米波通信频段的频谱，太赫兹频段具有海量的频谱资源，可用于超宽带超高速无线通信，比如 100 Gbit/s 甚至更高。

②超高速太赫兹通信

对于未来数据传输速率需要 100 Gbit/s 甚至更高的场合，研究超高速太赫兹通信技术，包括频谱规划、信道模型以及系统架构与标准等。

图 6-15 为无线通信技术中载波频率与传输速率的关系[46]。从图中可看出，传输速率随着载波频率增加而增加。通常，在幅移键控（ASK）调制方式下，传输速率是载波频率的 10%～20%。如果传输速率达到 10～100 Gbit/s 需要用到 100～500 GHz 的载波频率。

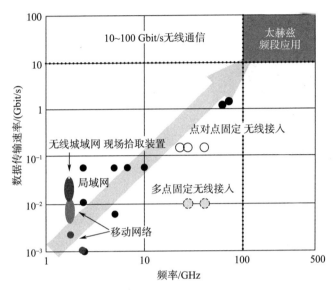

图 6-15　传输速率与载波频率的关系

目前未压缩的高清电视数据通过 DVD 或者摄像机传输给电视设备的比特率已经超过 1.5 Gbit/s 了。一些消费电子产品的制造商也把 Gbit 无线接口引入到他们的最新产品中了。未来的无线技术需要 10Gbit/s 以上的传输速率。还有一种高速无线链路的标准，通过移动终端与储存设备，来实现巨大数据量的近距离传输。其包含几种技术，分别是"闪传支持（transfer jet）"技术和采用红外传输的"千兆红外技术（GigaIR）"（1 Gbit/s）[47-48]。

图 6-16 展示了另一类应用情景，即通过固体存储器媒质快速集中处理太比特的数据量，例如安全数字（SD）存储器和固态硬盘存储[49-50]。这一类应用连同储存器内部存取速度提升方面的进展，使我们能够利用高速无线链路实现个人移动终端与个人电脑之间以及个人移动终端与云服务器之间的大量数据的瞬时传输。

由以上发展趋势可以看出，高速太赫兹无线通信技术能消除网络接入速度的瓶颈，如光纤网络无线宽带接入，高速有线局域网的无线扩展，低速无线局域网与高速光纤网络的无线桥接，宽带室内微微蜂窝网络等。

（2）光纤载太赫兹波通信系统（TOF）

太赫兹波在空气传播时，容易被水蒸气强吸收，进行长距离传输时具有很大的损耗。并且，电磁辐射对人体安全的影响比较大。因此，实现了太赫兹波和光线之间转换的光纤波导太赫兹波通信系统是未来应用场景之一。

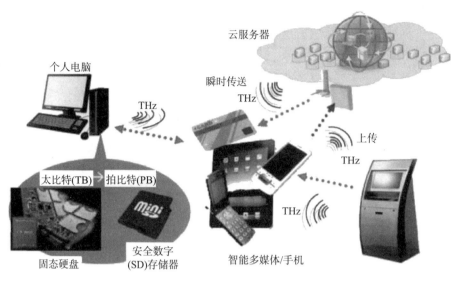

图 6-16　大量数据传输或交换中超高速无线传输技术的应用

（3）宽带无线安全接入

随着通信业务的丰富，人们对室内宽带无线通信寄托较高的期望。但目前无压缩多媒体业务的带宽已经达到吉赫兹了，要想更宽的带宽，就目前的无线通信技术而言无法胜任。太赫兹波的频率高、带宽宽，能够满足无线宽带传输时对频谱带宽的需求。因此，宽带无线安全接入将是太赫兹波通信的新场景。

（4）宽带通信和高速信息网

太赫兹波具有 10 Gbit/s 以上的通信速率，方向性和穿透力强，带宽宽，其频率是目前无线移动通信频率的 1 000 倍左右，是极好的带宽信息载体，特别适合用于卫星之间、星地之间及局域网的宽带移动通信和高速信息网络。

地面高速通信与组网，如地面点对点高速传输（代替光纤入户的"最后一公里"无线传输、楼宇间通信、不便铺设电缆的特定点对点通信等）、地面超高速组网（无线接入、无线下载、无线个域网、器件无线互连、机器无线互联等）。由于这类应用需求十分广泛，且通信距离不是很远（从厘米到千米范围，大气衰减的影响几乎可以忽略），但通信速率要求很高（从吉比特到几百吉比特），无疑也将会是太赫兹高速无线通信的最主要的应用之一。

（5）空间通信

在外层空间，太赫兹波在 350 μm、450 μm、620 μm、735 μm 和 870 μm 波长附近存在着相对透明的大气窗口，能够做到无损耗传输，极小的功率就可完成远距离通信。并且，相对光通信而言，波束更宽，接收端容易对准，量子噪声较低，天线终端可以小型化、平面化，因此，太赫兹波可广泛应用于空间通信中。

空间通信，包括天-天高速通信与组网、天-地高速数传（采用太赫兹低频段大气窗口）等，由于空间传输没有大气衰减问题，比微波通信要求的功率小，更易实现小型化，而精确跟瞄比激光要求低，因此可预期空间通信将是太赫兹高速无线通信最主要应用之一。

另外，太赫兹波在空间技术上的另一个重要应用就是与重返大气层的飞行器，如导弹、人造卫星、宇宙飞船等进行通信和遥测。当飞行器重返大气层时，由于空气摩擦产生高温，飞行器周围的空气被电离形成等离子体，使通信遥测信号迅速衰减，造成信号中断。此时，太赫兹波是一个有效的通信工具。因此，太赫兹波可以广泛应用于太空基地雷达和太空通信当中。

（6）军事保密通信

太赫兹波穿透云层、浓雾及伪装物的能力比红外线强。这一特性在军事和国防上使用很有价值。利用它可以制作高分辨全天候的导航系统，在浓雾中导航，指挥飞机着陆。利用太赫兹方向性强、能量集中的特点，可制作高分辨率的战场雷达和低仰角的跟踪雷达。

太赫兹波具有短距离通信和良好传输介质特性的空间传输优势，并且频段高、带宽宽，具有通信保密和抗干扰能力，特别适合应用在保密军事通信。如宽带扩调频通信（几十吉赫兹到百吉赫兹的扩跳频带宽）、战术级区域保密通信与组网、航空编队通信等。利用太赫兹大气传输窗口也可进行太赫兹波近距离战术通信。在某些情况下，鉴于战区作战地带通信声道的混乱和拥塞，有限的传输距离反而能成为优势，大气衰减能实现隐蔽的近距离通信，因为这些信号根本无法传播到远处敌人的潜听哨所。

6.4.2　太赫兹通信技术的应用优势及存在问题

相对于目前已经得到广泛应用的微波通信技术，太赫兹波具有更为稳定的特点。其极高的频率，极小的波长使得太赫兹波通信技术拥有了更高的信息容量和传输速率，其理论传输速率最高可以达到 10 Gbit/s。太赫兹波的理论频带宽度，高出了微波通信频带宽度1～4 个数量级。而太赫兹波较短的波长也使其波束较窄，这样，太赫兹波就具有较强的方向性，可以减小天线尺寸，简化设备结构。而相对于光波通信来说，太赫兹波具有更强的穿透性。可以减小天气对于电磁波信号传输效果的影响，同时能量利用率较高。因此，在解决了辐射源稳定性的问题之后，太赫兹波传输在未来必将是一种高穿透性、高速率、低能耗的电磁波通信手段。

但是目前在太赫兹波通信的应用上，依然存在着很多的技术瓶颈无法突破。例如，目前很难保证太赫兹波在大气传输过程中的频段稳定性。即使频段得到了稳定的控制，也很难在当前的技术范围内找到一种合适的调制技术对波段进行控制。其次，由于太赫兹波通信信号源载波功率较低，必须对太赫兹波进行间接调制才能够实现信息传输。而实际应用中，在技术上要求的载波功率通常要高于实际的太赫兹载波功率。因此，必须通过完善太赫兹载波信号放大技术进行调制与解调。然而，此项技术还没能有效实现。其三，虽然在理论上，太赫兹波的传输稳定性很高，但是还不能够完全满足商业化、普及化应用的需求。频率不足、传输性能不足、调制和探测技术不成熟也就成为了太赫兹波通信技术发展的重大瓶颈。综上所述，太赫兹波的最终大规模应用还需要克服调制的高效性、信号源的稳定性、更为有效的接收技术和信号放大技术才能够真正得到大规模的实际应用。

太赫兹通信能否广泛应用还取决于太赫兹通信相关理论和技术的研究能否取得进一步突破，包括以下一些重要问题。

1) 器件功率和效率的突破。从产生和检测来说，太赫兹"间隙"尽管已初步填补了，但源的功率低、能量转换效率低等问题还远远未解决，能否把电磁场理论和量子理论结合起来，把电子学与光子学结合起来，把太赫兹科学与微纳技术结合起来，形成太赫兹物理的新理论，出现新的小巧、易于集成、大功率、高效率、室温工作的太赫兹源和高灵敏度的检测器件？现有的光电变换太赫兹源和微波倍频太赫兹源实现均比较复杂，能否出现期待的新型全固态、室温、高效率、大功率直接振荡型太赫兹源，并可进行复杂体制的直接高速调制？

2) 加载宽带复杂调制波形，进行信道复用，并处于复杂环境下（不同气候条件，室内和楼群等复杂传播条件）的太赫兹信道传输特性。

3) 太赫兹通信的新体制和新的信号处理方法等。

从技术实现途径来说，目前光子学和电子学 2 种途径均在不断向前发展，参考文献 [50] 预测，电子学的实现将是一个重要发展趋势，如图 6-17 所示。当然电子学实现并不排斥光电结合，目前的光电结合只是在发射机和接收机的不同环节分别采用光子学和电子学实现，这是一种简单的结合，只在一些特殊场合有价值，但深度的光电结合，即：从物理机理出发，基于微纳技术实现基础层面内在的光电结合，这样的太赫兹系统既具有高速性能，又具有室温工作、小巧和易于集成等优势，将是我们追求的重要发展方向。

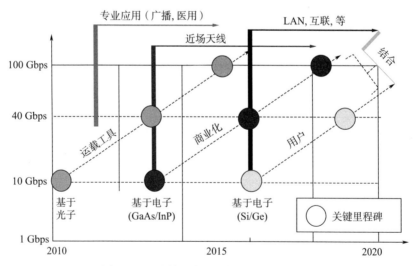

图 6-17　太赫兹高速通信的技术发展趋势

6.4.3　太赫兹通信技术的应用前景展望

（1）太赫兹通信技术的应用前景

太赫兹通信尽管还没有进入到实际应用阶段，但可以相信太赫兹通信的应用已并不遥远。理论上讲，电磁波的频段是无穷多的。但是就实际应用来说，各个频段都有着不同的特性，导致了人类必须针对各个频段的特点，来开发符合实际的电磁波应用技术。单就太赫兹波通信技术的特点来讲，其目前发展前景颇具优势，但是在一些高频率波段的延伸还有所不足。但是，就目前人们大规模应用的短距离无线通信技术来讲，人类已经在该领域取得了重大突破。例如，在商品化的电子终端设备上，目前已经很难再看到红外线传输设备的身影，取而代之的是蓝牙技术和无线局域网技术。而高速率的太赫兹波通信技术在短距离设备上的应用，必将取代上述两种技术，成为短距离通信的主流技术；虽然太赫兹波在大气中的传输容易受到各种极性分子、离子和散射粒子的影响，但是在外层空间的航天器中可以广泛应用；目前的无线设备的数据传输速度，已经很难满足广域网的数据传输速度，但太赫兹波通信技术的应用，可以使无线终端的数据传输速度提升 1～2 个数量级，大大满足了信息时代的需要。

（2）太赫兹通信空间应用展望

太赫兹波在空间技术上的一个重要应用，就是与重返大气层的飞行器（如导弹、飞船等）进行通信。当飞行气层时，由于空气摩擦产生高温，飞行器周围的空气被电离形成等离子体，使通信遥测信号迅速衰减以至中断。此时，太赫兹系统是唯一有效的通信工具。

太赫兹波更适合于短距离通信和有良好传输介质特性的空间传输。短距离传输的优势再加之高传输频率使其很有可能代替目前的蓝牙和无线局域网，空间传输则非常利于天气预报、卫星通信和太空雷达等实际应用，太赫兹波虽然在大气中的传输很容易受到影响，但在外层空间集合可以做到无损传输，通过极低的频率就可以实现超远距离传输。太赫兹通信技术在军事应用方面也具有不可忽视的价值，利用太赫兹波能量集中、方向性强等特点所制作的战场雷达和跟踪雷达都有传统通信方式不可比拟的优势，而且在实际的作战中，太赫兹波受空气影响所产生的通信距离较短的特性也非常适合配合隐形战机等作战设备形成隐形作战系统，具有很好的隐蔽通信特性。从实际应用来说，太赫兹通信技术的应用很有可能带来无线宽带接入技术的空前变革，虽然太赫兹波存在着一定的传输限制，但是传统的无线接入技术都已经逐渐无法满足现有的网络传输要求，无法承载一些高传输速率和数据量，但太赫兹波的传输频率和功率显然可以满足这种需求，其本身就是一种很好的宽带信息载体，利用这种通信技术，甚至可以实现航空航天无线通信，这对于信息技术的发展有着明显的推动作用。

就国内外的发展来看，太赫兹通信技术的研究已经被高度重视，国内外都有许多新的研究成果，而且目前国内外的研究者和组织都注重几个方面的研究：一是更为稳定的太赫兹波发射源，二是传输控制和调制方式，三是信号的探测和接收技术，四是太赫兹波传输稳定性。这 4 个研究方向对于太赫兹通信技术的发展来说都有实际的影响意义，无论是民用通信、军事通信还是空间通信领域都有着更为实际的应用前景，为未来的高速无线通信技术提供了发展的可能。而对我国来说，太赫兹通信的发展也填补了 300 GHz 以上带宽的空白，对于无线网络的发展提供技术和战略上的支持，太赫兹通信技术必然是未来通信系统技术中的主流，未来技术和硬件上的提升，也必然会使太赫兹通信技术的许多概念化设计成为现实，使其成为未来光速时代的核心通信技术。

太赫兹空间通信具有显著的优势，但截止目前为止，关于太赫兹空间通信的研究成果还非常少，最主要的原因是由于传统电子学和光学的技术和器件都不能完全满足太赫兹波的需求，不能直接应用到太赫兹通信，因此需要结合两方面的知识，开发全新的技术和元器件。但随着高功率的太赫兹光源、高灵敏度的探测技术及高稳定性系统技术的日益突破，具有众多优势的太赫兹空间通信取得突破必将指日可待。

太赫兹技术经过了多年的演进和发展，已经成为重要的通信方式和信号载体被大量研究和部分应用。但是在太赫兹源、太赫兹传输、太赫兹调制方式和太赫兹探测技术方面还不成熟，还有诸多的研究和提高空间。同时，如何克服大气水分子对太赫兹波的强烈吸收作用等不利因素也是制约其发展的重要问题。太赫兹通信的技术研究方向主要有以下几个方面：

（1）高功率的太赫兹源

目前，太赫兹通信系统的太赫兹源输出功率通常偏低。太赫兹源的功率高低直接决定了太赫兹通信系统的传输距离和信息传送质量。而且，在保证太赫兹源功率提高的同时，还必须考虑太赫兹源工作稳定性、安全性等方面的要求。

（2）调制技术和调制器件的研究

太赫兹通信系统的理论研究相对较多，实际应用的系统较少，且传输性能不高。研究和采用适合太赫兹通信传输的调制技术和调制器件，将大幅提高信号传输性能，使其应用场景更为广泛。

（3）优化高灵敏的太赫兹探测技术

不同传输环境对太赫兹通信的探测技术存在不尽相同的影响，因此需进一步研究采用合适、高效的电子处理技术，提高太赫兹探测技术的灵敏度，进一步提高太赫兹通信系统的能力和优势。

太赫兹通信已成为各国研究的技术热点和发展方向。太赫兹通信具有传输容量大、安全性高、穿透性好等优势，是未来高速无线通信的重要发展方向。在空间通信、安全检测、生物医学和天文观测等诸多方面，太赫兹通信技术也已表现出诸多优质特性，具有极大的发展潜力和应用前景。

参 考 文 献

[1] CHERRY S. Edholm's law of bandwidth [J]. IEEE Spectra, 2004, 41 (7): 58 - 60.

[2] IEEE 802. 15 WPAN Task Group 3c (TG3c) Millimeter Wave Alternative PHY. http: //www. ieee802. org/15/pub/TG3c. html.

[3] PIESIEWICZ R, JACOB M, KOCH M, et al. Performance analysis of future multigigabit wireless communication systems at THz frequencies with highly directive antennas in realistic indoor.

[4] YAO J Q, CHI N, YANG P F, et al. Study and Outlook of Terahertz Communication Technology [J]. Chinese Journal of Lasers, 2008, 36 (9): 2213 - 2233.

[5] 赵国中，陈鹤鸣. 新型高速调制太赫兹波调制器理论研究 [J]. 通信技术，2013，46 (07): 4 - 6.

[6] 顾立，谭智勇，曹俊诚. 太赫兹波通信技术研究进展 [J]. 物理，2013，42 (10): 695 - 707.

[7] 赵国中，陈鹤鸣. 新型高速调制太赫兹波调制器理论研究 [J]. 通信技术，2013，46 (07): 4 - 6.

[8] 王琳，谭萍，付强，等. 太赫兹空间通信系统的分析与设计 [C] //2007 年全国微波毫米波会议论文集. 宁波：中国电子学会微波分会，2007.

[9] KOCH M. Nato Science for Peace and Security Series - B: Physics and Biophysics [M]. edited by Miles R E, Zhang X C, Eisele Hetal. Dordrecht, Nether lands: Springer Science and Business Media, 2007: 325 - 326.

[10] 姚建铨，迟楠，杨鹏飞，等. 太赫兹波通信技术的研究与展望 [J]. 中国激光，2009，36 (9): 2213 - 2233.

[11] ASADA M, ORIHASHI N, SUZUKI S. Voltage - controlled harmonic oscillation at about 1 THz in resonant tunneling diodes integrated with slot antennas [J]. Japanese Journal of Applied Physics, 2007, 46 (5A): 2904 - 2906.

[12] UNUMA T, SEKINE N, HIRAKAWA K. Dephasing of Bloch oscillating electrons in GaAs - based superlattices due to interface roughness scattering [J]. Appl. Phys. Lett, 2006, 89 (16): 161913.

[13] SUEMITSU T, MEZIANI Y M., HOSONO Y, et al. Novel plasmon - resonant terahertz - wave emitter using a double - decked HEMT structure [C]. Tech. Dig. 65th Device Research Conference (DRC), 2007, 157 - 158.

[14] 王文炜，申金娥，荣健. 太赫兹技术在通信方面的研究进展 [J]. 湖南城市学院学报，2007，16 (02): 46 - 49.

[15] LIU T A, LING R, CHANG Y C, et al. Wireless Audio and Burst Communication Link with Directly Modulated THz Photoconductive Antenna [J]. Optics Express, 2005, 13 (25): 10416 - 10423.

[16] CHEN H T, PADILLA W J, ZIDE M O J, et al. Active Terahertz [J]. Metamaterial Devices Nature, 2006, 444: 597 - 600.

[17] BRUSTON J, SCHLECHT E, MAESTRINI A, et al. Development of 200 GHz to 2. 7 THz Multiplier Chains for SubmillimeterWave Heterodyne Receivers [J]. SPIE Proceedings Vol. 4013, July 2000, pp: 285 - 295.

[18] 张健，邓贤进，王成，等. 太赫兹高速无线通信：体制、技术与验证系统 [J]. 太赫兹科学与电

子信息学报 . 2014，12（1）：1 - 13.

[19] NAGATSUMA T，HIRATA A. 10 - Gbit/s Wireless Link Technology Using the 120 - GHz Band [J]. NTT Technical Review，2004，2（11）：58 - 62.

[20] HIRATA A，KOSUGI T，TAKAHASHI H，et al. 120 GHz - band millimeter - wave photonic wireless link for 10 - Gb/s data transmission [J]. IEEE Trans. on Microwave Theory and Techniques，2006，54（5）：1937 - 1944.

[21] NAGATSUMA T，ITO H，ISHIBASHI T. High - power RF Photodiodes and Their Applications [J]. Laser&Photonics review，2009. 3（1 - 2）：123 - 137.

[22] HIRATA A，KOSUGI T，TAKAHASHI H，et al. 5. 8 km 10 Gbps data transmission over a 120 GHz - band wireless link [C] //2010 IEEE International Conference on Wireless Information Technology and Systems. Honolulu，HI：[s. n.]，2010：1 - 4.

[23] SONG H J，AJITO K，MURAMOTO Y，et al. 24 Gbit/s data transmission in 300 GHz band for future terahertz communications [J]. Electronics Letters，2012，48（15）：953 - 954.

[24] HIRATA A，TAKAHASHI H，KUKUTSU N，et al. NTT Technical Review，2009，7：1.

[25] RAFA WILK，NICO VIEWEG，OLAF KOPSCHINSKI，et al. Liquid crystal based electrically switchable Bragg structure for THz waves [J]. Optics express，2009，17（9）：7377 - 7382.

[26] HERRERO P，JACOB M，SCHOEBEL J. Planar antennas and interconnection components for 122 GHz and 140 GHz future communication systems [J]. Frequenz - Journal of RF Engineering and Telecommunications，Special issue on Terahertz Technologies and Applications，2008，62（5 - 6）：106 - 152.

[27] PIESIEWICZ R，JACOB M，KOCH M，et al. Performance analysis of future multi - gigabit wireless communication systems at THz frequencies with highly directive antennas in realistic indoor environments [J]. IEEE Journal of Selected Topics in Quantum Electronics，March/April 2008，14（2）：421 - 430.

[28] KALLFASS I，ANTES J，SCHNEIDER T，et al. All Active MMIC - Based Wireless Communication at 220 GHz [J]. IEEE Trans. on Terahertz Science and Technology，2011，1（2）：477 - 487.

[29] KALLFASS I，ANTES J，LOPEZ - DIAZ D，et al. Broadband Active Integrated Circuits for Terahertz Communication [C] //2012 18th European Wireless. Poznan，Poland：[s. n.]，2012：1 - 5.

[30] ANTES J，KONIG S，LEUTHER A，et al. 220 GHz wireless data transmission experiments up to 30 Gbit/s [C] //2012 IEEE MTT - S International Microwave Symposium Digest. Montreal，QC，Canada：[s. n.]，2012：1 - 3.

[31] KOENIG S，LOPEZ - DIAZ D，ANTES J，et al. Wireless sub - THz communication system with high data rate [J]. Nature Photonics，2013，7（12）：977 - 981.

[32] MOELLER L，FEDERICI J，SU K. 2. 5 Gbit/s duobinary signalling with narrow bandwidth 0. 625 terahertz source [J]. Electronics Letters，2011，47（15）：856 - 858.

[33] DENG XIANJIN，WANG CHENG，LIN CHANGXING，et al. Experimental research on 0. 14 THz super high speed wireless communication system [J]. High Power Laser and Particle Beams，2011，23（6）：1430 - 1432.

[34] WANG CHENG，LIN CHANGXING，DENG XIANJIN，et al. 140 GHz data rate wireless communication technology research [J]. Journal of Terahertz Science and Electronic Information Technology，2011，9（3）：263 - 267.

[35] WANG CHENG，LIN CHANGXING，DENG XIANJIN，et al. Terahertz communication based on high order digital modulation [C] //2011 36th International Conference on Infrared，Millimeter and Terahertz Waves. Houston，TX：[s. n.]，2011：1 - 2.

[36] WANG CHENG，LIN CHANGXING，CHEN QI，et al. 0. 14THz High Speed Data Communication Over 1. 5 Kilometers [C] //2012 37th International Conference on Infrared，Millimeter and Terahertz Waves. Wollongong，NSW：[s. n.]，2012：1 - 2.

[37] WANG CHENG，LU BIN，MIAO LI，et al. 0. 34 THz T/R front - end for wireless communication [C] //The 1st National Terahertz Science and Technology and Application Symposium. Beijing：[s. n.]，2012：331 - 337.

[38] WANG CHENG，LIN CHANGXING，CHEN QI，et al. A 10 Gbit/s Wireless Communication Link Using 16QAM Modulation in 140 GHz Band [J]. IEEE Transactions on Microwave Theory and Techniques，2013，61（7）：2737 - 2746.

[39] WANG CHENG，LU BIN，LIN CHANGXING，et al. 0. 34 THz Wireless Link Based on High Order Modulation for Future Wireless Local Area Network [J]. IEEE Transactions on Terahertz Science and Technology，2014，4（2）：7 - 85.

[40] LIN CHANGXING，LU BIN，WANG CHENG，et al. 0. 34 THz Wireless Local Area Network demonstration system based on 802. 11 protocol [J]. Journal of Terahertz Science and Electronic Information Technology，2013，11（1）：12 - 15.

[41] TAN ZHIYONG，CHEN ZHEN，CAO JUNCHENG，et al. Wireless terahertz light transmission based on digitally - modulated terahertz quantum - cascade laser [J]. Chinese Optics Letters，2013，11（3）：031403.

[42] 国内首部基于光电结合的太赫兹高速无线通信系统联调成功 [EB/OL]. （2012 - 06 - 27）. http：//www. ee. uestc. edu. cn/2011/html/201226/10743. html，2012.

[43] YAO JIANQUAN，CHI NAN，YANG PENGFEI，et al. Study and outlook of terahertz communication technology [J]. Chinese Journal of Lasers，2009，36（9）：2213 - 2233.

[44] FEDERICI J F，MOELLER L，SU K. Handbook of Terahertz Technology for Imaging，Sensing and Communications（Edited by Daryoosh Saeedkia）[M]. Woodhead Publishing Limited，2013.

[45] FEDERICI JOHN，MOELLER LOTHAR. Review of terahertz and subterahertz wireless communications [J]. Journal of Applied Physics，2010，107（11）：111101 - 111122.

[46] S. HO - JIN，NAGATSUMA T. Present and Future of Terahertz Communications [J]. IEEE Transactions on Terahertz Science and Technology，2011，1（1）：256 - 263.

[47] THOMAS KLEINE - OSTMANN，TADAO NAGATSUMA. A Review on Terahertz Communications Research [J]. J. Infrared Milli. THz Waves，2011，32（2）：143 - 171.

[48] FEDERICI J，MOELLER L. Review of terahertz and subterahertz wireless communications. J Appl Phys，2010，107：111101.

[49] PIESIEWICZ R，KLEINE - OSTMANN T，KRUMBHOLZ N，et al. Short - range ultra - broadband Terahertz communications：concepts and perspectives. IEEE Antennas Propag Mag，2007，49：24 - 39.

[50] SONG H - J，NAGATSUMA T. Present and future of terahertz communications. IEEE Trans Terahertz Sci Tech，2011，1：256 - 263.

附录　美国国防高级研究计划局太赫兹相关项目

美国国防高级研究计划局是美国国防科技创新的重要发源地，孕育出众多尖端科技成果，深刻改变了世界军事、科技和社会发展面貌，已成为世界各国纷纷效仿的科技创新典范。作为美国国防预先研究体系中的核心，美国国防高级研究计划局推动着美国国防科技领域的发展，为美国的新技术发展做出了巨大的贡献。

经过 50 多年的发展，美国国防高级研究计划局已经成为美军科技创新的领导者，其研究领域覆盖新原理、新概念、新材料、新工艺、新设备、新系统以及新应用，开发了包括互联网、GPS、F－117 隐形飞机、全球鹰、B－2 轰炸机、战斧巡航导弹以及微机电系统等在内的一大批创新性产品。

美国国防高级研究计划局在 20 世纪实施了砷化镓单片微波集成电路和砷化镓超高速集成电路计划，有效推动了太赫兹技术的发展。进入 21 世纪后根据固态微波毫米波的新发展，又先后启动了发展 RF CMOS，BiCMOS 的"电子与光子集成电路"、"高速、灵巧微系统技术"计划；发展磷化铟高电子迁移率晶体管、异质结双极晶体管的"反馈型射频线性放大器""频率捷变数字合成发射机技术""亚毫米波成像焦平面技术"计划；发展氮化镓高电子迁移率晶体管的"宽禁带半导体－射频技术""下一代氮化镓"计划；发展石墨烯场效应晶体管的"碳电子技术的射频应用"计划；发展太赫兹晶体管的"太赫兹成像焦平面技术""太赫兹电子学"计划。这些计划的启动和实施带动了世界固态微波毫米波、太赫兹器件和电路的发展。

新世纪初，美国以其国防高级研究计划局为中心，积极推进国防尖端技术开发和超高速电子领域的相关项目研究，开展了"太赫兹成像焦平面阵列技术"项目研究，开发安全应用方面的小型高感度太赫兹感测系统。2003—2006 年进行了"频率捷变数字合成发射机技术"项目研究，开发高速通信、定相阵列天线发射机的数字化应用超高速集成电路。从 2005 年开始实施"亚毫米波成像焦平面技术"项目，开发安全防卫用的成像应用亚毫米波焦平面阵列组合装置。

近年来，美国国防高级研究计划局又专门设立了几个针对太赫兹电真空放大器的研究计划，意图推进太赫兹技术向军事领域应用转化。

（1）太赫兹成像焦平面阵列技术

太赫兹成像焦平面阵列技术项目旨在演示大型、多元素（＞40 K 像素）的阵列探测器，工作带宽＞0.557 THz，探测范围＞25 m，空间分辨率＜2 cm，传感器帧率达到视频所需（25FPS），成像质量达到衍射极限。同时该项目计划开发紧凑型太赫兹源，平均功率大于 10 mW，壁板效率高于 1%，以及采集时间小于 30 ms，预探测带宽小于 50 GHz。

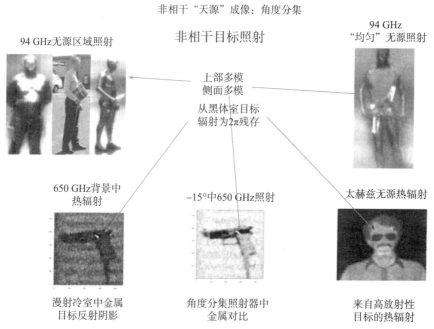

图1　美国国防高级研究计划局太赫兹成像焦平面阵列技术项目中640 GHz主动成像

　　该项目始于2004年2月，于2006年8月完成。美国电子特利丹公司以及NG公司联合开展太赫兹成像共焦平面阵列技术中的真空辐射源研究。M型411阴极和集成聚焦电极构成电路的阴极，慢波结构采用反馈振荡折叠波导，采用10 kg的钕铁硼磁钢聚焦，收集极为单级降压收集极，加工技术为深反应离子刻蚀技术。接着开展了折叠波导慢波电路、电子光学系统，及其收集极设计、输出电路设计等研究工作，以进一步提高功率和效率。最近出产的样管流通率达到78%，在10 kV电压4.8 mA电流的工作条件下，考虑二次电子发射其效率高达 92.4%。目前已经达到如下指标：在 3% 工作比下输出功率达到 52 mW，工作频率为 0.605~0.675 THz。这是第一个成功利用微加工技术研制出的太赫兹真空辐射源[1]。

俄亥俄州立大学物理系微波实验室承担了该项目成像系统的研究，展示了全套太赫兹成像系统，并实现了快速成像[2]。

（2）亚毫米波成像焦平面阵列技术

亚毫米波成像焦平面阵列技术项目旨在开发革命性的技术与组件，应用于亚毫米波段成像，其目标是开发 340 GHz 的有源孔径技术，使系统在亚毫米波频段在全天候环境和平台上成像。亚毫米波成像焦平面阵列技术计划的目标之一是研制极其灵敏的低噪声放大器单片微波集成电路，噪声系数在 340 GHz 时小于 8 dB，其他目标包括：利用新的电子频率转换方法，开发紧凑的、高效的、高能太赫兹源；开发灵敏的、大尺寸的接收器阵列，集成先进的后端信号处理技术。该项目前期由加州大学圣塔芭芭拉分校开发 340 GHz、50 mW 功率放大器，后将成果转移给 Teledyne Scientific 公司承担，到项目结束时，异质结双极晶体管功率增益截止频率已经做到 880 GHz，击穿电压达到 5 V[3]。

（3）高效中红外激光

高效中红外激光项目旨在开发能在室温下工作在中红外波段、功率大于 1 W 的高光束质量的连续波激光器。激光器指标包括：壁板效率超过 50%，工作波长 3.8~4.8 μm（62.5~78 THz），工作温度 300 K（TE 制冷方式），在各方向，光束质量好于 2 倍衍射极限。

该项目分别由美国西北大学和 Pranalytica 公司承担。美国西北大学制备出了波长 4.7 μm 的量子级联激光器，室温下连续输出功率可达 4 W，最大效率 18%，脉冲峰值达到 120 W。Pranalytica 公司也获得了该项目支持，主要研究方向是提高量子级联激光器的转换效率，提出了优化有源区尺寸和有源区级数的措施，包括采用更长的腔长，采用较窄的脊宽，以及增加有源区级数、增大每级有源区片载流子密度以及增大芯片尺寸[4]。

（4）多任务化学传感器

多任务化学传感器项目旨在开发便携式（<28 L，<13 kg）的、基于亚毫米波/太赫兹转动光谱仪的超高灵敏度（pasts-pertrillion）化学传感器。该传感器能采集大气样本，探测其中是否含有化学、生物爆炸物的特征谱线，从而实现安检功能。

该项目第一阶段由俄亥俄州立大学物理系承担，主要目标是在实验室中完成太赫兹光谱仪的原理探索，平衡灵敏度与可探测的分子种类。他们设计的多任务化学传感器包括 3 个部分，分别是样品获取与处理模块，样品室与太赫兹源（或者叫太赫兹模块），其他电子部件（如计算机、电源、频率管理系统等）。整个系统体积为 1c.f.（约 28 L），灵敏度>100 ppt，研发周期 18 个月，采用了大量商业现货产品。该系统太赫兹源工作频率 210~270 GHz，功率为 1 mW，主体结构如图 2 所示[5]。

（5）高频集成真空电子学

高频集成真空电子学旨在开发集成的、微型的真空电子高功率放大器，以用于高带宽、高功率发射机。该项目将展示中心频率为 220 GHz，带宽为 5 GHz 的高频电路。项目

图 2　多任务化学传感器潜在应用领域

主要开发的技术包括高电流密度阴极、高功率电子束运输、真空电子器件微制造技术。

2007 年，美国国防高级研究计划局启动了与太赫兹电真空放大器相关的研究计划"高频集成真空电子学"，其目标为采用微加工技术获得集成的真空电子的高功率放大器，应用于宽带宽、高功率发射机中[6]。该计划主要分三阶段实施，用四年时间完成项目标的，各阶段的主要任务包括：

1）探索高精度的微加工方法，研制出在亚毫米波频谱区域，特别是在 220 GHz 频率处具有高功率（＞50 W）和宽带宽（＞5 GHz）放大的高效率互作用电路。

2）研究高电流密度和长寿命阴极和电子束聚焦方法，使电子注具有高的电流密度，同时，对横截面具有高纵横比电子注的传输进行约束，电子注能量达到 20 keV，最终实现阴极连续工作 1 000 h，电流密度 750 A/cm^2。

3）在放大器互作用结构中建立控制耦合和能量交换的能力，并且这个过程中无有害的模式竞争。

4）开发出缓解极高热载荷的高效的热管理方法，这些极高热载荷来自电子注中部分电子轰击互作用结构所造成，最终实现连续波工作 100 h 以上。

5）研究对互作用完成后进行电子能量回收的高效方法，以此提高整管的效率。为进一步提高高功率放大器的效率及减小器件尺寸，初级驱动采用固态单片微波集成电路，最终将其制造和集成到整个高功率微波放大器中。

该计划的最终目标是：集阴极、电子注、单片微波集成电路驱动前级、互作用结构、收集极于一体的紧凑型高功率放大器，功率带宽积最小达到 500 W·GHz。

2008 年，美国的诺斯罗普·格鲁曼公司在"高频集成真空电子学"计划支持下开展了 220 GHz、50 W 折叠波导行波管放大器的研制，2013 年的测试结果表明在 214 GHz 处获得了 55.5 W 的最大输出功率，功率带宽积为 246.8 W·GHz，虽然同"高频集成真空电子学"的目标仍有差距，但也代表了 G 波段行波管的最高水平[7-9]。

(6) 太赫兹电子学项目

太赫兹电子学项目旨在开发能工作于高频的集成电路，以支持太赫兹通信和太赫兹雷达应用，未来将推动高性能 III-V 族电子器件技术的发展。项目将开发能工作在太赫兹频段的晶体管和集成电路，以及用于军事的太赫兹功率放大模块。

2008 年，美国国防高级研究计划局启动了与电真空放大器相关的计划"太赫兹电子学项目"。该计划的目标是为 1 THz 以上的紧凑型、高性能的电子电路开发关键器件与集成技术，推动太赫兹相关技术的发展，如太赫兹晶体管器件、集成电路、太赫兹高功率放大器模块等[10]。瞄准两个前沿技术领域：一个是太赫兹晶体管电子学；一个是太赫兹高功率放大器单元，这个计划中针对高功率放大器单元的阶段目标列如表 1 中。

表 1　高功率放大器单元的三个阶段目标

参量	第一阶段	第二阶段	第三阶段
中心工作频率/GHz	670	850	1030
输出功率/dBm	18	14	10
效率/%	0.75	0.5	0.2
瞬态带宽/GHz	15	15	15
增益/dB	20		16

2009 年，美国的诺斯罗普·格鲁曼公司在"太赫兹电子学项目"计划的支持下进行了 670 GHz 折叠波导行波管放大器的研制，2012 年，该放大器在固态功率放大器驱动下实现了 108 mW 的功率输出[11-12]。同时进行了 850 GHz 折叠波导行波管放大器的设计和慢波电路的加工，2014 年的测试结果表明[13]，该放大器在 850 GHz 实现了 39.4 mW 的功率输出，11 GHz 的瞬态带宽，这个结果表明这个放大器完成了"太赫兹电子学项目"计划第二阶段的功率目标。

太赫兹真空器件技术研发取得新成果。在美国国防高级研究计划局"太赫兹电子学"计划支持下，诺斯罗普·格鲁曼公司研制出 1.03 THz 小型微加工真空电子放大器。该器件在 1.03 THz 产生 29 mW 的饱和功率，增益为 20 dB，瞬时带宽为 5 GHz。采用电镀的硅基深反应离子刻蚀折叠波导慢波电路、高电流密度热阴极、高场强永磁均匀磁场等技术。这种小型真空电子放大器将应用于高速率保密通信、飞机防撞系统、非接触隐匿武器探测用高分辨率雷达成像等场合。

俄罗斯和乌克兰研制太赫兹磁控管多年，140 GHz 磁控管输出功率可达 4 kW，210 GHz 磁控管可达 1.3 kW，目前正在开展 325 GHz 和 375 GHz 磁控管研制，这种器件具有体积小、质量轻、脉冲功率大的优点，可以作为太赫兹微波源用于太空垃圾探测、高数据通信等领域。

（7）芯片上数字光学直接合成器

芯片上数字光学直接合成器项目旨在利用芯片级锁模激光器和微谐振器的最新技术，开发紧凑的自参考光学频率合成器。项目计划将宽可调谐激光源、光学调制器、非线性光电晶体、CMOS射频控制电路等组件集成到一个体积小于 1 cm³ 的芯片上，功耗低于 1 W，工作频率高于 200 THz。

（8）视频合成孔径雷达

视频合成孔径雷达项目旨在开发基于视频的合成孔径雷达，目标是能够透过云层、灰尘和其他遮蔽物进行成像，并定位机动目标。该项目计划开发工作频率在 231～235 GHz 的雷达，视频速度达到 5 帧/s，分辨率接近 0.2 m 的合成孔径雷达。

图 3　机载视频合成孔径雷达图示

2012 年，美国国防高级研究计划局启动了第三个与电真空放大器相关的计划——视频合成孔径雷达计划。该项计划的总体目标是开发一套能够在多云、粉尘与浓雾等恶劣天气条件下对机动目标进行跟踪的视频合成孔径雷达系统。该项计划的研究领域之二就是要开发出紧凑的适合机载的极高频带的中等功率放大器，目标是工作带宽为 231.5～235 GHz，输出功率大于 50 W，这同"高频集成真空电子学"计划支持的 220 GHz 功率放大器是一脉相承的，开发出来的行波管放大器将能够在视频合成孔径雷达系统中进行应用。

视频合成孔径雷达系统具有透过云层对目标的定位能力，就如同红外目标系统在天气晴朗时提供的定位能力。视频合成孔径雷达在提供高清高帧图像的同时能够降低尺寸、质量和功率。视频合成孔径雷达目标的实现需要 4 项关键技术：第一项关键技术是需要紧凑的适航极高频波段（30～300 GHz）发射和接收器（＞18 个月），第二项技术是紧凑的适航极高频波段介质功率放大器（18 个月），第 3 项是极高频波段情景模拟（15 个月），第 4 项是极高频波段操作的先进算法（9 个月）。总体项目在 2 年内完成。

参 考 文 献

［1］ 徐景洲，张希成．太赫兹科学技术和应用［M］．北京：北京大学出版社，2007．

［2］ Yun‐Shik Lee，崔万照等译．太赫兹科学与技术原理［M］．北京：国防工业出版社，2008．

［3］ 张存林，张岩等．太赫兹感测与成像［M］．北京：国防工业出版社，2008．

［4］ 曹俊诚．半导体太赫兹源、探测器与应用［M］．北京：科学出版社，2012．

［5］ 郑新，刘超．太赫兹技术的发展及在雷达和通讯系统中的应用（I）［J］．微波学报，2010，26（6）：1‐6．

［6］ 张存林，牧凯军．太赫兹波谱与成像［J］．激光与光电子学进展，2010，47：023001．

［7］ 梁美彦，张存林．太赫兹雷达成像技术［J］．太赫兹科学与电子信息学报，2013，11（2）：189‐198．

［8］ 刘尚建，余菲，李凯等．太赫兹光谱与成像在生物医学领域中的应用［J］．物理，2013，42（11）：788‐793．

［9］ 冯华，李飞，陈图南．太赫兹波生物医学研究的现状与未来［J］．太赫兹科学与电子信息学报，2013，11（6）：827‐835．

［10］ 顾立，谭智勇，曹俊诚．太赫兹通信技术研究进展［J］．物理，2013，42（10）：695‐707．

［11］ KATSUHIRO AJITO. THz Chemical Imaging for Biological Applications［J］. IEEE Trans. on Terahertz Science And Technology，2011，1（1）：293‐300．

［12］ FAUSTINO WAHAIA，GINTARAS VALUSIS，LUIS M. BERNARDO，et al. Detection of colon cancer by terahertz techniques［J］. Journal of Molecular Structure，2011，1006：77‐82．

［13］ CHEN HUA，MA SHI‐HUA，YAN WEN‐XING，et al. The Diagnosis of Human Liver Cancer by using THz Fiber‐Scanning Near‐Field Imaging［J］. CHIN. PHYS. LETT.，2013，30（3）：030702．

结束语

太赫兹技术是一门极具活力的前沿领域，其应用非常广泛。随着科学技术的不断发展，太赫兹技术领域的新理论、新现象、新方法和新应用层出不穷。太赫兹技术目前正在向深层次理论研究、器件研制以及应用系统研发等多方向发展。经过不懈的努力，中国力量已经在太赫兹科学技术有所建树，并努力推动太赫兹技术应用的进一步发展，在这一重要战略前沿领域占据制高点和主动权。

太赫兹波的独特性能给通信、雷达、电子对抗、电磁武器、医学成像、安全检查等领域带来了深远的影响。太赫兹的应用仍然在不断的开发研究当中，其广袤的科学前景为世界所公认。

在军事作战领域，太赫兹的频率很高、波长很短，具有很高的时域频谱信噪比，且在浓烟、沙尘环境中传输损耗很少，可以穿透墙体对房屋内部进行扫描，是复杂战场环境下寻敌成像的理想技术；对目前人类发明的上百种类型爆炸物和地雷，太赫兹已能识别出其中的 50 多种，利用太赫兹波照射路面，还可以远距离探测地下的雷场分布和炸弹情况；太赫兹雷达对隐身目标、高超声速目标等具有较强的探测能力，作为未来高精度、反隐身雷达的发展方向之一，在军事上对现有隐身技术产生颠覆性影响；太赫兹集成了微波通信与光通信的优点，具有传输速率高、容量大、方向性强、安全性高及穿透性好等诸多特性，可以在大风、沙尘以及浓烟等恶劣的战场环境下以极高的带宽进行定向、高保密军事通信，在军事通信应用上的前景诱人。

在安全与反恐方面，太赫兹波是天生的反恐和安检"专家"，许多爆炸物及其相关成分和毒品在太赫兹波段都有指纹谱，再加上太赫兹的非电离性、强穿透性，可使其能够在机场、车站、码头等人口密集区提供远距离、大范围的预警。现有金属探测器和 X 光安检等设备无法识别陶瓷刀具、塑料炸药等新型作案工具或武器，这些材料在太赫兹波段的透明度较低，可以利用太赫兹成像技术有效地对隐藏在包裹、行李、信封等包装物中的违禁品进行成像鉴别；由于太赫兹成像可以探测隐藏在衣服下的危险品，同时对生物体危害极小，太赫兹成像技术在安检和反恐领域受到各国高度关注。

太赫兹技术在核武器物理研究的应用主要包括：极端条件下材料的太赫兹表征与调控研究；含能材料化学反应动力学研究；冲击波与爆轰物理瞬态诊断研究；高新技术武器与拓展领域的研究。当前，美国三大核武器国家实验室，洛斯阿拉莫斯国家实验室、劳伦斯利弗摩尔国家实验室和圣地亚国家实验室已经在太赫兹光源研究、关键器件研发、系统的研制以及武器物理应用研究方面开展了大量工作。洛斯阿拉莫斯国家实验室瞄准太赫兹光谱在武器相关材料表征的应用，已经开展了比较全面的基于高功率飞秒激光系统的太赫兹光谱科学技术的研究；劳伦斯利弗摩尔国家实验室更是直接将太赫兹光谱技术应用到了武器物理研究，为今后的研究提出潜在的需求牵引；圣地亚国家实验室瞄准武器电子学集成系统的应用，发展太赫兹半导体光子学器件。

开展各类目标在太赫兹频段散射特性的研究，建立相关的目标特性数据库，可以为部队以及武器装备研制部门提供太赫兹频段的目标特性数据库，从而为各类武器型号在太赫兹频段隐身突防技术研究，以及目标的太赫兹频段反隐身突防研究方面提供可靠的技术支持。美、欧等国已经建立了多个目标太赫兹波特性实验室。其中比较典型的有美国麻省罗尼尔大学所属的太赫兹波实验室，其建立了多套连续太赫兹波实验装置，并对多种频率的雷达散射截面等目标特性进行了深入研究。丹麦技术大学的研究人员搭建了一套太赫兹准后向模拟目标散射测量系统。

在检验检测方面，太赫兹时域光谱技术可用于对储油层岩石的性质及其内部构造形态进行测量，并根据测量结果对岩石类型进行区分和鉴别，用于油气勘探与评价、油气开采与检测等；太赫兹光谱仪信噪比高，可以对炸药进行无损、非电离、高灵敏度的光谱测量，适合于危化品鉴别与检测，国内外已经建立了大量有关危化品的太赫兹指纹谱数据库；利用太赫兹技术可进行食品检测，包括水含量检测、有害成分检测、禁用化学成分检测等；利用太赫兹三维成像还可以检测汽车仪表盘、建筑物内的墙后和地板材料表面检测、印刷电路板的脱层问题、密封性检测、瓷砖和纸张等的生产检测。

在航天领域，将太赫兹探测器与光学遥感技术相结合，可以实现空间高分辨率、快速成像和波谱探测功能，空间太赫兹被动遥感技术是目前太赫兹技术在天文和深空探测领域的主流应用方向。欧、美、日等发达国家有的已经实施或计划实施许多太赫兹空间计划，如美国的 EOS－AURA 上的微波临边探测器系统、欧洲的 MIRO、日本的 AKARI 等都已投入使用多年。欧美等国利用这些空间太赫兹设备在一定程度上实现了对地球大气成分、对流层的化学性质及其动力学、温度压力及动力学等情况的科学研究工作。利用太赫兹技术可对航天器进行损伤、疲劳和化学剥蚀检查，太赫兹成像技术现已成为美国国家航空航天局用来检测航天器缺陷的 4 大技术之一，如太赫兹技术有效地检测出了导致哥伦比亚号惨剧的原因（外部燃料箱泡沫脱粘所致）。

在生物与医学方面，太赫兹成像技术可应用于检查人体组织以发现病变区域，诊断疾病程度以及监测医疗药品的制造等；利用太赫兹时域光谱技术可用于检验药品质量、测定药品成分等；由于生物大分子的振动和转动频率的共振频率均在太赫兹波段，因此太赫兹在粮食选种，优良菌种的选择等农业和食品加工行业有着良好的应用前景。

太赫兹科学技术是本世纪的又一场"前沿革命"，它已成为科学研究的热门课题之一，并已在一些重要的研究领域显示出其独特优越性。虽然目前太赫兹科技在辐射源、探测器及相关的功能元器件技术方面发展不够理想，但它仍具有很高的科学研究价值和巨大的发展潜力。相信，随着太赫兹关键元部件等技术的进一步发展，太赫兹技术将在通信、安检、生物医学、遥感探测等领域发挥其独特的作用。随着石墨烯技术、超材料技术、微机电系统技术的不断成熟，太赫兹技术已经从实验室走向市场，产业化条件已经十分成熟。

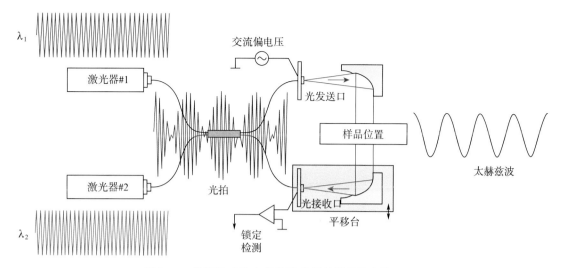

图 2-4 差频法产生太赫兹波并照射样品的光路(P24)

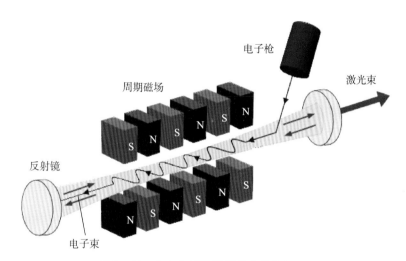

图 2-21 自由电子激光器基本结构(P38)

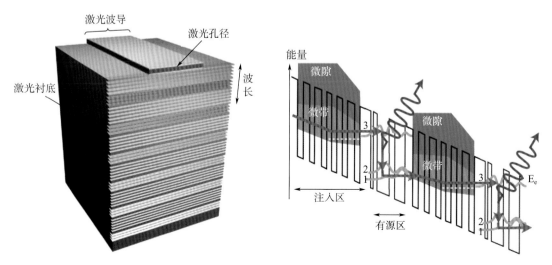

图 2-23 太赫兹量子级联激光器(P41)

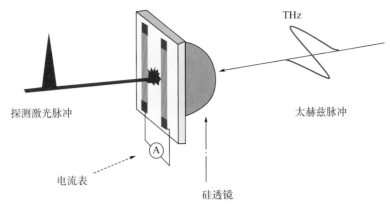

图 2-31 光电导天线采样示意图（P51）

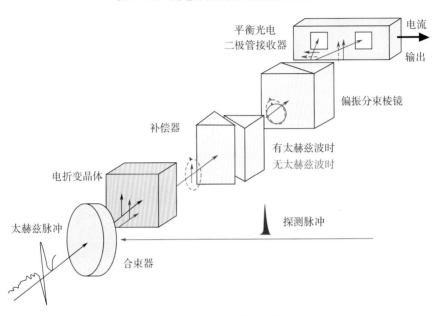

图 2-32 电光晶体采样示意图（P52）

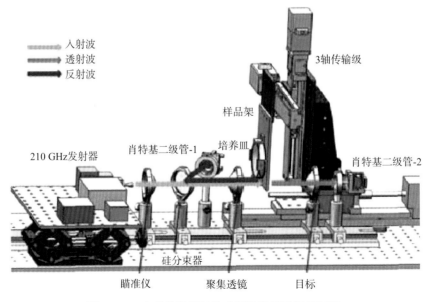

图 4-38 太赫兹光栅扫描成像系统示意图（P127）